Hans H. Cuno
DL 2 CH

Vorbereitung auf die Amateurfunk Lizenz Prüfung

Frech-Verlag Stuttgart

Vorwort

Dieses Buch wendet sich an alle Interessenten am Amateurfunk, die sich auf die Lizenzprüfung bei der Deutschen Bundespost oder die Prüfung für Empfangsamateure vorbereiten. Es vermittelt alle Kenntnisse in Technik und Betriebstechnik, welche zur Beantwortung der Fragen im neuen Fragenkatalog der Deutschen Bundespost erforderlich sind. Mit Rücksicht auf die Seitenzahl wurde dieser Rahmen nur selten überschritten.

Der erweiterte Umfang des neuen Fragenkatalogs (1981) machte eine weitgehende Überarbeitung des Buchs erforderlich. Die Erläuterungen sind gegenüber der ersten Ausgabe bewußt etwas ausführlicher. Die Vorschriften über den Amateurfunk sind auch in diesem Buch nicht enthalten und können der Broschüre „Bestimmungen über den Amateurfunk" entnommen werden.

Lesern mit guten Grundkenntnissen kann das Buch zur Vorbereitung auf die Prüfung genügen. Allen anderen wird zusätzlich der Besuch eines Amateurfunkkurses empfohlen, wobei das Buch als Leitfaden und zum Nachlesen des Gehörten gedacht ist.

Wenn auch die neue Ausgabe mithilft, dem Amateurfunk neue Freunde zu gewinnen und ihnen den Weg zur Prüfung zu erleichtern, dann hat sie ihren Zweck erfüllt.

ISBN 3-7724-5402-X · Best.-Nr. 402

© 1976   11. Auflage 1988

frech-verlag
GmbH + Co. Druck KG Stuttgart

Druck: Frech Stuttgart

Dank des Verfassers

Dem Fernmeldetechnischen Zentralamt der Deutschen Bundespost, den DARC-Referaten für Jugend und Ausbildung, für Bild- und Schriftübertragung, sowie dem DX-Referat danke ich für die Bereitstellung von Unterlagen.

Inhalt

I.	**Grundlagen**	10
I.1	Elektrischer Strom	10
I.2	Elektrische Größen und Einheiten	11
I.3	Gleichstrom und Widerstand	12
I.4	Leistung	14
I.5	Parallel- und Reihenschaltung von Widerständen	15
I.6	Wechselstrom	18
I.7	Spule und Induktivität	20
I.8	Transformator	23
I.9	Kondensator und Kapazität	26
I.10	Parallel- und Reihenschaltung von Spulen und Kondensatoren	28
II.	**Mathematische Grundkenntnisse**	31
II.1	Vorbemerkung für den Leser	31
II.2	Schreibweise und Benennung	31
II.3	Die Rechenoperationen	31
II.4	Das Dezibel	34
II.5	Umstellen von Formeln	35
III.	**Schwingkreise und Filter**	39
III.1	Schwingkreise und Filter	39
III.2	Hoch- und Tiefpässe	42
III.3	Filter mit Schwingkreisen	44

III.4	Bandfilter	45
III.5	Quarze und Quarzfilter	47

IV.	**Modulationsarten im Amateurfunk**	**50**
IV.1	Modulation und Bandbreite	50
IV.2	Amplitudenmodulation	50
IV.3	Frequenzmodulation	53
IV.4	Sonderbetriebsarten	55
IV.5	Frequenzmischen	57

V.	**Aktive Bauelemente**	**60**
V.1	Halbleiter	60
V.2	pn-Übergang, Diode	61
V.3	Transistor	62
V.4	MOS-Feldeffekttransistor	63
V.5	Integrierte Schaltungen	64
V.6	Röhren	65

VI.	**Schaltungen mit aktiven Bauelementen**	**68**
VI.1	Gleichrichterschaltungen	68
VI.2	Verstärker-Schaltungen	69
VI.3	Arbeitspunkt	71
VI.4	Oszillatoren	72
VI.5	Mischstufen und Modulatoren	74

VII.	**Amateurfunk-Empfänger**	**78**
VII.1	Die Baugruppen	78
VII.2	Überlagerungsempfänger	78
VII.3	Konverter	81
VII.4	Geradeausempfänger	81
VII.5	Panoramaempfänger	82

VIII.	**Amateurfunk-Sender**	**84**
VIII.1	Aufbau eines Senders	84
VIII.2	CW-Sender	84
VIII.3	SSB-Sender	85
VIII.4	FM-Sender	88
VIII.5	Transceiver und Transverter	89
VIII.6	Sender-Endstufe	90

IX.	**Entstörung**	93
IX.1	Entstörung der Amateurstation	93
IX.2	Maßnahmen beim Gestörten	94

X.	**Meßgeräte**	97
X.1	Strommessung	97
X.2	Spannungsmessung	97
X.3	Widerstandsmessung	99
X.4	Leistungsmessung	99
X.5	Frequenzmessung	100
X.6	Kontrolle der Signalqualität	102

XI.	**Antennen und Leitungen**	106
XI.1	Eigenschaften von Leitungen	106
XI.2	Anpassung und SWR	107
XI.3	Speiseleitungen	108
XI.4	Antennendaten	111
XI.5	Antennentypen	113
XI.6	Symmetrier- und Anpaßglieder	118

XII.	**VHF- und UHF-Technik**	121
XII.1	Schwingkreise	121
XII.2	Antennen und Schaltungen	122
XII.3	Relaisfunkstellen	124

XIII.	**Wellenausbreitung**	126
XIII.1	Kurzwellenausbreitung	126
XIII.2	VHF- und UHF-Ausbreitung	127
XIII.3	Fading	128

XIV.	**Betriebstechnik**	130
XIV.1	Frequenzen	130
XIV.2	Amateurfunk-Abkürzungen	131
XIV.3	Amateurfunk-Rufzeichen	131
XIV.4	Abwicklung einer Funkverbindung	132

XV.	**Nach der Lizenzprüfung**	139

Amateurfunk-Literatur

1. Schriften der Deutschen Bundespost

Bestimmungen über den Amateurfunkdienst.
Zu beziehen von Ihrer Oberpostdirektion.

Fragen und Antworten zur fachlichen Prüfung für Funkamateure.
Rufzeichenliste der Amateurfunkstellen der Bundesrepublik Deutschland.
Zu bestellen bei jedem Postamt.

2. Fachliteratur

E. Heritiér: Jahrbuch für den Funkamateur.
K. H. Hille: Einführung in die Amateurfunktechnik, Teil A und Teil B.
Morsekurs.
DARC Verlag GmbH, Baunatal.

Fachkunde Elektrotechnik.
Elektronik 1: Grundlagen Elektronik.
Verlag Europa Lehrmittel, Wuppertal.

Richard Auerbach: Amateurfunk-Antennen.
K. Leucht: Die elektronischen Grundlagen der Radio- und Fernsehtechnik.
Otto Limann: Funktechnik ohne Ballast.
Hans-Joachim Pietsch: Kurzwellen-Amateurfunktechnik.
Franzis Verlag, München.

Merker: Funktechnik als Hobby.
Leberecht: Morsen leicht gelernt. (Mit Cassetten)
Falster: Taschenbuch für den Kurzwellenamateur.
Gath: CB-Funk – Gesetz und Ordnung
Tech: Antennen
Körner: DX'ers Memory LOG
HAM's Interpreter
Frech-Verlag, Stuttgart.

Philips Lehrbriefe Elektrotechnik und Elektronik
Band 1: Einführung und Grundlagen.
Band 2: Technik und Anwendung.
Philips GmbH, Fachbuch-Verlag, Hamburg.

W. Feilhauer, H. Stotz: Hand- und Betriebsbuch für den Funkamateur.
Georg Siemens Verlag, Berlin.

Karl Rothammel: Das Antennenbuch.
Telekosmos Verlag, Stuttgart.

3. Zeitschriften

beam	Zeitschrift für Amateurfunk beam-Verlag, Postfach 1148, 3550 Marburg/Lahn.
cq-DL	Clubzeitschrift des DARC Deutscher Amateur Radio Club e.V., Postfach 1155, 3507 Baunatal 1.
funk	Fachmagazin für Amateurfunk und CB-Funker Beltz Verlag, Postfach 1120, 6940 Weinheim.
UKW Berichte	UKW-Technik Terry Bittan Postfach 80, 8523 Baiersdorf.

Bausätze des DARC Jugend- und Ausbildungsreferats

Von Mitarbeitern des Jugendreferats wurde eine Anzahl von Bausätzen für den bastelwilligen Amateur entwickelt. Dazu gehören Morseübungsgenerator, NF-Verstärker, Netzteil, sowie Baugruppen für einen Kurzwellenempfänger mit Direktüberlagerung. Auskünfte vom Referat oder U. Drewanz, Rheinstraße 11, 5431 Holler.

Eine Vielzahl weiterer Bausätze für Anfänger und Fortgeschrittene werden in den Zeitschriften angeboten.

I. Grundlagen

I.1 Elektrischer Strom

Als elektrischen Strom bezeichnet man die Bewegung geladener Teilchen, z.B. Elektronen unter dem Einfluß einer elektrischen Spannung. Man kann die in der Natur vorkommenden Stoffe nach ihrer Leitfähigkeit für den elektrischen Strom einteilen. In Leitern sind im Material viele leichtbewegliche Elektronen vorhanden, wie zum Beispiel in den Metallen. In Nichtleitern (Isolatoren) fehlen dagegen die beweglichen Elektronen, so daß trotz anliegender Spannung kein Strom fließt.

Zwischen Leitern und Nichtleitern stehen die Halbleiter, welche im reinen Zustand und bei tiefen Temperaturen nicht leiten. Bei hohen Temperaturen oder bei gezielter Verunreinigung (Dotierung) werden sie zu Leitern.

Als Materialbeispiele seien genannt:
Gute Leiter: Silber, Kupfer, Aluminium, Gold.
Schlechte Leiter: Eisen, Blei, Zinn, Kohle.
Nichtleiter: Keramik, Glas, Pertinax, Polyäthylen und fast alle Kunststoffe.
Halbleiter: Germanium, Silizium, Galliumarsenid, Selen.
Nichtleiter sind aber auch Gase, z.B. Luft und Vakuum. In ihnen kann bei starker Erhitzung ebenfalls Strom fließen, wie z.B. im Blitz oder im Lichtbogen. Der Strom kann sogar durch ein Vakuum fließen, wenn z.B. die Kathode in einer Vakuumröhre so weit aufgeheizt wird, daß die Elektronen aus ihr ins Vakuum austreten können.

Um einen Strom fließen zu lassen, muß zwischen zwei durch einen Leiter verbundenen Punkten eine Spannung bestehen. Zur Aufrechterhaltung dieser Spannung ist eine Batterie oder ein Anschluß an das öffentliche Netz erforderlich. In jedem Fall fließt der Strom von einem Pol einer Stromquelle zum anderen zurück, weswegen man vom elektrischen Stromkreis spricht.

Ein sehr anschaulicher Vergleich mit dem Stromfluß in Leitern ist ein Wasserkreislauf, da die Leiteroberfläche für die Elektronen „dicht" ist.

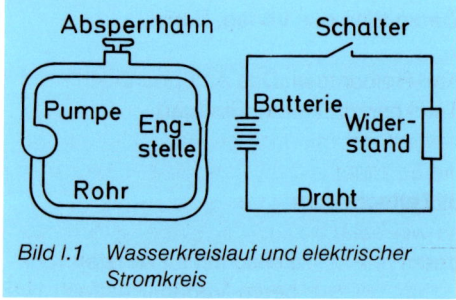

Bild I.1   Wasserkreislauf und elektrischer Stromkreis

Die **Pumpe** erzeugt einen **Druckunterschied,** der bei geöffnetem **Hahn** das **Wasser** durch die **Rohre** und die **Engstelle** bewegt.
Die **Batterie** erzeugt eine **Spannung,** die bei geschlossenem **Schalter** den **Elektronenstrom** durch die **Drähte** und den **Widerstand** treibt.

Da beide Kreisläufe geschlossen sind und keine Verzweigungen vorkommen, ist die pro Sekunde durchfließende Wassermenge bzw. der Elektronenstrom überall im Kreis gleich groß. Bei einer Verzweigung ist die Summe der Ströme vor und hinter ihr gleich groß, da keine Elektronen verlorengehen können.

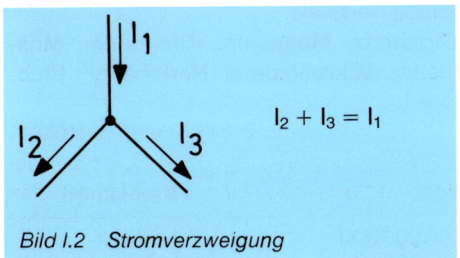

Bild I.2   Stromverzweigung

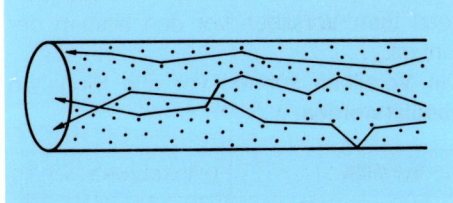

Bild I.3   Wege von Elektronen in einem Leiter

In einem stromdurchflossenen Leiter oder Widerstand können sich die Elektronen nicht ungehindert bewegen, sondern erleiden Zusammenstöße mit den Atomen des Leitermaterials. Dadurch wird Wärme freigesetzt, und zwar um so mehr, je häufiger die Stöße stattfinden – je höher also der Widerstand ist.

Es sei noch bemerkt, daß sich die Elektronen nur langsam im Leiter bewegen, keinesfalls mit Lichtgeschwindigkeit. Nur die Spannung, der „Druck" der Elektronen, pflanzt sich mit dieser Geschwindigkeit fort, so wie bei einem gefüllten Gartenschlauch das Wasser sofort nach Aufdrehen des Hahns herausspritzt. Die Zeit, welche das Wasser zum Durchlaufen des Schlauchs braucht, merken wir beim Anschluß eines leeren Schlauchs.

I.2 Elektrische Größen und Einheiten

Man unterscheidet Größen wie Spannung, Strom, Widerstand und die Einheiten, in denen die Größe gemessen wird wie Volt, Ampere, Ohm. Jede Größe und Einheit hat wiederum ihre Abkürzung, welche in den Formeln verwendet wird.
Die Abkürzungen ermöglichen eine kurze und übersichtliche Schreibweise. So schreibt man statt: „Der Strom beträgt 1 Ampere" einfach: $I = 1$ A.

In allen folgenden Formeln werden die durch ihre Abkürzungen angegebenen Größen in ihren angeführten Einheiten eingesetzt. Die Spannung U muß z. B. in Volt eingesetzt werden, die Leistung P in Watt, die Kapazität C in Farad und alle Längen (Wellenlänge, Abstände usw.) in Meter.

Größe	Abkürzung	Einheit	Abkürzung
Spannung	U	Volt	V
Strom	I	Ampere	A
Widerstand	R	Ohm	Ω
Leistung	P	Watt	W
Frequenz	f	Hertz	Hz
Kreisfrequenz	ω (Omega)	Hertz ($\omega = 2 \cdot \pi \cdot f$)	Hz
Zeit	t	Sekunde	s
Wellenlänge	λ (Lambda)	Meter	m
Induktivität	L	Henry	H
Kapazität	C	Farad	F
Fläche	A	Quadratmeter	m^2

Bei sehr großen oder sehr kleinen Werten setzt man Vorsilben vor den Namen der Einheit.
Die Vorsilben können vor **alle** Einheiten gesetzt werden.

Einige Beispiele:
Gigahertz, **Mega**ohm, **Kilo**gramm, **Milli**meter, **Mikro**ampere, **Nano**henry, **Pico**farad.

Vorsilbe	Abkürzung	Faktor	Bedeutung
Giga	G	1 000 000 000	Milliarde
Mega	M	1 000 000	Million
Kilo	k	1 000	Tausend
Milli	m	$1/1\,000$	Tausendstel
Mikro	µ	$1/1\,000\,000$	Millionstel
Nano	n	$1/1\,000\,000\,000$	Milliardstel
Pico	p	$1/1\,000\,000\,000\,000$	Billionstel

I.3 Gleichstrom und Widerstand

Einen Strom, der gleichmäßig ohne zeitliche Schwankungen fließt, nennt man einen Gleichstrom. Legt man an einen Widerstand eine konstante Spannung an, so durchfließt ihn ein Gleichstrom, der um so größer ist, je höher die anliegende Spannung ist. Dies ist

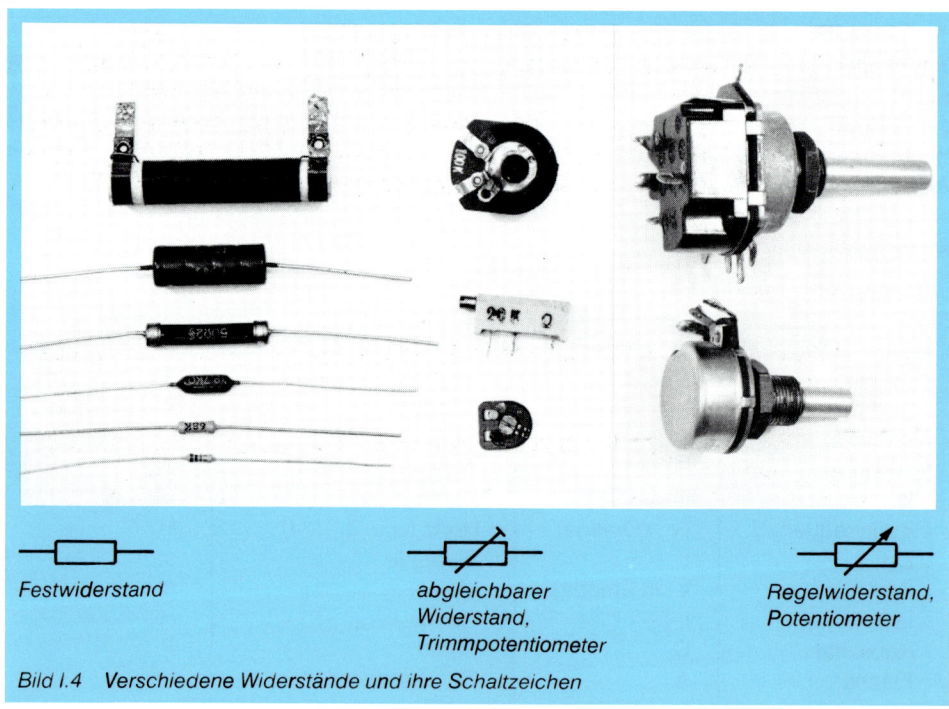

Festwiderstand

abgleichbarer Widerstand, Trimmpotentiometer

Regelwiderstand, Potentiometer

Bild I.4 Verschiedene Widerstände und ihre Schaltzeichen

der Inhalt des Ohmschen Gesetzes, das besagt: Bei einem Widerstand ist der Strom zur anliegenden Spannung proportional. Eine Verdopplung der Spannung verdoppelt den Strom usw. Mit einer Formel kann man das schreiben:

$$\text{Strom:} \quad I = \frac{U}{R} \quad (1)$$

Durch Umformen dieser Formel erhält man zwei weitere für die Spannung und den Widerstand:

$$\text{Spannung:} \quad U = R \cdot I \quad (1a)$$

$$\text{Widerstand:} \quad R = \frac{U}{I} \quad (1b)$$

In Einheiten geschrieben sagt Formel (1b) aus

$$1\,\Omega = 1\,V / 1\,A$$

mit Worten: Ein Widerstand hat 1 Ω, wenn bei 1 V Spannung ein Strom von 1 A fließt.

Der Widerstand R z. B. eines Drahtes wird mit der Formel berechnet:

$$R = \varrho \cdot \frac{l}{A} \quad (2)$$

Hierin ist l die Länge in Metern, A der Querschnitt in mm² und ϱ der spezifische Widerstand des Materials.

Die spezifischen Widerstände einiger Materialien sind hier angegeben.

Material	ϱ in $\Omega \cdot \frac{mm^2}{m}$
Silber	0,016
Kupfer	0,017
Aluminium	0,027
Eisen	0,1
Blei	0,21
Kohle	50–100

Anschaulich ist ϱ der Widerstand ihn Ohm eines Drahtes von 1 m Länge und 1 mm² Querschnitt.

Rechenbeispiele:

Formel 1: Welcher Strom fließt durch einen Widerstand von 50 Ω bei einer anliegenden Spannung von 12 V?

Formel 1a: Ein Widerstand von 220 Ω wird von 100 mA durchflossen. Wie groß ist der Spannungsabfall?

Formel 1b: Aus einer 12-V-Batterie werden 2 A entnommen. Wie groß ist der Widerstand des Verbrauchers?

Formel 2: Welchen Widerstand hat ein Starthilfekabel aus Kupfer mit einer Länge von 2 m bei 16 mm² Querschnitt?

Lösungen Seite 188

I.4 Leistung

Jeder kennt die Erwärmung von stromdurchflossenen Widerständen in Heizkörpern, Lötkolben und Glühbirnen.

Diese Wärme wird durch die Leistung des elektrischen Stroms im Widerstand erzeugt. Die Leistung ist dem Strom proportional, da bei höherem Strom entsprechend mehr Elektronen mit Metallatomen zusammenstoßen. Sie ist aber ebenfalls proportional zur Spannung, da die Geschwindigkeit der Elektronen mit der Spannung wächst und die Zusammenstöße mit den Atomen heftiger werden.

Die Formel für die Leistung lautet daher:

$$\text{Leistung:} \quad P = U \cdot I \quad (3)$$

Diese Formel verknüpft Strom und Spannung.

Durch Umformen erhält man für Strom und Spannung:

$$U = \frac{P}{I} \quad (3a)$$

$$I = \frac{P}{U} \quad (3b)$$

Unter Zuhilfenahme der Formeln (1) und (1a) können wir die Leistung auch aus Strom und Widerstand oder aus Spannung und Widerstand errechnen.

Dies ist gleichzeitig ein Beispiel für das Rechnen mit Buchstaben.

P aus U und R:

Formel 1: $I = \frac{U}{R}$

Formel 2: $P = U \cdot I$

$$P = U \cdot \frac{U}{R} = \frac{U^2}{R}$$

$$P = \frac{U^2}{R} \quad (3c)$$

P aus I und R:
Formel 1: $U = R \cdot I$
Formel 3: $P = I \cdot U$
$P = I \cdot R \cdot I = R \cdot I^2$

$$P = R \cdot I^2 \quad (3d)$$

Die Umkehrungen von Formel 3c und 3d erhält man folgendermaßen:

Formel 3c: $P = \frac{U^2}{R}$

Erweitert mit R: $P \cdot R = U^2$

Wurzel: $\sqrt{U^2} = \sqrt{P \cdot R}$

$$U = \sqrt{P \cdot R} \quad (3e)$$

Formel 3d: $P = R \cdot I^2$

Geteilt durch R: $\frac{P}{R} = I^2$

Wurzel $\sqrt{I^2} = \sqrt{\frac{P}{R}}$

$$I = \sqrt{\frac{P}{R}} \quad (3f)$$

Rechenbeispiele:

Formel 3: Eine Glühlampe nimmt bei 6 V einen Strom von 100 mA auf. Wie groß ist die Leistungsaufnahme?

Formel 3a: Bei einer Leistungsaufnahme von 10 W fließt ein Strom von 2 A. Wie hoch ist die Spannung?

Formel 3b: Eine Glühlampe trägt die Aufschrift: 220 V/100 W. Welchen Strom nimmt sie auf?

Formel 3c: Ein Tauchsieder mit 48,4 Ω wird an 220 V angeschlossen. Mit welcher Leistung heizt er?

Formel 3d: Eine Verstärkerröhre hat einen Anodenstrom von 0,2 A. Wieviel Leistung wird in dem Anodenwiderstand freigesetzt, der 250 Ω hat?

Formel 3e: Ein Widerstand trägt die Aufschrift: 50 Ω/8 W. An welche Spannung darf er höchstens angeschlossen werden?

Formel 3f: Die Heizpatrone eines Lötkolbens mit 60 W hat einen Widerstand von 2,4 Ω. Wievel Strom fließt beim Betrieb?

Lösungen Seite 188

I.5 Parallel- und Reihenschaltung von Widerständen

Reihenschaltung

Mit unseren Kenntnissen können wir die Frage nach dem Gesamtwiderstand von Widerstandskombinationen lösen. Wir behandeln zuerst die Reihenschaltung (auch Serienschaltung genannt):

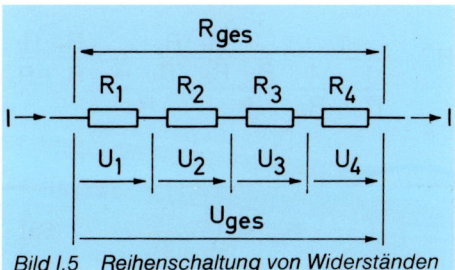

Bild I.5   Reihenschaltung von Widerständen

Da durch alle Widerstände R_i der gleiche Strom I fließt, können wir U_i, die Spannung am i-ten Widerstand mit dem ohmschen Gesetz $U_i = I \cdot R_i$ errechnen. Man sieht, daß sich die Gesamtspannung U_{ges} auf die Widerstände entsprechend ihrem Wert R aufteilt. Wir setzen die Gesamtspannung an als Summe der Spannungen an den einzelnen Widerständen:

$U_{ges} = U_1 + U_2 + U_3 + U_4 + \ldots$
$U_{ges} = I \cdot R_1 + I \cdot R_2 + I \cdot R_3 + I \cdot R_4 \ldots$
$U_{ges} = I \cdot (R_1 + R_2 + R_3 + R_4 + \ldots)$

Das Ohmsche Gesetz für R_{ges} lautet
$U_{ges} = I \cdot R_{ges}$

Aus dem Vergleich der letzten beiden Zeilen sieht man, daß $R_{ges} = R_1 + R_2 + R_3 + R_4 \ldots$ ist.

Daher lautet die gesuchte Beziehung:

Bei einer Reihenschaltung von Widerständen ist der Gesamtwiderstand gleich der Summe der Einzelwiderstände.

$$R_{ges} = R_1 + R_2 + R_3 + \ldots \quad (4)$$

Parallelschaltung

Die Parallelschaltung wird anders gelöst:

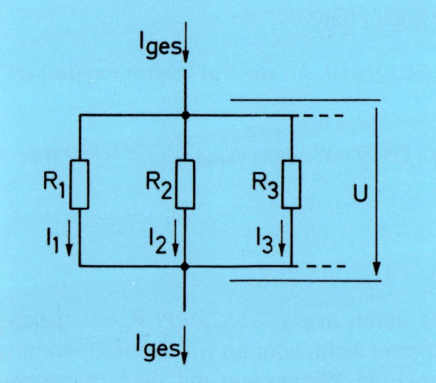

Bild I.6   Parallelschaltung von Widerständen

Aus dem Schaltbild sieht man, daß an allen Widerständen die gleiche Spannung anliegt. Der Gesamtstrom I_{ges} verzweigt sich in die Teilströme I_1, I_2, $I_3\ldots$, die zusammen gerade I_{ges} ergeben.

$$I_{ges} = I_1 + I_2 + I_3 \ldots$$

Der Gesamtstrom verteilt sich auf die Einzelwiderstände entsprechend ihrem Kehrwert. Je kleiner ein Widerstand ist, desto höher ist der ihn durchfließende Strom. Wir beginnen die Berechnung des Gesamtwiderstands mit dem Ausdruck für den Gesamtstrom I_{ges}:

$$I_{ges} = I_1 + I_2 + I_3 \ldots$$

$$I_{ges} = \frac{U}{R_1} + \frac{U}{R_2} + \frac{U}{R_3} + \ldots$$

$$I_{ges} = U \left(\frac{1}{R_1} + \frac{1}{R_2} + \frac{1}{R_3} + \ldots\right)$$

Ohmsches Gesetz für R_{ges}:

$$I_{ges} = \frac{U}{R_{ges}}$$

Der Vergleich der letzten beiden Zeilen ergibt:

$$\frac{U}{R_{ges}} = U \left(\frac{1}{R_1} + \frac{1}{R_2} + \frac{1}{R_3} + \ldots\right)$$

Gekürzt durch U ergibt sich das Resultat:

$$\frac{1}{R_{ges}} = \frac{1}{R_1} + \frac{1}{R_2} + \frac{1}{R_3} + \ldots$$

Oder nach Bildern des Kehrwerts:

$$R_{ges} = \frac{1}{\frac{1}{R_1} + \frac{1}{R_2} + \frac{1}{R_3} + \ldots} \quad (5)$$

Im häufig vorkommenden Fall von zwei parallelgeschalteten Widerständen läßt sich die Formel etwas handlicher umformen:

$$R_{ges} = \frac{1}{\frac{1}{R_1} + \frac{1}{R_2}} = \frac{R_1 \cdot R_2}{\frac{R_1 \cdot R_2}{R_1} + \frac{R_1 \cdot R_2}{R_2}} = \frac{R_1 \cdot R_2}{R_1 + R_2}$$

$$R_{ges} = \frac{R_1 \cdot R_2}{R_1 + R_2} \quad (5a)$$

Rechenbeispiele:

Formel 4: Drei Widerstände mit 220 Ω, 500 Ω und 1,3 kΩ liegen in Reihe. Wie groß ist der Gesamtwiderstand?

Formel 5: Drei Widerstände mit 2 Ω, 2,5 Ω und 10 Ω werden parallelgeschaltet. Welcher Gesamtwiderstand ergibt sich?

Formel 5a: Welchen Gesamtwiderstand ergibt die Parallelschaltung von zwei Widerständen mit 10 Ω und 40 Ω?

Lösungen Seite 189

Spannungsteiler

Ein Spannungsteiler ist eine Reihenschaltung von 2 (oder auch mehr) Widerständen, auf die sich die Eingangsspannung U_{ein} entsprechend ihren Werten aufteilt. Er wird eingesetzt, um die Eingangsspannung U_{ein} um einen bestimmten Faktor zu verringern, z. B. in einem Lautstärkeregler. Der fließende Strom I beträgt

$$I = \frac{U_{ein}}{R_1 + R_2}.$$

Dieser Strom erzeugt am Widerstand R_2 den Spannungsabfall U_{aus}, die Ausgangsspannung des Spannungsteilers. Wir setzen ein:

$$U_{aus} = R_2 \cdot I = R_2 \cdot \frac{U_{ein}}{R_1 + R_2}$$

Uns interessiert der Teilfaktor

$$\frac{U_{aus}}{U_{ein}},$$

der sich durch Umformen ergibt:

$$\frac{U_{aus}}{U_{ein}} = \frac{R_2}{R_1 + R_2}$$

Die Formel gilt nur für unbelastete oder gering belastete Spannungsteiler, etwa solange I_{aus} kleiner ist als $0{,}1 \cdot I$. Ein Potentiometer ist ein Spannungsteiler, bei dem der Abgriff für U_{aus} mit einem Schleifer auf einer Widerstandsschicht kontinuierlich verschoben werden kann. R_1 und R_2 ändern sich dabei gegensinnig, wobei die Summe $R_1 + R_2$ gleich dem Gesamtwiderstand der Schicht ist und daher unverändert bleibt.

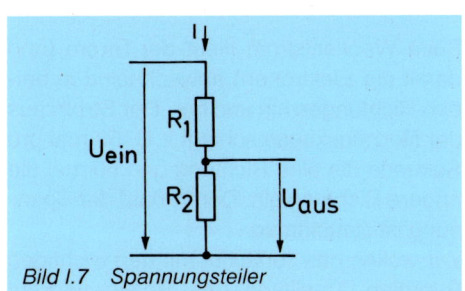

Bild I.7   Spannungsteiler

Widerstandskombination

Bei komplizierten Zusammenschaltungen geht man von innen her schrittweise vor.
Beispiel 1: (das Zeichen || bedeutet Parallelschaltung)
$R_A = R_2 \parallel R_3$
$R_{ges} = R_1 + R_A$

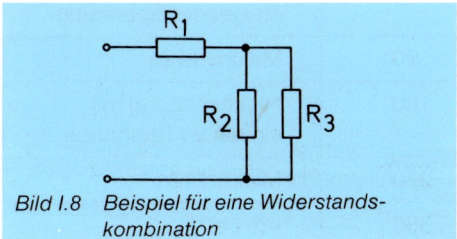

Bild I.8   Beispiel für eine Widerstandskombination

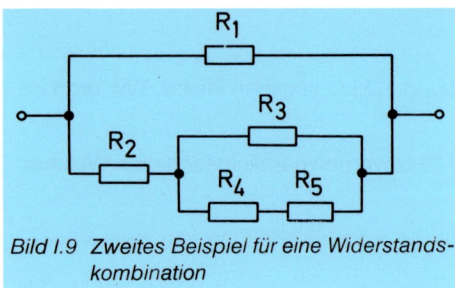

Bild I.9 Zweites Beispiel für eine Widerstandskombination

Beispiel 2: $R_A = R_4 + R_5$ $R_C = R_B + R_2$
$R_B = R_A \parallel R_3$ $R_{ges} = R_C \parallel R_1$

I.6 Wechselstrom

Beim Wechselstrom fließt der Strom (und damit die Elektronen) abwechselnd in beiden Richtungen hin und her. Der Strom aus der Netzsteckdose schlägt z.B. 50 mal pro Sekunde die eine Richtung und 50 mal die andere Richtung ein. Der Verlauf der Spannung ist sinusförmig.
Wir wollen uns zunächst mit den wichtigen Begriffen Amplitude und Phase vertraut machen. Die Amplitude ist der Spitzenwert der Spannung, während die Phase angibt, in welchem Zustand sich die Sinuswelle gerade befindet. Zur Erläuterung werden vier bestimmte Phasen mit ihren Winkeln angegeben:

Phasen- winkel	Zustand (siehe Bild I.10)
0°	Nulldurchgang mit steigender Spannung
90°	Maximalwert
180°	Nulldurchgang mit sinkender Spannung
270°	Minimalwert
360°	wie bei 0°

Bei 360° wiederholt sich alles von neuem, dies hängt mit der engen Verwandschaft der Sinuskurve mit dem Kreis zusammen. Im folgenden ist meist nicht die absolute Phase interessant, sondern die Differenz der Phase zweier Wechselspannungen. Zwei weitere wichtige Angaben über einen Wechselstrom sind seine Frequenz und seine Schwingungsdauer oder Periode.

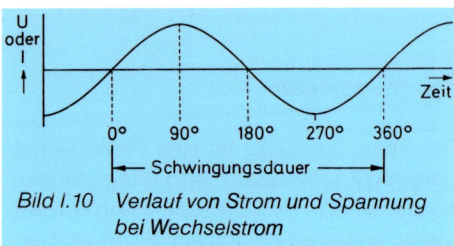

Bild I.10 Verlauf von Strom und Spannung bei Wechselstrom

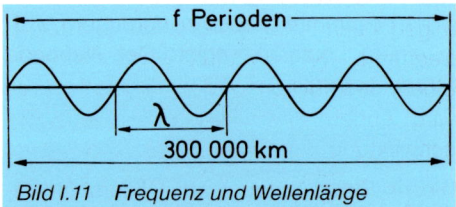

Bild I.11 Frequenz und Wellenlänge

Die Frequenz ist die Zahl der Schwingungen pro Sekunde und wird in Hertz (Hz) angegeben. Die Zeit t, die beim völligen Durchlaufen einer Schwingung (z.B. von Maximalwert zu Maximalwert) verstreicht, wird Schwingungsdauer oder Periode genannt. Da in 1 Sekunde gerade f Perioden mit der Zeitdauer t durchlaufen werden, ist $f \cdot t = 1$ und wir können Frequenz und Periode ineinander umrechnen:

$$\text{Periode} \quad t = \frac{1}{f} \quad (6)$$

$$\text{Frequenz} \quad f = \frac{1}{t} \quad (6a)$$

Beim Fließen des Wechselstroms auf einem Draht und bei der Ausbreitung in Form elektromagnetischer Wellen tritt noch der Begriff der Wellenlänge λ (Lambda) auf. Da der Strom auf dem Draht oder die Welle im Raum sich mit Lichtgeschwindigkeit c ($c \approx 3 \cdot 10^8$ m/s) ausbreiten, treten auf der in 1 s zurückgelegten Strecke von 300 000 km gerade f Wellenberge und -täler auf. Die Formel für die Wellenlänge lautet daher:

$$\text{Wellenlänge:} \quad \lambda = \frac{c}{f} \quad (7)$$

Je höher die Frequenz ist, desto mehr Perioden fallen auf 300 000 km und desto kürzer ist die Wellenlänge.
Nicht alle Wechselströme haben sinusförmigen Verlauf. Ein Beispiel ist der niederfrequente (NF) Wechselstrom, der von einem besprochenen Mikrofon abgegeben wird. Andere Beispiele sind die Rechteckschwingung und die Sägezahnschwingung.

Jede Abweichung von der Sinusform hat das Auftreten von Oberwellen zur Folge, das sind Wechselspannungen mit der doppelten, dreifachen usw. Frequenz (siehe Bild VI.17).
Ein nichtsinusförmiger Wechselstrom kann auch durch Verzerren einer sinusförmigen Spannung an einem nichtlinearen Widerstand entstehen, z. B. einer Diode.

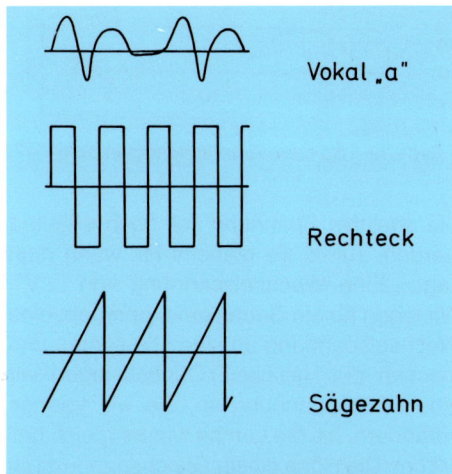

Bild I.12 Spannungsverlauf von nicht sinusförmigen Wechselströmen

Eine Gleichspannung kann man als Wechselstrom mit der Frequenz 0 Hz ansehen. Da der momentane Spannungswert einer Wechselspannung sich dauernd ändert, ist es nicht sinnvoll, die Spannung in einem bestimmten Zeitpunkt anzugeben. Für die Spannungs- und Stromangabe haben sich folgende Bezeichnungen eingebürgert:

U_s = Spitzenspannung (Amplitude)

U_{ss} = Spannung Spitze–Spitze
$U_{ss} = 2 \cdot U_s$

U_{eff} = Effektive Spannung

Einige Beispiele:

Frequenz	Wellenlänge	Bedeutung
50 Hz	6000 km	Netzfrequenz
1 MHz	300 m	Mittelwellenrundfunk
3,5 MHz	85,71 m	80-m-Amateurband
144 MHz	2,083 m	2-m-Amateurband

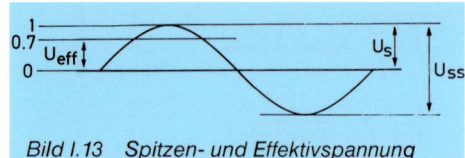

Bild I.13 Spitzen- und Effektivspannung

Die effektive Spannung soll noch erläutert werden, zumal sie gemeint ist, wenn man sagt: „Eine Wechselspannung von ...V". Wir legen für ein Gedankenexperiment eine Wechselspannung an eine Glühlampe und messen die Helligkeit. Danach legen wir eine Gleichspannung an, die wir solange verändern, bis die Lampe wieder gleich hell brennt. Die Höhe dieser Gleichspannung ist gleich dem Effektivwert der Wechselspannung, sie löst den gleichen Effekt aus. Der genaue Faktor für U_{eff} lautet

$$\frac{1}{\sqrt{2}} \quad (\frac{1}{\sqrt{2}} = 0{,}707\ldots)$$

und kann auf „hochmathematischem" Wege errechnet werden.

$$U_{eff} = \frac{1}{\sqrt{2}} \cdot U_s \qquad (8)$$

Umgekehrt ist: $U_s = U_{eff} \cdot \sqrt{2}$
($\sqrt{2} = 1{,}414\ldots$)

Formel 8 gilt nur bei sinusförmigen Signalen! Die große Bedeutung des Effektivwerts von Wechselspannung und Wechselstrom liegt darin begründet, daß wir in alle Formeln für Strom, Spannung und Leistung bei Gleichstrom die entsprechenden Effektivwerte des Wechselstroms einsetzen können. Wenn es nicht ausdrücklich anders erwähnt ist, sind bei Wechselstrom die Angaben immer effektive Spannung oder Strom. Das $\sqrt{\ }$-(Wurzel)-Zeichen wird im Kapitel 2 erläutert.

Rechenbeispiele:

Formel 6: Wie groß ist die Schwingungsdauer des Netzwechselstroms mit einer Frequenz von 50 Hz?

Formel 6a: Mit einem Oszillografen wird die Periode eines Wechselstroms mit 2,5 ms gemessen. Wie groß ist die Frequenz?

Formel 7: Für spezielle Zwecke werden Sender für niedrigste Frequenzen verwendet. Wie groß ist die Wellenlänge eines Senders für 8 kHz?

Formel 8: Vom Schirmbild eines Oszillografen wird die Spitzenspannung einer sinusförmigen Wechselspannung zu 17 V bestimmt. Wie groß ist die effektive Spannung?

Lösungen Seite 189

I.7 Spule und Induktivität

Eine Spule besteht aus Windungen eines Drahtes, deren Anzahl zwischen einer und vielen Tausend liegen kann.

Um die Eigenschaften einer Spule kennenzulernen, machen wir folgendes Experiment:
Wir schließen eine Spule an einen Wechselspannungsgenerator mit variabler Fre-

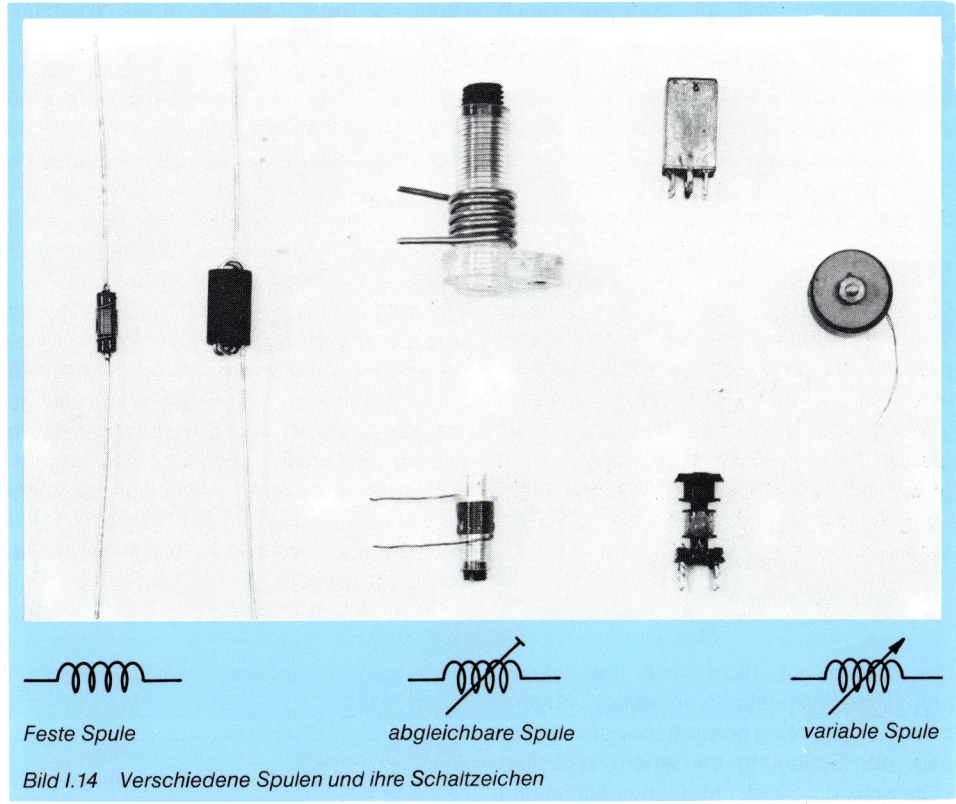

Feste Spule   abgleichbare Spule   variable Spule

Bild I.14 Verschiedene Spulen und ihre Schaltzeichen

quenz an und messen den durch die Spule fließenden Strom
Bei ganz niedrigen Frequenzen (0 Hz $\triangleq$ Gleichspannung) fließt ein großer Strom, der durch den ohmschen Widerstand des Drahtes bestimmt wird. Bei zunehmender Frequenz sinkt der Spulenstrom, um bei ganz hohen Frequenzen auf winzige Werte zurückzugehen. Eine Spule hat also einen bei wachsender Frequenz zunehmenden Wechselstromwiderstand X_L. Die Formel dafür lautet:

$$X_L = \omega \cdot L \qquad (9)$$

Wobei gilt:

$$\omega = 2 \cdot \pi \cdot f \quad (\pi \approx 3{,}14) \qquad (10)$$

L ist die Induktivität in Henry (H).

Die mathematische Konstante π (Pi) kommt bei allen Rechnungen an Kreis, Kugel usw. vor ($\pi \approx 3{,}14$).
ω (Omega) ist die sogenannte Kreisfrequenz. Ihr Vorteil liegt in der Vereinfachung der betreffenden Formeln. Ganz allgemein verwendet man ω immer, wenn es um Formeln und Berechnungen geht. Für Fre-

quenzangaben und im Sprachgebrauch nimmt man nur die „gewöhnliche" Frequenz f.

Schließt man eine Spule an eine Wechselspannungsquelle an und mißt mit einem Oszillografen die anliegende Spannung und den fließenden Strom, so ergibt sich folgendes Verhalten:

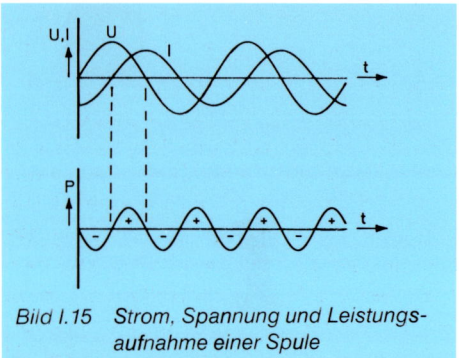

Bild I.15   Strom, Spannung und Leistungsaufnahme einer Spule

Der Strom ist nicht, wie bei einem ohmschen Widerstand, in jedem Augenblick zur Spannung proportional, sondern er folgt der Spannung mit einem zeitlichen Unterschied. Diese Phasenverschiebung beträgt bei einer idealen (= widerstands- und verlustlosen) Spule exakt 90°, da im Maximum der Spannung erst der aufsteigende Nulldurchgang des Stroms stattfindet.

Um zu verstehen, warum in einer Spule trotz anliegender Spannung und fließendem Strom keine elektrische Leistung verbraucht wird, sehen wir den unteren Teil von Bild I.15 an. Es zeigt den zeitlichen Verlauf der von der Spule aufgenommenen Leistung und ist durch Multiplikation von Strom und Spannung im oberen Teil des Bildes entstanden. Die Spule nimmt elektrische Leistung auf, wenn Strom und Spannung gleiches Vorzeichen haben und die Kurve der Leistung über Null liegt. Umgekehrt gibt aber die Spule Leistung in die Wechselspannungsquelle zurück, wenn die Leistungskurve unter Null liegt. Da die Flächen ober- und unterhalb der Nullinie gleich groß sind, nimmt die Spule im zeitlichen Mittel keinerlei Leistung auf und zeigt daher auch keine Erwärmung. Der induktive Widerstand einer Spule wird deswegen auch Blindwiderstand genannt. Die Ursache für dies merkwürdige Verhalten liegt im Magnetfeld, das bei Stromfluß in einer Spule entsteht. Wird der fließende Strom abgeschaltet, so bricht das Magnetfeld in der Spule zusammen und gibt dabei die zu seinem Aufbau benötigte Energie als Strom wieder ab. Dadurch verzögert das Magnetfeld alle Änderungen des durch die Spule fließenden Stroms und bewirkt die Phasenverschiebung von 90° bei Anschluß an eine Wechselspannung.

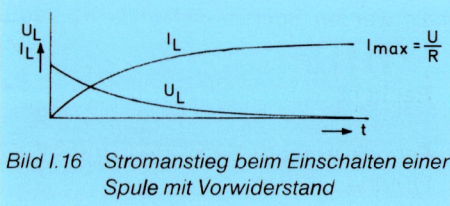

Bild I.16   Stromanstieg beim Einschalten einer Spule mit Vorwiderstand

Schließt man eine Spule über einen Vorwiderstand R (zur Strombegrenzung) an eine Gleichspannung U an, so ist der Spulenstrom im ersten Moment gleich Null um dann zuerst rasch, dann immer langsamer werdend auf den durch den Widerstand begrenzten Endwert anzuzeigen. Siehe Bild I.16.

Das Magnetfeld einer von Gleichstrom durchflossenen Spule kann mit jedem Kompaß nachgewiesen werden. Bild I.17 zeigt den Verlauf der magnetischen Feldlinien bei einer stromdurchflossenen Zylinderspule in einer Ebene, welche die Spule der Länge nach durchschneidet.

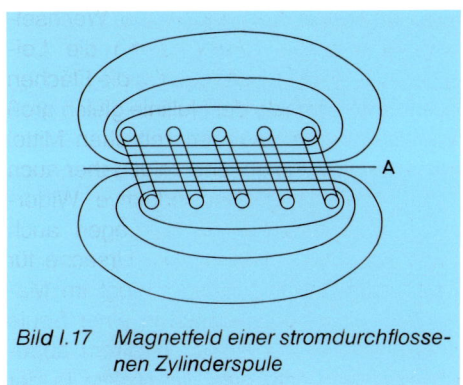

Bild I.17 Magnetfeld einer stromdurchflossenen Zylinderspule

Natürlich ist die Verteilung des Feldes rotationssymmetrisch um die Spulenachse A.

Wegen der fehlenden Erwärmung bei Stromfluß durch einen Blindwiderstand werden Spulen gern als „Vorwiderstand" für Leuchtstofflampen usw. verwendet. Allgemein werden Spulen, die speziell für den Einsatz als Wechselstromwiderstände ausgelegt sind, als Drosseln bezeichnet.

Die Induktivität einer Spule hängt neben der Länge und dem Durchmesser vor allem von der Windungszahl ab. Da eine neu hinzugewickelte Windung nicht nur ihre eigene Induktivität zu derjenigen der Spule hinzufügt, sondern darüber hinaus auf alle bereits vorhandenen Windungen einwirkt, erhöht sich die Induktivität mit dem Quadrat der Windungszahl. Eine Verdopplung der Windungszahl vervierfacht die Induktivität, eine Verdreifachung verneunfacht sie. Zusätzlich läßt sich die Induktivität noch durch das Material in der Spule beeinflussen. Durch Einschieben eines Kerns aus magnetischem Material wie Eisen oder Ferrit kann man die Induktivität kontinuierlich erhöhen. Umgekehrt wirken Aluminium- und Kupferkerne, deren Einführen die Induktivität senkt.

> **Rechenbeispiel:**
>
> Formeln 9 und 10: Eine Drosselspule mit einer Induktivität von 6 H soll als Vorwiderstand für eine Leuchtstoffröhre verwendet werden. Wie groß ist ihr Widerstand für einen Wechselstrom von 50 Hz?
>
> Lösung Seite 189

I.8 Transformator

Ordnet man zwei Spulen so an, daß sie sich durch ihre Magnetfelder gegenseitig beeinflussen, dann entsteht ein Transformator oder Übertrager. Bei Transformatoren für Niederfrequenz (kurz: NF) wird meist eine möglichst feste Kopplung gewünscht, die durch einen Eisenkern erreicht wird, auf dem beide Spulen sitzen. Transformatoren für Hochfrequenz (kurz: HF) erreichen die feste Kopplung z. B. durch Anordnung der beiden Spulen konzentrisch übereinander. Da sich die Spulen eines Transformators doch anders verhalten, als einzelne Spulen, werden sie allgemein als Wicklungen bezeichnet.

Mit einem Transformator kann man Wechselspannungen und Ströme beliebig herauf- oder herabtransformieren. Das Prinzip des Trafos ist einfach: Durch die äußerst feste Kopplung der Wicklungen liegt im normalen Betrieb an jeder einzelnen Windung des Trafos die gleiche Spannung. In Kenntnis

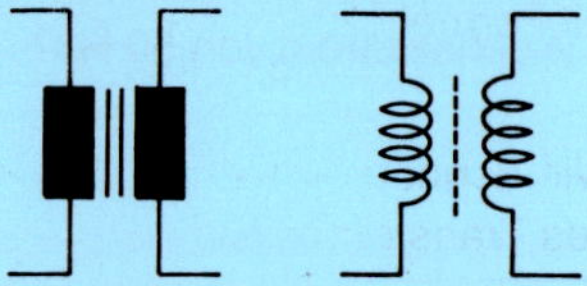

Bild I.18
NF- und HF-Transformatoren und ihre Schaltzeichen

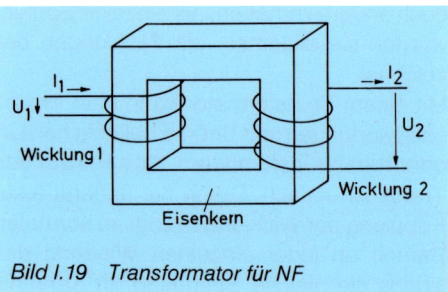

Bild I.19 Transformator für NF

dieser Tatsache können wir die Spannungsübersetzung des Trafos errechnen: Wenn wir an die erste Wicklung mit w_1 Windungen die Wechselspannung U_1 anlegen, so liegt an einer einzelnen Windung die Spannung $U_w = U_1/w_1$, da sich U_1 auf w_1 Windungen verteilt. An der zweiten Wicklung mit w_2 Windungen wird w_2-mal die Spannung U_w addiert, so daß die Ausgangsspannung an der zweiten Wicklung $U_2 = w_2 \cdot U_w$ ist.

Eingesetzt:

$$U_2 = w_2 \cdot U_w = w_2 \cdot \frac{U_1}{w_1} = \frac{w_2}{w_1} \cdot U_1$$

Damit ist die Spannungsübersetzung des Transformators:

$$\frac{U_2}{U_1} = \frac{w_2}{w_1} \quad (11)$$

Die Spannungen an den Wicklungen verhalten sich also wie die Windungszahlen: viele Windungen geben viel Spannung und umgekehrt.

Die Stromübersetzung können wir aus der Tatsache ableiten, daß ein idealer Transformator die in eine Wicklung hineingeschickte Leistung an der anderen Wicklung wieder abgibt.

Leistungsbilanz:

$P_1 = P_2$

oder: $U_1 \cdot I_1 = U_2 \cdot I_2$

das ergibt: $\frac{I_1}{I_2} = \frac{U_2}{U_1}$

mit Formel 11: $\frac{I_1}{I_2} = \frac{w_2}{w_1}$

Wir kennen damit die Stromübersetzung des Transformators:

$$\frac{I_1}{I_2} = \frac{w_2}{w_1} \quad (12)$$

Von der Richtigkeit der Formeln 10 und 11 kann man sich an jedem Trafo überzeugen: Die Wicklungen für hohe Spannungen haben viele Windungen aus dünnem Draht (kleiner Strom), während die Wicklungen für Niederspannung wenige Windungen aus dickem Draht haben. Die Formeln 10 und 11 gelten für ideale, verlustlose Transformatoren, stimmen aber auch annähernd für normale Trafos.

Oft bezeichnet man nach der Richtung, in der die Leistung den Transformator durchfließt, die Eingangswicklung als Primärwicklung und die Ausgangswicklung als Sekundärwicklung. Ein Transformator arbeitet jedoch in beiden Richtungen gleich gut. Wenn er in der einen Richtung 220 V auf 6 V herabtransformiert, setzt er in der anderen 6 V auf 220 V hinauf.

Eine besondere Ausführung des Transformators ist der Stelltransformator. Bei ihm ist die Sekundärwicklung so ausgeführt, daß mit einem Schleifer die Spannung direkt von den Drähten der Wicklung abgenommen wird. Durch Verstellen des Schleifers kann die Zahl der wirksamen Sekundärwindungen und damit die Spannungs- und Stromübersetzung des Trafos verändert werden. Die Ausgangsspannung ändert sich proportional zur Zahl der abgegriffenen Windungen. Vorteilhaft dabei ist, daß die abgegriffene Spannung hoch belastbar ist und daß die sonst unvermeidlichen Verluste in einem Potentiometer oder einem Vorwiderstand nicht auftreten.

Rechenbeispiele:

Formel 11: Ein Netztransformator für 220 V hat 440 Primär- und 24 Sekundärwindungen. Wie groß ist die Ausgangsspannung?

Formel 12: Bei obigem Netztransformator wird an der Sekundärseite ein Strom von 11 A entnommen. Wie groß ist die Stromaufnahme aus dem Netz?

Lösungen Seite 189

I.9 Kondensator und Kapazität

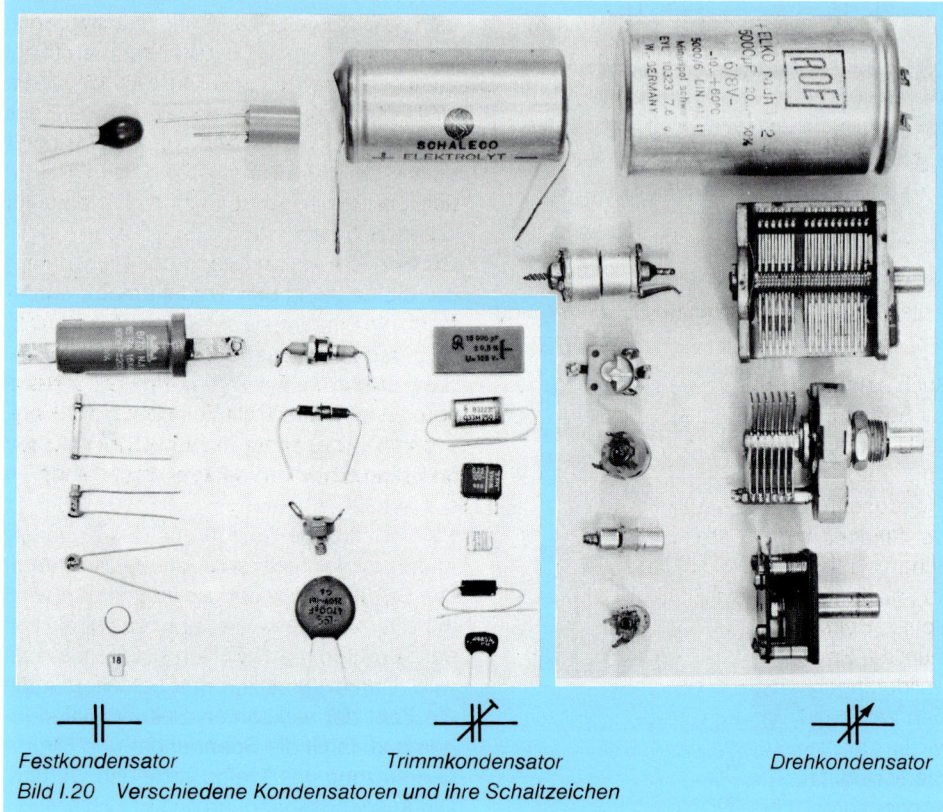

Festkondensator   Trimmkondensator   Drehkondensator
Bild I.20   Verschiedene Kondensatoren und ihre Schaltzeichen

Ein Kondensator ist aus zwei leitfähigen Schichten mit einer isolierenden Schicht dazwischen aufgebaut. Kleine Kondensatoren haben obigen Aufbau, bei größeren Ausführungen legt man Metall- und Isolierfolien wechselweise übereinander und wickelt sie auf. Variable Kondensatoren haben Platten, die gegeneinander verschoben werden können.

Wenn wir mit einem Kondensator denselben Versuch anstellen, wie mit einer Spule in Abschnitt I.7, so stellen wir fest, daß sich der Kondensator genau umgekehrt verhält wie die Spule: Bei Gleichspannung fließt überhaupt kein Strom, um mit zunehmender Frequenz anzuwachsen. Der Wechselstromwiderstand X_C eines Kondensators sinkt also mit zunehmender Frequenz.

Die Formel für X_C lautet:

$$X_C = \frac{1}{\omega \cdot C} \qquad (13)$$

Hierin ist C die Kapazität des Kondensators in Farad (F).

Messen wir analog zur Spule beim Kondensator die anliegende Spannung und den fließenden Strom, so ergibt sich nachstehendes Bild:

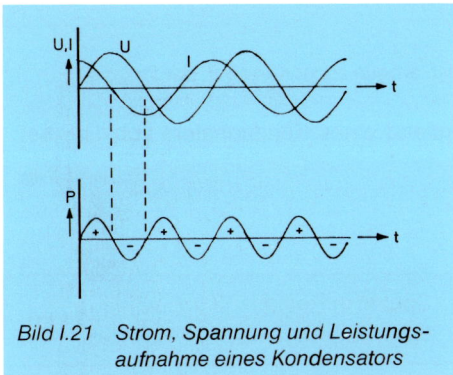

Bild I.21 Strom, Spannung und Leistungsaufnahme eines Kondensators

Auch beim Kondensator ist der Strom nicht zur Spannung proportional, sondern er läuft der Spannung mit einem zeitlichen Unterschied voraus. Beim idealen Kondensator (Kondensatoren kommen dem Ideal näher als Spulen) beträgt die Phasenverschiebung zwischen Strom und Spannung genau 90°, nur in der anderen Richtung wie bei der Spule. Beim Kondensator findet im Maximum der Spannung bereits der absteigende Nulldurchgang des Stroms statt.

Den zeitlichen Verlauf der Leistung sehen wir im unteren Teil von Bild I.21. Positive Werte entsprechen Leistungszufuhr zum Kondensator, negative Werte einer Leistungsabgabe vom Kondensator. Die Flächen ober- und unterhalb der Nullinie sind gleich groß, so daß der Kondensator im zeitlichen Mittel keine Leistung aufnimmt und sich nicht erwärmt. Der kapazitive Widerstand des Kondensators ist daher ebenfalls ein Blindwiderstand. Das Verhalten des Kondensators wird durch das elektrische Feld verursacht, das sich beim Anlegen von Spannung in seinen Isolierschichten aufbaut. Trennt man den Kondensator von der Spannungsquelle, so bleibt das elektrische Feld bestehen und hält die Spannung an den Anschlüssen aufrecht. Erst beim Entladen des Kondensators verschwindet das elektrische Feld und gibt seine Energie in Form eines Stromstoßes über die Anschlüsse ab. Der Strom durch den Kondensator ist proportional zur Änderungsgeschwindigkeit der anliegenden Spannung, welche das elektrische Feld verändert. So entsteht beim Kondensator die Phasenverschiebung zwischen Spannung und Strom bei Anschluß an Wechselspannung. Schließt man einen Kondensator über einen Vorwiderstand R an eine Gleichspannung U an, so ist im ersten Moment die Spannung am Kondensator gleich Null, wobei maximaler Strom durch den Widerstand fließt. Mit fortschreitender Auflading des Kondensators sinkt die Spannung am Widerstand und damit der fließende Strom. Im Endzustand ist der Kondensator voll aufgeladen und es fließt überhaupt kein Strom mehr.

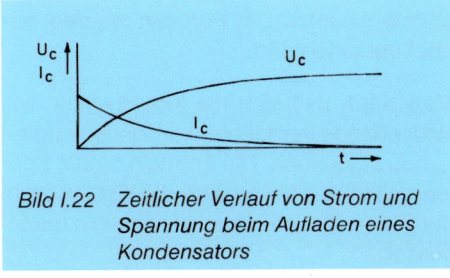

Bild I.22 Zeitlicher Verlauf von Strom und Spannung beim Aufladen eines Kondensators

Die Kapazität eines Kondensators ist umso größer, je größer die Fläche seiner leitfähigen Schichten und je kleiner deren Abstand ist. Daneben hat noch das Isoliermaterial, das Dielektrikum einen Einfluß. Es vergrößert bei sonst gleichen Abmessungen die Kapazität um seine relative Dielektrizitätskonstante ε_r (≥ 1), gebräuchliche Isoliermaterialien weisen Werte von 2–10 auf. Die höchsten Werte bis über 10 000 haben Spezialkeramikmassen in Rohr- und Scheibenkondensatoren. Bei Plattenkondensatoren geht noch die Zahl der Platten, genauer noch, die Zahl der von einem elektrischen Feld erfüllten Zwischenräume zwischen den Platten ein.

Rechenbeispiel:

(Wer mit diesen Beispielen noch Schwierigkeiten hat, arbeite zuvor Kapitel II. durch)

Formel 13: Wie groß ist der kapazitive Widerstand eines Kondensators von 1 nF bei 1 kHz?

Lösung Seite 189

I.10 Reihen- und Parallelschaltung von Spulen und Kondensatoren

Wie ohmsche Widerstände können auch Spulen und Kondensatoren parallel und in Reihe geschaltet werden. Man kann die Formeln einfach ableiten, indem man die Formeln für induktiven und kapazitiven Widerstand in diejenigen für die Reihen- und Parallelschaltung ohmscher Widerstände einsetzt. Die Formeln werden hier aber nur aufgeführt.

Man sieht, daß sich die Induktivitäten wie Widerstände verhalten, die Kondensatoren genau umgekehrt. Die Formeln für die Spulen gelten nur, wenn sich die Spulen nicht durch ihre Magnetfelder gegenseitig beeinflussen.

Spulen in Reihe
$$L_{ges} = L_1 + L_2 + \ldots \quad (14a)$$

Spulen parallel
$$L_{ges} = \frac{1}{\frac{1}{L_1} + \frac{1}{L_2} + \ldots} \quad (14b)$$

Kondensatoren in Reihe
$$C_{ges} = \frac{1}{\frac{1}{C_1} + \frac{1}{C_2} + \ldots} \quad (14c)$$

Kondensatoren parallel
$$C_{ges} = C_1 + C_2 + \ldots \quad (14d)$$

Rechenbeispiele:

Formel 14a: Zwei Drosselspulen mit 1,5 H und 3,5 H werden in Reihe geschaltet. Wie groß ist L_{ges}?

Formel 14b: Welche Gesamtinduktivität entsteht bei der Parallelschaltung zweier gleicher Drosselspulen mit je 20 mH?

Formel 14c: Die Gesamtkapazität von zwei in Reihe geschalteten Kondensatoren von 1 µF und 4 µF ist zu errechnen.

Formel 14d: Zu einem Kondensator von 500 µF wird ein weiterer mit 1000 µF parallelgeschaltet. Welche Gesamtkapazität ergibt sich?

Lösungen Seite 189

Übungsaufgaben zu Kapitel I.

1. Eine Telefonleitung besteht aus Kupferdraht mit einem Querschnitt von 0,75 mm^2 und einer Länge von 12 km. Welchen Widerstand hat sie? Welchen Spannungsabfall verursacht ein Strom von 40 mA? Welcher Strom fließt bei einer Spannung von 60 V?

2. Durch einen unbekannten Widerstand fließt bei einer anliegenden Spannung von 12 V ein Strom von 0,6 mA. Welchen Wert hat er? Welche Verlustleistung tritt auf?

3. Ein Lötkolben trägt die Aufschrift 24 V/60 W. Welcher Strom fließt?

4. Ein Heizwiderstand von 48,4 Ω wird an 220 V angeschlossen. Welche Leistung nimmt er auf? Wie groß ist die Leistung bei einem Strom von 6 A durch den Widerstand?

5. Welche Spannung darf an einem 5-W-Widerstand von 820 Ω maximal angelegt werden? Welcher maximale Strom ist zulässig?

6. 3 Widerstände von 112 Ω, 1,8 kΩ und 12 kΩ werden in Reihe und parallel geschaltet. Welche Gesamtwiderstände resultieren?

7. Welche Periodendauer und welche Wellenlänge gehören zu einer Hochfrequenz von 7,04 MHz?

8. Ein Oszillograf zeigt als Spitzenspannung einer sinusförmigen Spannung einen Wert von 17,8 V. Wie groß ist der Effektivwert?

9. Eine Drosselspule von 0,56 µH wird bei 28,5 MHz verwendet. Wie groß ist ihr induktiver Widerstand?

10. Ein Netztransformator für 220 V hat 680 Primär- und 37 Sekundärwindungen. Welche Sekundärspannung gibt er ab? Welcher Strom wird dem Netz entnommen bei 7 A Stromabgabe auf der Sekundärseite?

11. Ein Koppelkondensator für eine Frequenz von 100 kHz hat 680 pF. Welchen kapazitiven Widerstand hat er?

12. Zwei Spulen von 280 mH und 1,25 H werden einmal in Reihe und einmal parallel geschaltet. Welche Werte ergibt das?

13. Welche Gesamtwiderstände ergeben sich bei der Reihen- und Parallelschaltung von 3 Kondensatoren mit 100 µF, 250 µF und 300 µF.

Lösungen Seite 175

Fragen zur Selbstkontrolle für Kapitel I.

1. Nennen Sie je 3 Beispiele für Leiter, Halbleiter und Isolatoren.
2. Welche Bedingungen müssen erfüllt sein, damit ein Strom fließt?
3. Wie heißen die Abkürzungen und Einheiten für Spannung, Strom, Widerstand, Frequenz, Wellenlänge, Induktivität und Kapazität?
4. Wie hängt der Strom durch einen Widerstand von der Spannung ab?
5. Was kann man pauschal über den Gesamtwiderstand bei der Reihen- und Parallelschaltung von Widerständen sagen?
6. Wozu wird ein Spannungsteiler verwendet?
7. Wie verändern sich Periode und Wellenlänge mit der Frequenz?
8. Für welche Kurvenform gilt die Formel für den Effektivwert?
9. Wie kommt der induktive und kapazitive Widerstand zustande?
10. Warum ist ein idealer Blindwiderstand verlustlos?
11. Welche Kernmaterialien erhöhen bzw. senken die Induktivität einer Spule?
12. Wodurch unterscheiden sich Primär- und Sekundärwicklung eines Klingeltransformators?
13. Wie ändern sich die Blindwiderstände von Spule und Kondensator mit steigender Frequenz?
14. Wie verhalten sich Spule und Kondensator bei plötzlichem Anlegen einer Spannung U über eine Vorwiderstand R?

Lösungen Seite 176

II. Mathematische Grundkenntnisse

II.1 Vorbemerkung für den Leser

Als Interessent am Amateurfunk bzw. angehender Funkamateur werden Sie sicher bereits einen elektronischen Taschenrechner besitzen oder sich einen anschaffen wollen. Achten Sie beim Neukauf darauf, daß der Rechner „wissenschaftliche Schreibweise" oder „scientific notation" verarbeiten kann, womit das hier beschriebene Rechnen mit Zehnerpotenzen gemeint ist. Obwohl damit ansich die Abschnitte II.2 und II.3 für Sie überflüssig sind, empfiehlt es sich doch, bei mangelnder mathematischer Vorbildung sich mit den Tatsachen vertraut zu machen.

Falls Sie bereits einen Rechner ohne Verarbeitung von Zehnerpotenzen besitzen, können Sie natürlich die von den Zehnerpotenzen abgetrennten Zahlen mit dem Rechner verarbeiten und das Ergebnis der Zehnerpotenzen getrennt ermitteln.

II.2 Schreibweise und Benennung

Das Hinschreiben einer Zahl in der Form 10^4 bedeutet:
Nimm 4 × den Faktor 10 und bilde das Produkt.
$10^4 = 10 \cdot 10 \cdot 10 \cdot 10 = 10\,000$
Allgemein: $10^a = \underbrace{10 \cdot 10 \cdot \ldots\ldots\ldots \cdot 10}_{a\ \text{Faktoren}}$

Die hochgeschriebene Zahl – in obigem Beispiel die 4 – wird Exponent genannt. Negative Exponenten bedeuten den Kehrwert der Zahl mit positivem Exponenten:

$$10^{-a} = \frac{1}{10^a}.$$

Beliebige Zahlen schreibt man gewöhnlich so, daß sie aus einer Zahl zwischen 1 und 10 mal einer Zehnerpotenz bestehen.

Beispiele:
$10 = 10^1$ $31\,200 = 3{,}12 \cdot 10^4$
$16 = 1{,}6 \cdot 10^1$ $1750 = 1{,}75 \cdot 10^3$
$0{,}035 = 3{,}5 \cdot 10^{-2}$ $0{,}002 = 2 \cdot 10^{-3}$

In der Umgangssprache werden Zehnerpotenzen nicht ausgesprochen, sondern durch die schon bekannten Vorsilben umschrieben.

Vorsilbe	Kurzzeichen	Zehnerpotenz
Pico	p	10^{-12}
Nano	n	10^{-9}
Mikro	µ	10^{-6}
Milli	m	10^{-3}
Kilo	k	10^3
Mega	M	10^6
Giga	G	10^9

Für Beispiele siehe I.2.

II.3 Die Rechenoperationen

a) Multiplikation

Beim Multiplizieren einer Zahl mit 10 tritt im Ergebnis der Faktor 10 einmal öfter auf, deswegen wird der Exponent um 1 größer:
$10 \cdot 10^4 = 10^5$.

Bei Multiplikation mit größeren Faktoren (100, 1000, ...) wird der Exponent um 2, 3, ... erhöht.

$\underbrace{10 \cdot 10 \cdot 10 \cdot 10}_{4\ \text{Faktoren}} \quad \cdot \quad \underbrace{10 \cdot 10}_{2\ \text{Fakt.}}$

$\qquad 10^4 \qquad\qquad \cdot \qquad 10^2$

$= \underbrace{10 \cdot 10 \cdot 10 \cdot 10 \cdot 10 \cdot 10}_{\text{6 Faktoren}}$

$= 10^6$

Allgemein gilt: $10^a \cdot 10^b = 10^{(a+b)}$

Beispiele:

$10 \cdot 10^3 = 10^4$
$10^2 \cdot 10^6 = 10^8$
$10^{-3} \cdot 10^4 = 10^1$
$10^4 \cdot 10^{-6} = 10^{-2}$

Bei der Multiplikation irgendwelcher Zahlen faßt man zuerst die Faktoren zwischen 1 und 10 für sich zusammen und multipliziert dann.

$20 \cdot 300 = 2 \cdot 10^1 \cdot 3 \cdot 10^2$
$= 2 \cdot 3 \cdot 10^1 \cdot 10^2$
$= 6 \cdot 10^3$
$= 6000$

$0{,}07 \cdot 80 = 7 \cdot 10^{-2} \cdot 8 \cdot 10^1$
$= 7 \cdot 8 \cdot 10^{-2} \cdot 10^1$
$= 56 \cdot 10^{-1}$
$= 5{,}6$

b) Division

Beim Dividieren einer Zahl durch 10 tritt im Ergebnis der Faktor 10 einmal weniger auf und der Exponent wird um 1 erniedrigt:

$\dfrac{10^3}{10} = 10^{(3-1)} = 10^2$

Allgemein gilt:

$\dfrac{10^a}{10^b} = 10^{(a-b)}$

Beim Dividieren können im Ergebnis Exponenten auftreten, die gleich 0 oder kleiner als 0 sind. Hierfür braucht man sich nur zu merken:

$10^0 = 1$
$10^{-a} = 10^{(0-a)}$

$= \dfrac{10^0}{10^a}$

$= \dfrac{1}{10^a}$

Beispiele:

$\dfrac{10^6}{10^4} = 10^2$

$\dfrac{10^3}{10^7} = 10^{-4}$

$\dfrac{10^2}{10^{-5}} = 10^{(2-(-5))}$

$= 10^{2+5} = 10^7$

$\dfrac{10^6}{10^6} = 10^0$

$= 1$

$\dfrac{10^{-3}}{10^{-2}} = 10^{-1}$

$\dfrac{10^2}{10^{-2}} = 10^4$

Bei beliebigen Zahlen wird wieder der Faktor zwischen 1 und 10 und die Zehnerpotenz getrennt bearbeitet:

$\dfrac{3 \cdot 10^3}{2 \cdot 10^2} = \dfrac{3}{2} \cdot \dfrac{10^3}{10^2}$

$= 1{,}5 \cdot 10^1$

$\dfrac{27 \cdot 0{,}192 \cdot 4060}{245 \cdot 19 \cdot 3{,}5}$

$= \dfrac{2{,}7 \cdot 10^1 \cdot 1{,}92 \cdot 10^{-1} \cdot 4{,}06 \cdot 10^3}{2{,}45 \cdot 10^2 \cdot 1{,}9 \cdot 10^1 \cdot 3{,}5}$

$= \dfrac{(2{,}7 \cdot 1{,}92 \cdot 4{,}06) \cdot (10^1 \cdot 10^{-1} \cdot 10^3)}{(2{,}45 \cdot 1{,}9 \cdot 3{,}5) \cdot (10^2 \cdot 10^1)}$

$= \dfrac{21{,}05 \cdot 10^3}{16{,}29 \cdot 10^3}$

$= 1{,}292 \cdot 10^0 \qquad = 1{,}292$

Am letzten Beispiel sieht man, daß die Vorteile des Rechnens mit Zehnerpotenzen um so größer werden, je größer oder kleiner die Zahlen werden.

c) Addition und Subtraktion

Beim Addieren und Subtrahieren müssen die Zehnerpotenzen der beteiligten Zahlen gleich groß sein. Man wandelt am besten in Vielfache der kleinsten vorkommenden Zehnerpotenz um und addiert oder subtrahiert dann:

$1{,}4 \cdot 10^3 + 2{,}2 \cdot 10^2$
$= 14 \cdot 10^2 + 2{,}2 \cdot 10^2 \qquad = 16{,}2 \cdot 10^2$
$\qquad\qquad\qquad\qquad\qquad = 1{,}62 \cdot 10^3$

$6{,}7 \cdot 10^5 + 3{,}1 \cdot 10^3 + 2{,}1 \cdot 10^4$
$= 670 \cdot 10^3 + 3{,}1 \cdot 10^3 + 21 \cdot 10^3$
$= 694{,}1 \cdot 10^3$
$= 6{,}941 \cdot 10^5$

d) Wurzelziehen

Die Wurzel aus einer Zahl ergibt mit sich selbst multipliziert wieder die ursprüngliche Zahl.

Beispiel:

$\sqrt{16} = 4 \qquad 4 \cdot 4 = 16$

$\sqrt{289} = 17 \qquad 17 \cdot 17 = 289$

Allgemein:

$\sqrt{a} \cdot \sqrt{a} = a$

Zwei Beispiele sollen verdeutlichen, wie man Wurzeln aus Zehnerpotenzen errechnet:

$\sqrt{100} = 10 \qquad \sqrt{10^2} = 10^1$

$\sqrt{10\,000} = 100 \qquad \sqrt{10^4} = 10^2$

Aus Beispielen sieht man, daß beim Wurzelziehen die Zahl der Faktoren gerade halbiert wird. Da wir nur Zehnerpotenzen mit ganzzahligem Exponenten kennen, müssen wir vor dem Wurzelziehen eine Zahl in eine Zehnerpotenz mit geradzahligem Exponenten und einen Rest zerlegen. Der Rest soll eine Zahl zwischen 1 und 99,9 sein, deren Wurzel eine Zahl von 1–9,99 ergibt.

Beispiele:

$\sqrt{400} = \sqrt{4 \cdot 10^2} = \sqrt{4} \cdot \sqrt{10^2} = 2 \cdot 10^1 = 20$

$\qquad\qquad\qquad$ gerader Exponent

$\sqrt{1600} = \sqrt{1{,}6 \cdot 10^3} = \sqrt{16 \cdot 10^2}$

$= \sqrt{16} \cdot \sqrt{10^2} = 4 \cdot 10 = 40$

$\sqrt{0{,}04} = \sqrt{4 \cdot 10^{-2}} = \sqrt{4} \cdot \sqrt{10^{-2}}$

$\qquad\qquad = 2 \cdot 10^{-1}$

$\qquad\qquad = 0{,}2$

$\sqrt{202\,500} = \sqrt{2{,}025 \cdot 10^5}$

$\qquad\qquad = \sqrt{20{,}25 \cdot 10^4}$

$\qquad\qquad = 4{,}5 \cdot 10^2$

$\qquad\qquad = 450$

$\sqrt{0{,}0049} = \sqrt{4{,}9 \cdot 10^{-3}}$

$\qquad\qquad = \sqrt{49 \cdot 10^{-4}} = 7 \cdot 10^{-2}$

$\qquad\qquad = 0{,}07$

II.4 Das Dezibel

Das Dezibel ist ein Maß für Spannungs- und Leistungsverhältnisse. Die Definitionsformel für das Dezibel lautet:

Spannungsverhältnis in dB $= 20 \cdot \log \dfrac{U_1}{U_2}$

In dieser Formel ist log der Zehnerlogarithmus. Verhältnisse von Leistungen werden zur Bestimmung des dB-Wertes erst in Spannungsverhältnisse umgerechnet.

$$\dfrac{U_1}{U_2} = \sqrt{\dfrac{P_1}{P_2}}$$

Der Logarithmus und damit das Dezibel sind mit dem Rechnen mit Zehnerpotenzen eng verwandt. Beispielsweise gilt die Formel für die Multiplikation $10^a \cdot 10^b = 10^{(a+b)}$ ebenfalls für Exponenten, die keine ganzen Zahlen sind. Dadurch ist die Multiplikation der Zahlen auf die Addition der Exponenten zurückgeführt. Allgemein gilt:
$a = 10^{\log a}$, $b = 10^{\log b}$
und $a \cdot b = 10^{\log a} \cdot 10^{\log b} = 10^{(\log a + \log b)}$

Da das dB sich nur durch den Faktor 20 vom Logarithmus unterscheidet, gilt ebenfalls, daß eine Multiplikation von Spannungsverhältnissen einer Addition der dB-Werte entspricht.

Gerade bei der Hochfrequenzverarbeitung werden Verstärkerstufen, Filter, Kabel, Teiler etc. hintereinandergeschaltet. Das Gesamtspannungsverhältnis ist gleich dem Produkt aller einzelnen Spannungsverhältnisse der hintereinandergeschalteten Baugruppen. Sind die dB-Werte bekannt, so brauchen diese nur addiert zu werden, um letztlich dasselbe Resultat zu erhalten.

$$dB_{ges} = dB_1 + dB_2 + \ldots \qquad (15)$$

Wird eine Gesamtverstärkung berechnet, so sind Verstärkungen und Antennengewinne mit positivem dB, Abschwächungen und Kabelverluste mit negativem dB einzusetzen. Umgekehrt bei Berechnung einer Gesamtdämpfung.

Als Hilfe zur Hin- und Rückumwandlung zwischen Spannungsverhältnis und dB dient die kleine Tabelle, welche die Spannungsverhältnisse und ihre entsprechenden dB-Werte aufführt.

Spannungsverhältnis	dB
1	0
1,12	1
1,26	2
1,41	3
2	6
3	9,5
4	12
5	14
8	18
10	20
20	26
30	29,5
40	32
50	34
80	38
100	40

Aus der kleinen Tabelle geht hervor, daß das Multiplizieren des Spannungsverhältnisses mit z. B. dem Faktor 2 immer den dB-Wert um 6 dB erhöht. Man kann sich so zu einem Spannungsverhältnis einfach den dB-Wert ausrechnen:

Faktor $15 = 3 \cdot 5 \,\hat{=}\,$ 9,5 dB + 14 dB
$= 23{,}5$ dB

Faktor $60 = 2 \cdot 3 \cdot 10$
$\hat{=}\, 6$ dB + 9,5 dB + 20 dB
$= 35{,}5$ dB

In umgekehrter Richtung zieht man vom angegebenen dB-Wert so lange bekannte dB-Werte ab, bis man auf 0 kommt.

25 dB = 20 dB + 3 dB + 2 dB $\hat{=}$ 10 · 1,41 · 1,26 = 17,8

17 dB = 14 dB + 3 dB $\hat{=}$ 5 · 1,41 = 7,05

Es ist dem Geschick des einzelnen überlassen, möglichst ganzzahlige Faktoren zu wählen, das Ergebnis ist jedoch immer das gleiche.

Das im Empfänger die Signalstärke anzeigende S-Meter arbeitet im Idealfall ebenfalls logarithmisch. Das S-Meter ist in Stufen von 0–9 eingeteilt, dabei entspricht auf Kurzwelle die 9. Stufe (kurz: S9) einer Spannung von 100 μV am Empfängereingang, auf den UKW-Bändern 10 μV. Eingangsspannungen über S9 werden in dB angegeben, z. B. S9 + 10 dB. Eine Stufe des S-Meters entspricht einem Faktor 2 bzw. 6 dB bei der Eingangsspannung U_{ein}. Die folgende Tabelle zeigt U_{ein} bei den einzelnen Stufen des S-Meters.

S	U_{ein} (KW) in μV	U_{ein} (UKW) in μV
9	100	10
8	50	5
7	25	2,5
6	12,5	1,25
5	6,3	0,63
4	3,13	0,31
3	1,56	0,16
2	0,78	0,08
1	0,39	0,04

Leider arbeiten die S-Meter sehr vieler Empfänger nicht ideal und zeigen im unteren Bereich eine eher lineare Anzeige in Abhängigkeit von der Eingangsspannung.

Rechenbeispiel:

Formel 15: An ihrer 2-m-Antenne ist ein Vorverstärker mit 15 dB Verstärkung angeordnet. Die Niederführung erfolgt mit hintereinandergeschalteten Kabelstücken mit 3 dB und 7 dB Dämpfung. Wie groß ist die Gesamtdämpfung?

Lösungen Seite 190

II.5 Umstellen von Formeln

Häufig kommt es vor, daß eine angegebene Formel die gewünschte Größe nicht direkt ergibt, da diese in einem Produkt oder unter einem Bruchstrich steht. In anderen Fällen enthält die Formel nicht nur die bekannten Größen, sondern auch zusätzlich andere, die erst mit Hilfe einer weiteren Formel bestimmt werden müssen. Unter diesen Umständen ist ein Umstellen der Formel oder das Einsetzen weiterer Formeln erforderlich.

Am sichersten geht man dabei nach folgendem Plan vor, der aus 6 Schritten besteht.

a) Steht die interessierende Größe unter einem Wurzelzeichen, so wird als erstes durch Quadratbilden auf beiden Seiten das Wurzelzeichen entfernt ($\sqrt{a} \cdot \sqrt{a}$ ergibt a).

b) Wenn die interessierende Größe rechts vom Gleichheitszeichen steht, werden rechte und linke Seite der Formel vertauscht.

c) Steht die interessierende Größe unter dem Bruchstrich, so wird auf beiden Seiten der Kehrwert gebildet. War rechts kein Bruchstrich, so wird z. B. aus U der Kehrwert $\frac{1}{U}$.

d) Stehen auf der linken Seite der Formel noch andere als die gewünschte Größe, so werden diese folgendermaßen auf die rechte Seite gebracht:
Größen im Zähler: Beide Seiten werden durch diese Größe dividiert.
Größen im Nenner: Beide Seiten werden mit der Größe multipliziert.

e) Die auf der linken Seite sowohl im Zähler als auch im Nenner stehenden Größen werden weggestrichen, da z.B. $\frac{U}{U} = 1$ ist. Diese Operation wird Kürzen genannt.

f) Als letzte Komplikation kann die interessierende Größe noch den Exponenten 2 tragen, z.B. U^2. Wurzelziehen auf beiden Seiten der Formel beseitigt den Exponenten 2 und liefert das gewünschte Endergebnis.

Als Beispiel wollen wir aus der Thomsonschen Schwingungsformel die Induktivität L errechnen:

$$\omega = \frac{1}{\sqrt{L \cdot C}}$$

Quadriert (a):

$$\omega^2 = \frac{1}{L \cdot C}$$

Seiten getauscht (b):

$$\frac{1}{L \cdot C} = \omega^2$$

Kehrwert gebildet (c):

$$L \cdot C = \frac{1}{\omega^2}$$

Beide Seiten durch C dividiert (d):

$$\frac{L \cdot C}{C} = \frac{1}{\omega^2 \cdot C}$$

Gekürzt (e): $\quad L = \dfrac{1}{\omega^2 \cdot C}$

In den Fällen, wo die Formel nicht bekannte Größen enthält, muß man versuchen, diese aus anderen Formeln zu erhalten. Betrachten wir zum Beispiel die Formel für die Leistung:

$$P = U \cdot I$$

Wollen wir den Strom errechnen, der bei einer bestimmten Leistung durch einen Widerstand fließt, so ergibt Umformen der Formel für die Leistung:

$$I = \frac{P}{U}$$

Die Spannung U können wir dem Ohmschen Gesetz entnehmen:

$$I = \frac{U}{R}$$

Multipliziert mit R:

$$R \cdot I = U$$

Die so erhaltene Spannung U kann jetzt in die Formel für I eingesetzt werden:

$$I = \frac{P}{U} = \frac{P}{R \cdot I}$$

Der Faktor I tritt auf der rechten Seite im Nenner auf und wird durch Multiplikation der Formel mit I nach links in den Zähler gebracht:

$$I \cdot I = \frac{P \cdot I}{R \cdot I} = \frac{P}{R}$$

$$I^2 = \frac{P}{R}$$

Wie durch Quadrieren beider Seiten eine Wurzel beseitigt wird, so ziehen wir jetzt auf beiden Seiten die Wurzel, um I^2 in I zu überführen:

$$\sqrt{I^2} = \sqrt{\frac{P}{R}}$$

$$I = \sqrt{\frac{P}{R}}$$

Damit ist die gewünschte Formel für den Strom I gefunden.

In den meisten Fällen wird das Umstellen von Formeln genügen und nur in wenigen Aufgaben ist das Einsetzen anderer Formeln erforderlich. Unentbehrlich ist auf jeden Fall das Rechnen mit Zehnerpotenzen, das bei den meisten Aufgaben mit Vorteil eingesetzt werden kann.

Übungsaufgaben zu Kapitel II.

1. Durch einen Widerstand von 3 GΩ fließen 500 pA. Wie groß sind Spannungsabfall und Verlustleistung?

2. Die Leistung des thermischen Rauschens am 50-Ω-Eingangswiderstand eines SSB-Empfängers beträgt $3{,}2 \cdot 10^{-17}$ W. Welcher Eingangsspannung entspricht sie?

3. Wie groß ist die Frequenz von rotem Licht ($\lambda = 650$ nm)?

4. Der Blindwiderstand eines Kondensators bei 50 Hz beträgt 6,37 MΩ. Welche Kapazität hat er?

5. Die Reihenschaltung eines Kondensators von 15 nF mit einem unbekannten Kondensator hat eine Gesamtkapazität von 12 nF. Welchen Wert hat der unbekannte Kondensator?

6. Zwischen den Enden eines Kupferkabels mit einem Querschnitt von 0,5 mm^2 messen Sie 1,36 Ω. Wie lang ist das Kabel?

7. Berechnen Sie den Blindwiderstand eines Kondensators von 6 pF bei 10 GHz.

8. Eine Antenne ist über ein Kabelstück mit 1,2 dB Dämpfung mit einem Vorverstärker von 12 dB Verstärkung verbunden. Die Leitung hat eine Dämpfung von 4 dB. Wie groß ist die Gesamtdämpfung?

Lösungen Seite 176

Fragen zur Selbstkontrolle für Kapitel II.

1. Nennen Sie die Vorsilben und Multiplikationsfaktoren von Billionstel bis Milliarde.

2. Als Ergebnis einer Division ergibt sich 10^0. Was bedeutet das?

3. Wie werden die Exponenten bei der Division behandelt?

4. Was geschieht mit dem Exponenten beim Wurzelziehen?

5. Wie verfährt man bei Addition und Subtraktion von Zehnerpotenzen?

6. Die gesuchte Größe steht im Nenner einer Formel. Wie „holt" man sie in den Zähler?

7. Wie beseitigt man eine Wurzel in einer Formel?

Lösungen Seite 177

III. Schwingkreise und Filter

III.1 Schwingkreis

Eine der wichtigsten Grundschaltungen der Hochfrequenztechnik ist der Schwingkreis. Er besteht aus der Parallel- oder Reihenschaltung einer Spule und eines Kondensators und wird dementsprechend Parallel- oder Serienschwingkreis genannt.

Um die Vorgänge im Schwingkreis zu verstehen, lassen wir einen Schwingungsvorgang eines Parallelschwingkreises langsam ablaufen: Zu Beginn ist der Kondensator gerade voll aufgeladen und die Spule stromlos (Zustand 1).

Durch die Trägheit der Spule kann sich der Kondensator nicht schlagartig entladen, sondern nur einen zunehmenden Strom durch die Spule treiben. Wenn der Kondensator völlig entladen ist, hat der Strom durch die Spule seinen Maximalwert erreicht (Zustand 2). Jetzt ist die gesamte Energie des elektrischen Felds im Kondensator in magnetische Feldenergie in der Spule umgewandelt worden. Die Spule treibt ihrerseits den Strom weiter und lädt dabei den Kondensator andersherum auf, wobei der Strom abnimmt bis die Spule stromlos ist und der Kondensator mit umgekehrtem Vorzeichen voll aufgeladen ist (Zustand 3). Die magnetische Feldenergie in der Spule ist in elektrische Feldenergie im Kondensator zurückverwandelt worden. Der Kondensator entlädt sich jetzt wieder, wobei der Spulenstrom auf seinen Maximalwert anwächst (Zustand 4), um dann von der Spule wieder auf die volle Spannung mit dem ursprünglichen Vorzeichen aufgeladen zu werden. Damit ist der Ausgangszustand 1

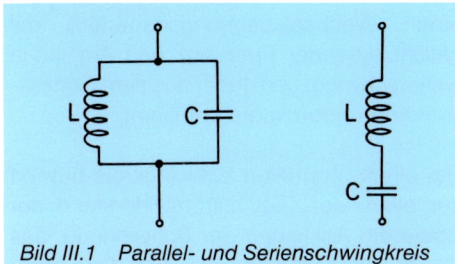

Bild III.1 Parallel- und Serienschwingkreis

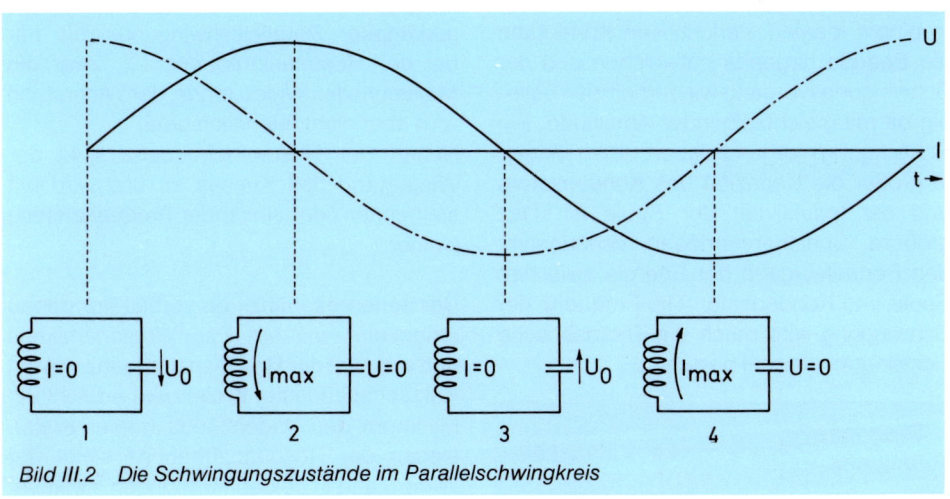

Bild III.2 Die Schwingungszustände im Parallelschwingkreis

wieder erreicht und der Schwingungsvorgang läuft erneut ab. Charakteristisch ist das dauernde Hin- und Herpendeln der Energie zwischen Spule und Kondensator und die stetige Umwandlung der beiden Arten von Feldenergie.

Man kann dies auch sehr schön in der Leistungsbilanz von Spule (Bild I.15) und Kondensator (Bild I.21) beim Anschluß an eine Wechselspannungsquelle sehen: Zwischen aufsteigendem Nulldurchgang und Maximalwert der Spannung gibt die Spule Leistung ab und nimmt der Kondensator Leistung auf. Auch im weiteren Verlauf haben die Leistungsbilanzen von Spule und Kondensator immer verschiedene Vorzeichen.

Bemißt man nun einen Kondensator so, daß er genau gleich viel Leistung aufnimmt wie die Spule abgibt und umgekehrt, so findet nach dem Parallelschalten der beschriebene Pendelvorgang statt. Spule und Kondensator ergänzen sich exakt in ihrer Aufnahme und Abgabe von Leistung und Strom. Nach außen hin ist der Schwingkreis bei Resonanz völlig stromlos.

In einem idealen, verlustlosen Kreis kann die Energie nirgends entweichen und der Schwingungsvorgang wiederholt sich beliebig oft mit gleichbleibender Amplitude. Ein Schwingungsvorgang dauert umso länger, je größer die Kapazität des Kondensators und die Induktivität der Spule ist. Das größere Speichervermögen verlangsamt den Pendelvorgang der Energie zwischen Spule und Kondensator. Die Frequenz der Schwingung wird durch die Thomsonsche Schwingungsformel bestimmt:

Resonanzfrequenz: $\omega_{Res} = \dfrac{1}{\sqrt{L \cdot C}}$ (16)

Die Umstellungen lauten:

$$L = \dfrac{1}{\omega^2_{Res} \cdot C} \quad (16a)$$

$$C = \dfrac{1}{\omega^2_{Res} \cdot L} \quad (16b)$$

Diese Formeln gelten gleichermaßen für Parallel- und Serienschwingkreis. Man nennt die Frequenz f, mit welcher der Kreis von sich aus schwingt, auch Resonanzfrequenz, weil er bei Erregung mit dieser Frequenz am stärksten mitschwingt (Resonanz). Der ideale Parallelschwingkreis verhält sich bei seiner Resonanzfrequenz wie ein Isolator, da er beim Anschluß an einen Wechselspannungsgenerator mit gleichbleibender Frequenz und Amplitude weiterschwingt und daher aus dem Generator keinen Strom mehr entnimmt.

Bei einem normalen Schwingkreis bewirkt vor allem der Gleichstromwiderstand der Spule ein Abklingen der Schwingung, das durch Energiezufuhr aus dem Generator ausgeglichen werden muß. Ein solcher, gedämpfter Parallelschwingungskreis hat bei der Resonanzfrequenz f_{Res} zwar ein Maximum des Widerstands, der Widerstand wird aber nicht unendlich groß.
Neben der Resonanzfrequenz sinkt der Widerstand des Kreises ab und wird mit steigender oder sinkender Frequenz stetig kleiner.

Der Serienresonanzkreis verhält sich genau umgekehrt wie ein Parallelresonanzkreis und wirkt bei der Resonanzfrequenz wie ein Kurzschluß (idealer Kreis) bzw. erreicht ein Minimum des Widerstands (realer Kreis). Neben der Resonanzfrequenz steigt der Widerstand in beiden Richtungen stetig an.

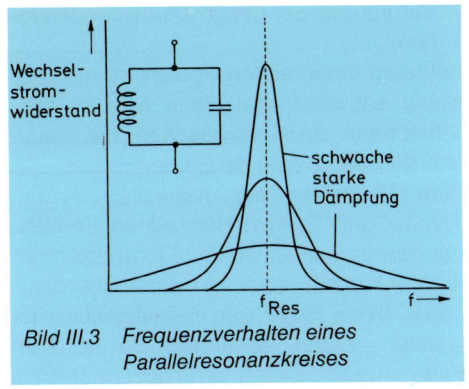

Bild III.3 Frequenzverhalten eines Parallelresonanzkreises

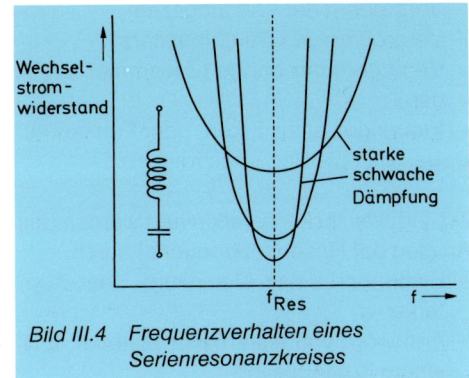

Bild III.4 Frequenzverhalten eines Serienresonanzkreises

Der bei der Resonanzfrequenz rein ohmsche Wechselstromwiderstand eines Schwingkreises bekommt bei anderen Frequenzen einen induktiven oder kapazitiven Anteil.

Wechselstromwiderstand	Parallelresonanzkreis	Serienresonanzkreis
unterhalb f_{Res}	induktiv	kapazitiv
bei f_{Res}	sehr hoch, ohmsch	sehr niedrig, ohmsch
oberhalb f_{Res}	kapazitiv	induktiv

Die Form der Resonanzkurve hängt von der Dämpfung des Schwingkreises ab. Ein Maß für die Dämpfung ist die Güte Q des Schwingkreises. Sie wird durch folgende Formel festgelegt:

$$B = \frac{f_{Res}}{Q} \qquad (17)$$

oder

$$Q = \frac{f_{Res}}{B} \qquad (17a)$$

B ist dabei die Bandbreite des Schwingkreises. Beim Parallelschwingkreis ist das der Frequenzabstand zwischen den beiden Punkten, an denen der Wechselstromwiderstand auf die Hälfte seines Wertes bei f_{Res} abgesunken ist. Hohe Güte entspricht kleiner Dämpfung und einer geringen Bandbreite des Kreises.

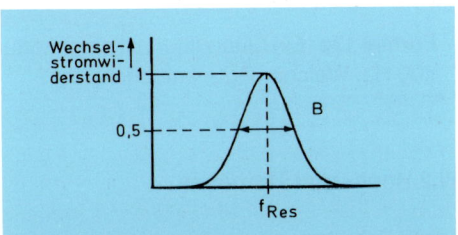

Bild III.5 Bandbreite B eines Schwingkreises

Die Abstimmung eines Schwingkreises auf die Resonanzfrequenz kann sowohl durch Verändern der Spule als auch des Kondensators erfolgen.

Die Induktivität der Spule kann vergrößert werden durch:

- Vergrößern der Windungszahl
- Vergrößern des Durchmessers
- Verringern der Länge (Zusammenschieben)
- Einbringen eines Eisen- oder Ferritkerns.
Dabei sinkt die Resonanzfrequenz.

Die Induktivität kann verkleinert werden (mit Anstieg der Resonanzfrequenz) durch:
- Einbringen eines Aluminium- oder Kupferkerns
- Annähern von leitfähigem Material, z. B. einem Kupferblech
- Vergrößern der Länge (Auseinanderziehen).

Bei fertig eingebauten Spulen ist zum Abgleich entweder von Haus aus ein verschiebbarer Kern vorgesehen oder man staucht bzw. streckt die Spule.

Zum Einstellen der Kapazität werden Trimm- und Drehkondensatoren verwendet, die in vielfältigen Ausführungsformen erhältlich sind. Auch ein einfaches biegbares Blech kann zum Feinabgleich verwendet werden, besonders bei höheren Frequenzen.

Rechenbeispiele:

Formel 16: Ein Parallelresonanzkreis besteht aus einer Spule von 243 nH und einem Kondensator mit 5 pF. Wo liegt die Resonanzfrequenz?

Formel 16a: Mit einem Kondensator von 50 pF soll ein Schwingkreis für 7 MHz gebaut werden. Wie groß muß L sein?

Formel 16b: Ein Schwingkreis für 21,2 MHz hat eine Spule mit 2 µH. Welchen Kondensator braucht man?

Formel 17: Welche Bandbreite hat ein Schwingkreis für 28,5 MHz mit einer Güte von 100?

Formel 17a: Ein Quarzfilter mit einer Mittenfrequenz von 9 MHz hat eine Bandbreite von 400 Hz. Welcher Güte entspricht das?

Lösungen Seite 190

III.2 Hoch- und Tiefpässe

Diese Schaltungen sind Kombinationen von Kondensatoren mit Spulen oder Widerständen, deren Funktion anhand des Frequenzverhaltens der Einzelteile leicht zu verstehen ist:

Wechselstromwiderstand von	bei niedriger Frequenz	bei hoher Frequenz
Kondensator	groß	klein
Spule	klein	groß
Widerstand	frequenzunabhängig	

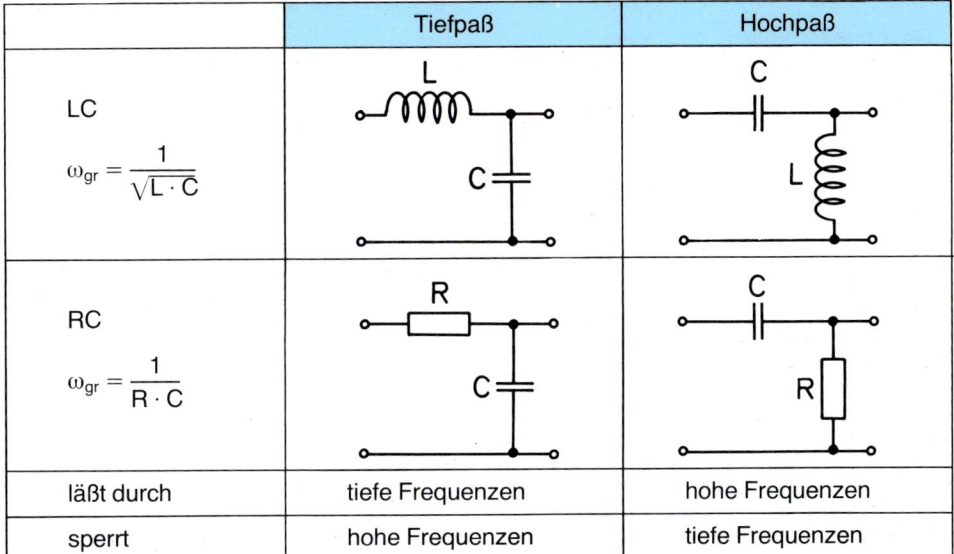

	Tiefpaß	Hochpaß
LC $\omega_{gr} = \dfrac{1}{\sqrt{L \cdot C}}$		
RC $\omega_{gr} = \dfrac{1}{R \cdot C}$		
läßt durch	tiefe Frequenzen	hohe Frequenzen
sperrt	hohe Frequenzen	tiefe Frequenzen

„Pässe" aus Spule und Kondensator werden mit LC bezeichnet, solche aus Widerstand und Kondensator als RC-Pässe. Beim Tiefpaß sperrt bei tiefen Frequenzen der Kondensator, während die Spule gut leitet, so daß niederfrequente Wechselströme ungehindert passieren können. Bei hohen Frequenzen dagegen sperrt die Spule und der Kondensator schließt den Ausgang noch zusätzlich nach Masse kurz. Von hochfrequenten Wechselströmen erscheinen deswegen nur noch winzige Bruchteile der Eingangsspannung am Ausgang. Beim Hochpaß treten durch das Vertauschen der Bauelemente die Sperrung bei tiefen und der Durchlaß bei hohen Frequenzen auf. Welche Frequenzen „hoch" oder „tief" sind, sagt uns die Grenzfrequenz ω_{gr}. Das ist die Frequenz, bei welcher der „Paß" vom Durchlassen zum Sperren übergeht.

Grenzfrequenz für LC-Pässe:

$$\omega_{gr} = \dfrac{1}{\sqrt{L \cdot C}} \qquad (18a)$$

Grenzfrequenz für RC-Pässe:

$$\omega_{gr} = \dfrac{1}{R \cdot C} \qquad (18b)$$

LC-Pässe haben 2 frequenzabhängige Elemente und zeigen daher einen steileren Übergang von Durchlaß- zum Sperrbereich. RC-Pässe ersparen dagegen die teuren Spulen, so daß man meist ihren weniger steilen Übergang in Kauf nimmt.

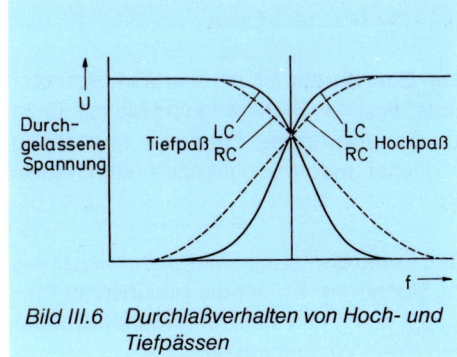

Bild III.6   Durchlaßverhalten von Hoch- und Tiefpässen

Rechenbeispiele:

Formel 18a: Hinter einer Gleichrichterschaltung ist ein Tiefpaß aus einer Drossel von 18 H und einem Kondensator von 50 µF. Wo liegt die Grenzfrequenz?

Formel 18b: Ein NF-Verstärker hat am Eingang einen Hochpaß aus 0,1 µF und 10 kΩ. Wo liegt die Grenzfrequenz?

Lösungen Seite 191

III.3 Filter mit Schwingkreisen

Durch Einfügen von Schwingkreisen in den Signalweg einer Schaltung können Filter realisiert werden, die eine bestimmte Frequenz entweder bevorzugt durchlassen oder unterdrücken. Die 4 einfachsten Möglichkeiten sind:

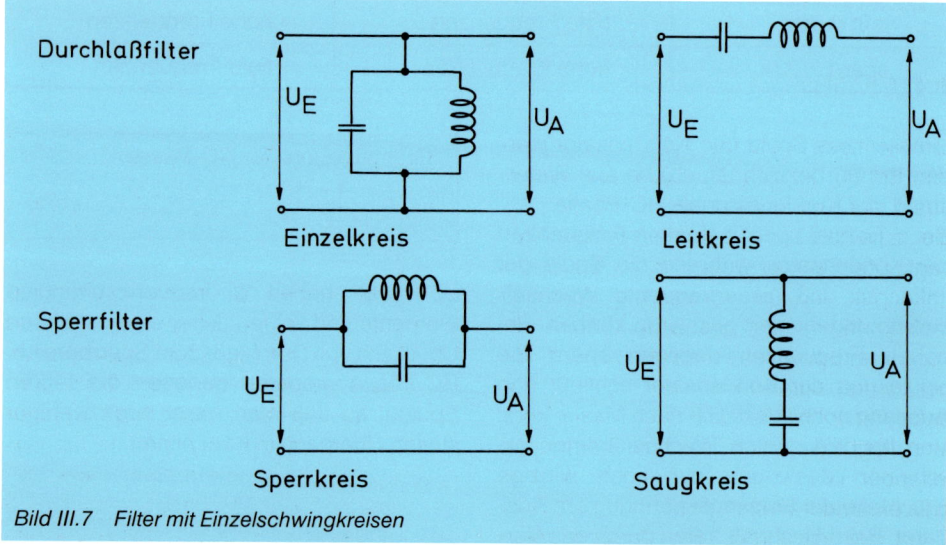

Bild III.7 Filter mit Einzelschwingkreisen

Der **Einzelkreis** ist ein Parallelresonanzkreis zwischen Signalweg und Masse. Er ist für die erwünschte Frequenz hochohmig und leitet andere Frequenzen nach Masse ab.

Der **Leitkreis** ist ein Serienresonanzkreis im Signalweg. Er läßt die erwünschte Frequenz durch und stellt für andere Frequenzen einen Widerstand dar.

Der **Sperrkreis** ist ein Parallelresonanzkreis im Signalweg. Er sperrt den Signalweg für eine unerwünschte Frequenz und läßt andere Frequenzen durch.

Der **Saugkreis** ist ein Serienresonanzkreis zwischen Signalweg und Masse. Er schließt eine unerwünschte Frequenz nach Masse kurz und läßt andere Frequenzen passieren.

Zur Verstärkung der Wirkung kann man Durchlaß- oder Sperrfilter kombinieren. Dabei entsteht z. B. der symmetrisch aufgebaute Bandpaß in Bild III.8. Er läßt einen schmalen Frequenzbereich um die Resonanzfrequenz seiner Schwingkreise passieren und schwächt alle anderen Frequenzen stark ab.

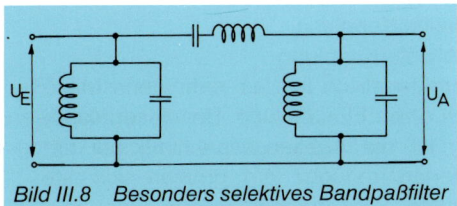

Bild III.8   Besonders selektives Bandpaßfilter

III.4 Bandfilter

Ein wichtiges Bestandteil vieler Empfänger und Sender ist das Bandfilter. Es besteht aus 2 oder mehr Parallelresonanzkreisen, die aufeinander einwirken können. Man sagt: Die Schwingkreise sind miteinander gekoppelt. Induktiv gekoppelte Schwingkreise wirken durch die Transformatorwirkung ihrer Spulen aufeinander ein, während bei der kapazitiven Kopplung ein Kondensator verwendet wird. Galvanische Kopplung liegt vor, wenn ein den Gleichstrom leitender Weg zwischen den Kreisen ist, z. B. ein Widerstand.

Trägt man die Größe der Ausgangsspannung U_a eines Bandfilters in Abhängigkeit von der Frequenz f auf, so erhält man die Resonanzkurve des Bandfilters. Man unterscheidet dabei 3 Arten von Resonanzkurven, die bei verschiedener Festigkeit der Kopplung auftreten. Die Festigkeit der Kopplung darf nicht mit der Art der Kopplung (induktiv, kapazitiv oder galvanisch) verwechselt werden. Man kann mit jeder Kopplungsart die 3 möglichen Resonanzkurven erzielen.

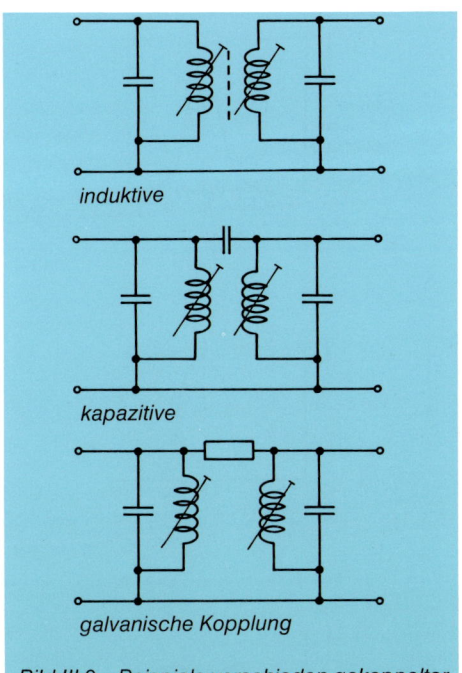

induktive

kapazitive

galvanische Kopplung

Bild III.9   Beispiele verschieden gekoppelter Bandfilter

Die Verbreiterung der Resonanzkurve bei kritischer und besonders bei überkritischer Kopplung rührt nur von der gegenseitigen Beeinflussung der Schwingkreise her. Jeder Kreis ist für sich genau auf die Resonanzfrequenz f_r abgestimmt, bei den Beispielen in Bild III.9 mit den Spulenkernen. Je höher die Güte der gekoppelten Schwingkreise ist, desto schmäler werden die Durchlaßkurven des Bandfilters bei den 3 verschieden festen Kopplungen. Höhere Güte bewirkt auch höhere Verstärkung, da der Widerstand bei der Resonanzfrequenz größer wird. Man verwendet Bandfilter vor allem im Zwischenfrequenzteil von Überlagerungsempfängern und zur Kopplung zwischen den einzelnen Stufen eines Senders. Daneben werden sie überall dort angewandt, wo ein breiterer aber definierter Frequenzbereich übertragen werden soll.

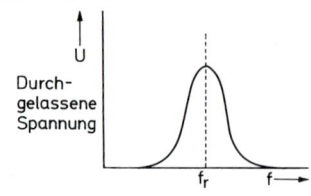

Unterkritische Kopplung
Lose Kopplung.
Resonanzkurve wie bei einem einzelnen Schwingkreis mit deutlichem Maximum. Der durchgelassene Frequenzbereich ist schmal.

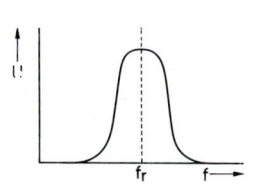

Kritische Kopplung
Mittelfeste Kopplung.
Charakteristisch ist das verbreiterte Maximum **ohne** Einsattelung. Bei dieser Kopplung ist die Ausgangsspannung bei der Resonanzfrequenz am größten (kleinste Verluste). Der durchgelassene Frequenzbereich ist größer und annähernd rechteckförmig.

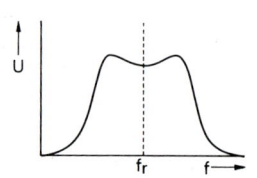

Überkritische Kopplung
Feste Kopplung.
Resonanzkurve mit 2 Maxima und Einsattelung bei der Resonanzfrequenz. Der durchgelassene Frequenzbereich ist noch breiter geworden.

Die Wirkungsweise eines Bandfilters wurde an Hand von L-C-Bandfiltern besprochen, die aus normalen Spulen und Kondensatoren aufgebaut sind. Viele der hochgesteckten Forderungen an moderne Funkgeräte lassen sich nur mit Bandfiltern erfüllen, deren Schwingkreise höhere Güten haben, als sie mit normalen LC-Kreisen realisierbar sind.

Noch „rein elektrisch" arbeiten Helicalfilter, deren Spulen aus dickem Draht in geschlossene Kammern eingebaut sind. Der große Platzbedarf schränkt ihre Anwendung auf Frequenzen oberhalb 100 MHz ein. Aktive Filter erhöhen die Güte von Schwingkreisen durch einen angekoppelten Verstärker, welcher die Verluste kompensiert („Q-Multiplier"). Eine andere Ausführungsform erzielt die Filterwirkung mit Operationsverstärkern (siehe V.5), welche entsprechend mit Widerständen und Kondensatoren beschaltet sind. Filter mit Operationsverstärkern sind auf den Sprachfrequenzbereich beschränkt.

Eine andere Gruppe meist sehr hochwertiger Bandfilter erzielt die Filterwirkung mit mechanischen Schwingkörpern, sog. Resonatoren. Nach dem Material dieser Resonatoren unterscheidet man mechanische Filter mit Resonatoren aus Edelstahl,

Quarzfilter und Keramikfilter mit Resonatoren aus Quarz bzw. Keramik. Alle Filter benötigen elektrisch-mechanische Wandler, welche die elektrischen Signale in mechanische Schwingungen und dann wieder in elektrische Signale zurückverwandeln. In Quarz- und Keramikfiltern hat das Resonatormaterial bereits selbst die Wandlereigenschaften, wohingegen mechanische Filter keramische Wandler enthalten. (Das Kristallmikrofon ist ein naher Verwandter dieser Wandler.)

Die Durchlaßkurven aller Bandfilter mit mechanischen Resonatoren haben einen ebenen Frequenzgang im Durchlaßbereich mit abruptem Abfall zum Sperrbereich hin. Diese Filter werden zur steilflankigen Selektion in Empfängern und in der Signalaufbereitung von Einseitenbandsendern zur Ausfilterung des erwünschten Seitenbandes verwendet.

III.5 Quarze und Quarzfilter

Ein Schwingquarz (kurz „Quarz") ist ein dünngeschliffenes Plättchen aus einem Quarzkristall, das mit aufgedampften elektrischen Anschlüssen versehen und in einen luftdicht verschlossenen Kolben eingebaut ist. Das Quarzplättchen hat eine mechanische Resonanzfrequenz, die je nach Formgebung von einigen kHz bis über 100 MHz betragen kann. Die Resonanzfrequenz ist nur sehr wenig von der Temperatur und der Schwingungsamplitude abhängig und weist eine hervorragende Langzeitstabilität auf. Ein Quarz verhält sich an seinen Anschlußstiften wie ein Serienresonanzkreis extrem hoher Güte (Q = 20000 – 100000) und Frequenzkonstanz, dem die Kapazität C_G des Gehäuses parallel liegt. Er kann auf zweierlei Weise betrieben werden:

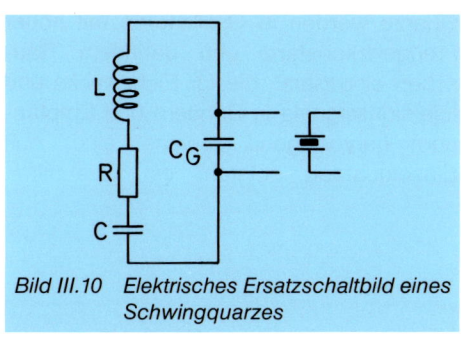

Bild III.10   Elektrisches Ersatzschaltbild eines Schwingquarzes

In **Serienresonanz** wirken L und C als Serienresonanzkreis, so daß bei der Resonanzfrequenz an den Anschlüssen der sehr kleine ($< 1\ \Omega$) Widerstand R anliegt. Die Gehäusekapazität C_G ist dabei vernachlässigbar.

In **Parallelresonanz** wirken L und die Reihenschaltung von C und C_G als Schwingkreis. Bei einem Quarz ist C extrem klein und dafür L relativ sehr groß, so daß durch die Reihenschaltung mit C_G die wirksame Kapazität nur unwesentlich kleiner und damit die Resonanzfrequenz kaum höher wird. Um reproduzierbare Verhältnisse zu haben, wird bei Quarzen für Parallelresonanz die an den Stiften anliegende Kapazität, die „Bürde" (ca. 30 pF) genau angegeben. Diese Kapazität stammt erstens von der angeschlossenen Schaltung und auch vom Trimmkondensator her, mit dem sich die Resonanzfrequenz um einige 10^{-4} „ziehen" läßt.

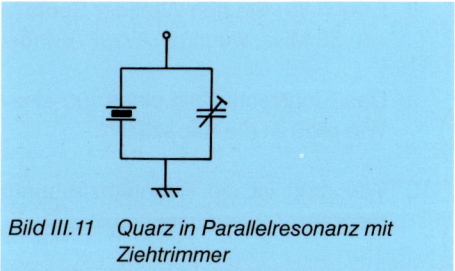

Bild III.11   Quarz in Parallelresonanz mit Ziehtrimmer

Quarze werden in Oszillatoren mit hoher Frequenzkonstanz und geringem Rauschen eingesetzt, die für Eichzwecke und Injektionssignale in Sendern und Empfängern hervorragend geeignet sind. Aus Einzelquarzen entsteht ein Quarzfilter, indem analog zu Filtern aus Schwingkreisen sorgfältig aneinander angepaßte Quarze elektrisch verschaltet und mit Ein- und Ausgangsübertragern in ein Gehäuse eingebaut werden (siehe III.4).

Übungsaufgaben zu Kapitel III.

1. Ein Schwingkreis hat eine Kapazität von 22 pF und eine Induktivität von 2,562 µH. Wie hoch ist seine Resonanzfrequenz?

2. Ein Schwingkreis für 1,8 MHz soll mit einem Kondensator von 180 pF bzw. einer Spule von 47 µH aufgebaut werden. Welchen Wert muß das jeweils zugehörige Bauelement haben?

3. Der Ausgangsschwingkreis eines 145-MHz-Senders hat eine Güte von 25. Wie groß ist seine Bandbreite?

4. Ein Quarzfilter mit einer Mittenfrequenz von 9 MHz hat eine Bandbreite von 400 Hz. Welche Güte müssen die Filterquarze mindestens haben?

5. Ein Hochpaßfilter hat einen Kondensator von 15 pF und eine Spule von 1,055 µH. Wo liegt seine Grenzfrequenz?

6. Wo liegt die obere Grenzfrequenz eines RC-Hochpasses mit einem Widerstand von 2,7 kΩ und einem Kondensator von 15 nF?

7. Vor den Eingang eines Oszillografen mit 1 MΩ Eingangswiderstand soll ein Kondensator geschaltet werden, so daß Frequenzen ab 3 Hz übertragen werden. Wie groß muß der Kondensator sein?

8. Errechnen Sie den Wert der Spule für einen LC-Hochpaß mit einer Grenzfrequenz von 55 MHz, wenn ein 47-pF-Kondensator eingesetzt wird.

9. Das Ersatzschaltbild eines 100-kHz-Quarzes weist eine Induktivität von 45 H aus. Wie groß ist die Kapazität?

10. Wie groß ist die Resonanzfrequenz des Quarzes von Aufgabe 9 bei Parallelresonanz? (Gehäusekapazität $C_G = 76$ pF).

Fragen zur Selbstkontrolle für Kapitel III.

1. Welchen Kapazitätsbereich muß der Drehkondensator eines Mittelwellenradios überstreichen? (Frequenzbereich = 3:1).

2. Wie schwingt der Quarz in Serien- und Parallelresonanz?

3. Wie kann man die Resonanzfrequenz eines Quarzes in Parallelresonanz „ziehen"?

4. Wie kann man den Induktivitätswert einer Schwingkreisspule zwecks Abstimmung verändern?

5. Wohin legt man die Grenzfrequenz eines Tiefpasses, der 100 MHz noch durchlassen und 144 MHz sperren soll?

6. Wie kann man eine Bandsperre (Bandpaß) realisieren?

7. Wo werden Bandfilter vorteilhaft eingesetzt?

8. Zählen Sie die Kopplungsarten und die Bezeichnung für die verschiedenen Festigkeiten der Kopplung eines Bandfilters auf.

Lösungen Seite 178

IV. Modulationsarten im Amateurfunk

IV.1 Modulation und Bandbreite

Ein physikalisches Grundgesetz sagt aus, daß zur Übertragung von Information eine Übertragung von Energie nötig ist. Diese Energie kann Schall oder Licht sein, beim Amateurfunk wird eine hochfrequente, elektromagnetische Welle verwendet, der (Informations-) Träger. Der Träger wird in der Antenne in eine Wechselspannung (und umgekehrt) umgewandelt, die im Zeitbereich einen exakt sinusförmigen Verlauf hat und deren Spektrum im Frequenzbereich nur eine Linie ist. Bei der Informationsübertragung werden Amplitude oder Frequenz des Trägers im Rhythmus des die Information enthaltenden Modulationssignals verändert, moduliert. Dabei treten in jedem Fall im Zeitbereich Abweichungen von der exakten Sinusform und im Frequenzbereich die sogenannten Seitenbänder auf, in denen die Information steckt. Je mehr Information man übertragen will, desto höhere Frequenzen kommen im Modulationssignal vor. Die Bandbreite gibt den Abstand der höchsten von der niedrigsten Frequenz im Modulationssignal an und wächst mit zunehmendem Informationsgehalt. Die menschliche Sprache zum Beispiel erfordert für gute Verständlichkeit die Übertragung des Frequenzbereichs von 300 Hz bis 2,6 kHz entsprechend einer Bandbreite von 2,3 kHz. Jede Vergrößerung der Information, in diesem Fall jede Verbesserung der Wiedergabe, erfordert mehr Bandbreite, wie wir von HiFi-Geräten wissen. Zur Übertragung einer bestimmten Bandbreite benötigen alle im Amateurfunk benutzten Modulationsarten zumindest dieselbe Bandbreite (weniger geht nicht!) oder jedenfalls nicht wesentlich mehr.

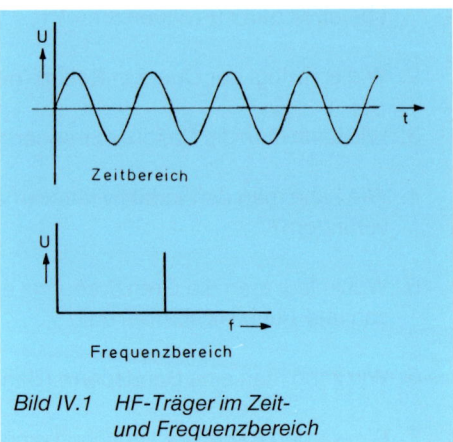

Bild IV.1 HF-Träger im Zeit- und Frequenzbereich

In den folgenden beiden Abschnitten werden die gemäß der „Verordnung zur Durchführung des Gesetzes über den Amateurfunk" (DV-AFuG) für einen Inhaber der höchsten Lizenzklasse (Klasse B) zugelassenen Betriebsarten beschrieben. In den Kurzzeichen bezeichnet der erste Buchstabe, ob die Amplitude (A) oder die Frequenz (F) des Trägers bei der Modulation beeinflußt wird. Die darauffolgende Zahl und der Buchstabe kennzeichnen die einzelne Betriebsart.

IV.2 Amplitudenmodulation

Bei der Amplitudenmodulation wird die Amplitude des Trägers moduliert. Hat das Modulationssignal die Frequenz f_{Mod}, so treten symmetrisch zur Trägerfrequenz f_{Tr} die beiden Seitenfrequenzen $f_{Tr} + f_{Mod}$ und $f_{Tr} - f_{Mod}$ auf. Bei Modulation mit einem Frequenzgemisch (z. B. Sprache) entsprechen jeder Frequenz f im Gemisch ihre beiden Seitenfrequenzen in den Seitenbändern, die beide genau den Abstand f von der

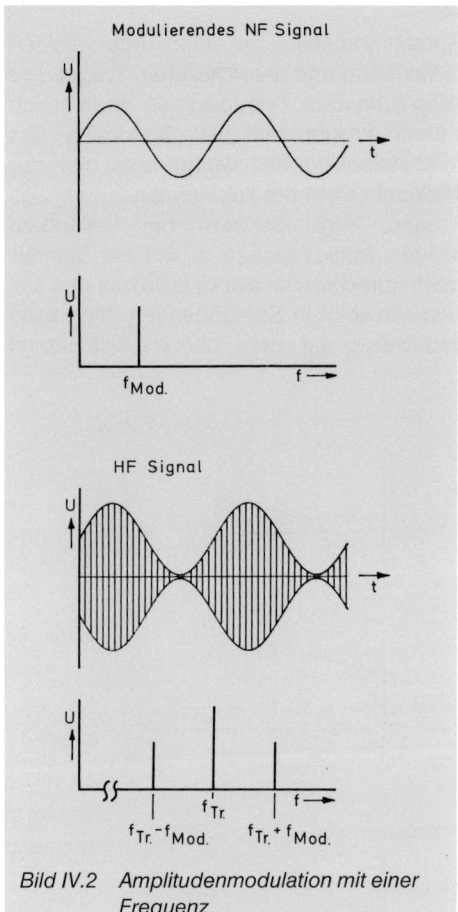

Bild IV.2 Amplitudenmodulation mit einer Frequenz

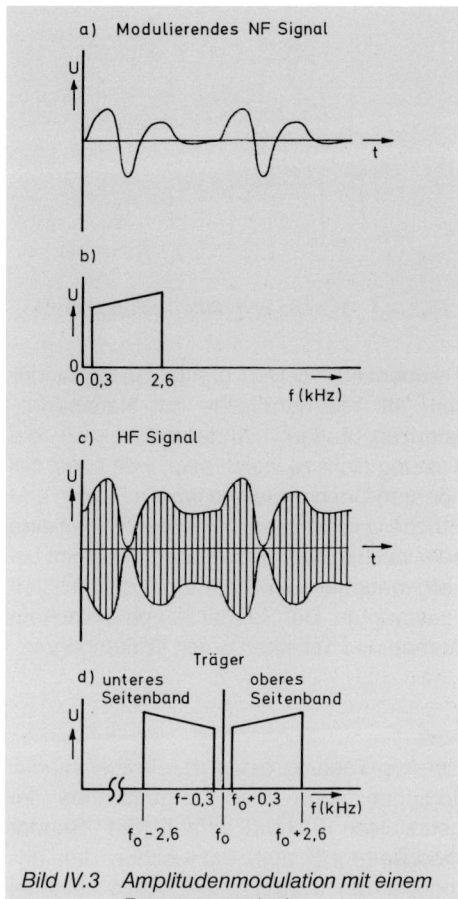

Bild IV.3 Amplitudenmodulation mit einem Frequenzgemisch

Trägerfrequenz haben. Die Amplituden der einzelnen Frequenzen des Frequenzgemisches werden in beiden Seitenbändern exakt wiedergegeben. Beide Seitenbänder enthalten daher die gleiche und vollständige Information.

Die einzelnen Betriebsarten mit Amplitudenmodulation sind folgende:

A1A
Modulation durch Ein-Aus-Schaltung des Trägers. Sie wird vom Amateur CW (continous wave) genannt. Bei gedrückter Morsetaste strahlt der Sender die volle Leistung ab und schweigt in den Tastpausen. Die Frequenz des Modulationssignals ist niedrig. Rechnet man bei 60 Buchstaben pro Minute mit etwa 5 Punkten pro Sekunde (5 Hz), so entspricht Tempo 180 etwa einer Modulationsfrequenz von 15 Hz und die Bandbreite des ganzen Signals liegt bei 30 Hz. Dabei ist aber unbedingt auf einen weichen Übergang beim Umschalten zu achten. Steile Umschaltflanken enthalten Anteile von viel höheren

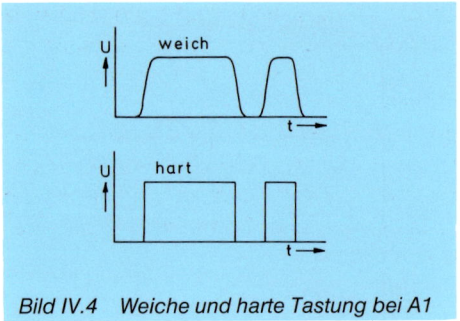

Bild IV.4   Weiche und harte Tastung bei A1

Frequenzen, deren breite Seitenbänder sich als Klickgeräusche auf Nachbarfrequenzen äußern. Andererseits soll die Tastung nicht zu weich sein, weil sonst bei höheren Geschwindigkeiten die Punkte und Striche verschmieren. A1A bzw. CW ist eine sehr viel benutzte Betriebsart und ergibt bei vorgegebener Sendeleistung die größten Reichweiten. Der Sender ist von einfachem Aufbau und hat einen guten Wirkungsgrad.

A2A
Ein-Aus-Tastung eines den Träger modulierenden Tons oder Tongemisches. Im getasteten Zustand strahlt der Sender modulierte HF aus, dazwischen den unmodulierten Träger. A2A bietet keinerlei Vorteile gegenüber CW und ist im Amateurfunk nicht üblich.

A3E
Amplitudenmodulation durch Sprache. Die Ausgangsleistung ändert sich proportional zur vom Mikrofon abgegebenen Spannung. Dadurch strahlt der Sender den Träger und beide Seitenbänder aus. Die Bandbreite der Aussendung ist doppelt so groß wie die höchste, in der Sprache vorkommende Frequenz. A3E wird als AM (Amplitudenmodulation) bezeichnet. Es wird fast nur noch auf dem 10-m-Band benutzt.

J3E
Sprachmodulation mit einem unterdrückten Seitenband und unterdrücktem Träger. Die Amplitude des Sendesignals ändert sich wieder proportional zur Spannung des Modulationssignals, wobei aber hier der Nullpunkt nicht bei der Ruhespannung des Trägers liegt, sondern bei fehlendem Träger. Infolgedessen strahlt der Sender beim Sprechen nur das eine Seitenband aus und schweigt in Sprechpausen. Man kann wahlweise auf dem oberen Seitenband

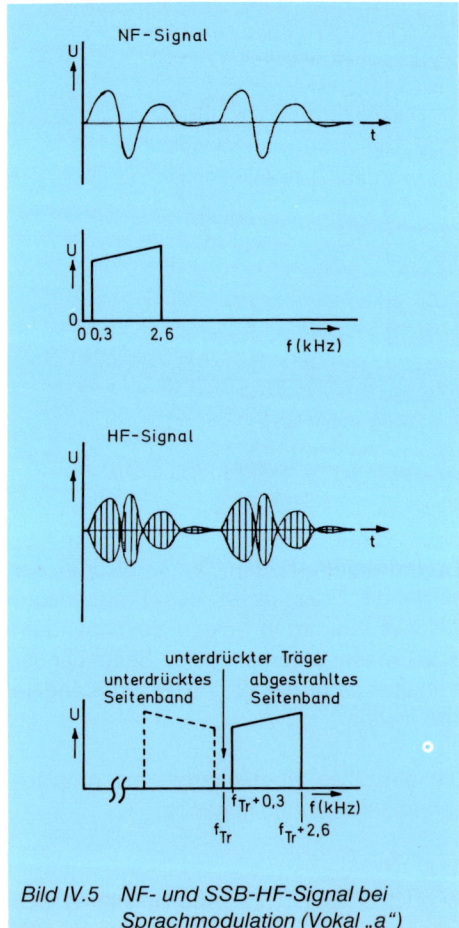

Bild IV.5   NF- und SSB-HF-Signal bei Sprachmodulation (Vokal „a")

(USB = upper sideband) oder dem unteren Seitenband (LSB = lower sideband) arbeiten. Die Bandbreite ist weniger als halb so groß wie bei A3E und entspricht genau der Bandbreite des Sprachsignals. Die Leistung des Senders wird gut genutzt, da die gesamte Sendeleistung im informationstragenden Seitenband ausgestrahlt wird. Die Betriebsart J3E bzw. SSB (single sideband) wird auf den Kurzwellenbändern für Sprache fast ausschließlich genutzt. Die geringe Bandbreite und die Trägerunterdrückung erlauben eine dichte Besetzung der Bänder mit minimalen gegenseitigen Störungen. Auf den UKW-Frequenzen wird SSB für Weitverbindungen eingesetzt.

C3F
Amplitudenmodulation mit dem Bild- und Austast (BAS-) Signal einer Fernsehkamera. Die Kamera tastet das Bild zeilenweise ab und wandelt die Helligkeit der Bildpunkte in eine proportionale Spannung um und fügt nach jeder Zeile ein Synchronisationssignal ein. Mit diesem BAS-Signal wird der Träger moduliert. Das BAS-Signal enthält Frequenzen von 0 Hz bis 5 MHz, was bei normaler Amplitudenmodulation eine HF-Bandbreite von 10 MHz ergibt. Bei der Betriebsart C3F wird der trägerfernere Teil des unteren Seitenbandes unterdrückt. Durch Hinzufügen des frequenzmodulierten Tonsignals, dessen Trägerfrequenz 5,5 MHz über der des Bildträgers liegt, entsteht ein Fernsehsignal nach europäischer Norm (CCIR). Es kann nach entsprechender Frequenzumsetzung mit jedem handelsüblichen Fernsehgerät empfangen werden. Die Betriebsart ATV (Amateur TV) ist nur im 70-cm-Band und Bändern höherer Frequenz zulässig.

IV.3 Frequenzmodulation

Bei der Frequenzmodulation wird die Frequenz des Trägers moduliert, dessen Amplitude völlig gleichbleibend ist. Ohne Modulation ist die Frequenz des HF-Signals konstant, ihr Wert wird Mittenfrequenz genannt. Beim Modulieren wird die Trägerfrequenz proportional zum Momentanwert des Modulationssignals verändert. Der Frequenzhub ist dabei die maximale Abweichung der Trägerfrequenz von der Mittenfrequenz.
Wie die Amplitudenmodulation, so verursacht auch die Frequenzmodulation Seitenbänder, deren Frequenzabstand vom Träger größer ist als der Hub. Auch bei Modulation mit einer einzigen Frequenz treten im HF-Signal auf beiden Seiten des Trägers mehrere Seitenbänder auf, deren Frequenzen und Amplituden in komplizierter Weise von der Modulationsfrequenz f_{Mod} und vom Hub abhängen. Eine scharfe Begrenzung gibt es nicht, doch gilt für die Bandbreite die Näherungsformel:

$$\text{Bandbreite} = 2 \cdot f_{Mod} + 2 \cdot \text{Hub} \quad (19)$$

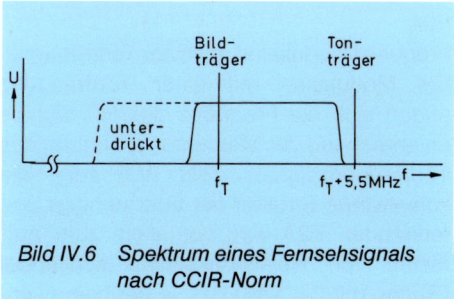

Bild IV.6 Spektrum eines Fernsehsignals nach CCIR-Norm

Die Bandbreite ist deutlich größer als die eines SSB oder auch A3E (AM) Signals.

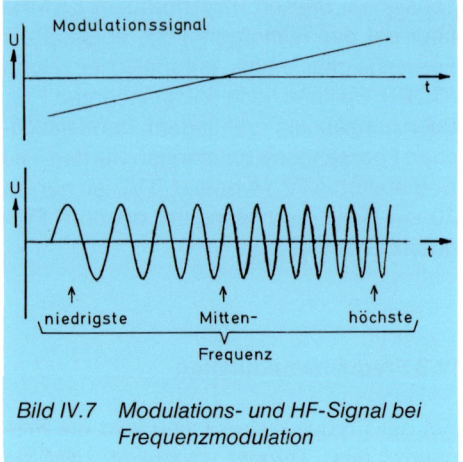

Bild IV.7 Modulations- und HF-Signal bei Frequenzmodulation

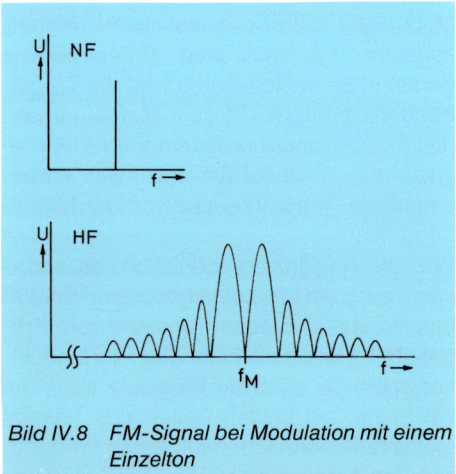

Bild IV.8 FM-Signal bei Modulation mit einem Einzelton

Man darf aus Formel 19 nicht entnehmen, daß man durch extrem kleinen Hub die Bandbreite bis fast auf die doppelte Modulationsfrequenz verkleinern darf. Aus bestimmten Gründen darf der Hub nicht kleiner sein als die maximale Modulationsfrequenz. Ein Maß dafür ist der Modulationsindex, dieser ist gleich dem Hub geteilt durch die maximale Modulationsfrequenz:

$$\text{Modulationsindex} = \frac{\text{Hub}}{\text{Max. Modulationsfrequenz}}$$

Die obige Forderung ist dann gleichbedeutend mit der Forderung, daß der Modulationsindex nicht kleiner als 1 werden darf.

Die Frequenzmodulation hat mehrere Vorteile, die auf ihrer bei Modulation gleichbleibenden Amplitude beruhen. Der Sender braucht das FM-Signal nicht linear zu verstärken und kann Frequenzvervielfachung benutzen. Im Empfänger werden amplitudenmodulierte Störungen, besonders Zündfunkenstörungen in Kraftfahrzeugen, durch die Begrenzung vor der Demodulation unterdrückt. Störungen durch Direkteinstrahlung und Kreuzmodulation bei Empfangsanlagen treten wegen der gleichbleibenden Amplitude kaum auf.

F1A, B
Frequenzmodulation durch Frequenzumtastung.
Die Frequenz des Trägers springt in Abhängigkeit vom Modulationssignal zwischen zwei festen Werten hin und her. Die Bandbreite erstreckt sich nur unwesentlich über die beiden Eckfrequenzen hinaus.

Als Modulationssignal kann (z.B. bei Bakensendern) ein Morsesignal verwendet werden (F1A). Ihr Haupteinsatzgebiet hat die Betriebsart aber beim Amateur-Funkfernschreiben RTTY (F1B) (siehe IV.4).

F2A
Frequenzmodulation mit einer Tonfrequenz. Bei Modulation mit einer Tonfrequenz ändert sich die Frequenz des HF-Signals entsprechend der Momentanspannung des Tonfrequenzsignals. Bild IV.8 zeigt die komplizierte Struktur der auftretenden Seitenbänder. F2A wird vor allem zum Auftasten von Relaisfunkstellen verwendet (Rufton mit f = 1750 Hz). In geringem Um-

fang wird bei UKW-Nahverbindungen auch Morsetelegrafie oder RTTY in F2A abgewickelt.

F3E
Frequenzmodulation mit Sprache.
Bei Modulation mit dem Frequenzgemisch Sprache fließen die Seitenbänder der Frequenzanteile völlig ineinander. Man kann in einfacher Weise nur sagen, daß die Amplitude (Lautstärke) der Sprache durch die Größe des Frequenzhubs wiedergegeben wird und die Modulationsfrequenz bestimmt, wie oft pro Sekunde der Frequenzhub durchlaufen wird. Die Betriebsart F3E oder einfach FM (Frequenzmodulation) verwendet man auf den UKW- und höheren Bändern für Nahverbindungen und den Mobilbetrieb sowohl direkt als auch über Relaisfunkstellen. Sie ist die meistverwendete Betriebsart auf dem 2-m- und 70-cm-Band.

F3C
Frequenzmodulation mit einem Faksimile („Fax") Signal.
Bei dieser Betriebsart wird ein frequenzmoduliertes Signal im NF-Bereich erzeugt und im SSB-Sender in den HF-Bereich verschoben (siehe IV.4).

F3F
Frequenzmodulation mit einem Fernsehsignal.
Bei Frequenzmodulation mit dem breitbandigen BAS-Signal entsteht ein HF-Signal mit einer Bandbreite von ca. 20 MHz. Diese Betriebsart kann nur auf ausreichend breiten Bändern durchgeführt werden, etwa auf dem 23-cm-Band und den höherfrequenten Bändern.

Rechenbeispiel:

Formel 19: Welche Bandbreite belegt ein F2A-Signal bei einer Modulationsfrequenz von 1750 Hz und 3 kHz Hub?

Lösung Seite 191

IV.4 Sonderbetriebsarten

Die ehemals nur mit Sondergenehmigung möglichen Betriebsarten RTTY, SSTV und FAX sind nach den neuen Lizenzbestimmungen allgemein zulässig.

RTTY (Radio Teletype). Beim Amateurfunkfernschreiben werden im Postnetz übliche Fernschreibmaschinen verwendet. Diese Maschinen unterbrechen beim Senden den im Ruhezustand fließenden Linienstrom in einem bestimmten Rhythmus. Jedes Fernschreibzeichen wird in einer Folge von Schritten übertragen, die aus dem Startschritt, 5 Informationsschritten und 1,5 Stopschritten besteht.

Die Folgefrequenz der Schritte wird als Baudrate (= 1/Schrittdauer) bezeichnet. Im Amateurfunk sind 45,45 Bd (Baud) üblich. Der Sender wird in Abhängigkeit vom Linien-

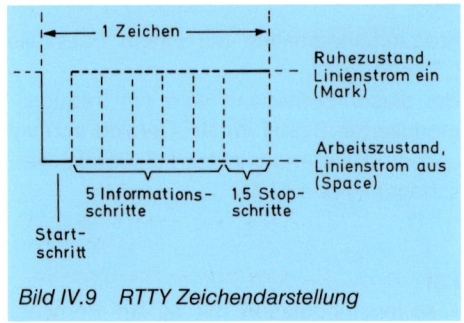

Bild IV.9 RTTY Zeichendarstellung

strom in seiner Frequenz hin- und hergeschaltet (F1B). Der Ruhezustand bei fließendem Linienstrom wird als Mark, der Arbeitszustand mit unterbrochenem Strom als Space bezeichnet. Mark ist im HF-Bereich immer die höhere Frequenz. Die Frequenzdifferenz zwischen Mark und Space, die sog. „Shift", beträgt auf Kurzwelle meist 170 Hz, auf UKW 850 Hz.

Wegen der Probleme bei der direkten Frequenzumtastung eines Senders wird fast immer das AFSK-Verfahren (Audio Frequency Shift Keying) angewandt. Man schaltet in Abhängigkeit vom Linienstrom einen NF-Tongenerator zwischen zwei

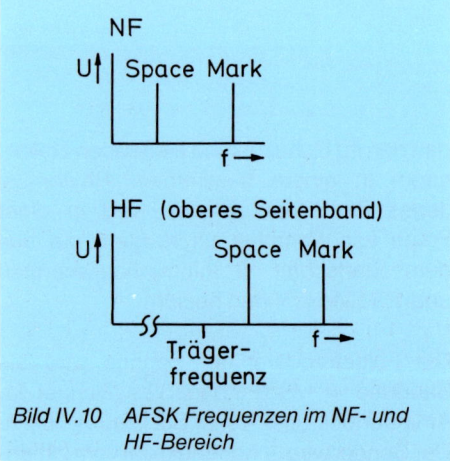

Bild IV.10 AFSK Frequenzen im NF- und HF-Bereich

Frequenzen hin und her und erzeugt so ein F1B-Signal im NF-Bereich. Dabei hat vereinbarungsgemäß der Ton für „Space" eine Frequenz von 1275 Hz. Der Ton für Mark liegt um die Shift höher, also bei 1445 Hz oder 2125 Hz. Leitet man das AFSK-Tonsignal auf den Mikrofoneingang eines SSB-Senders, so strahlt dieser ein hochfrequentes F1B-Signal derselben Shift ab.

Beim Empfang wird das NF-Ausgangssignal einem RTTY-Konverter zugeführt. Dieser filtert im Tonfrequenzbereich die Frequenzen für Mark und Space aus und schaltet letztlich den Linienstrom der Fernschreibmaschine ein (Mark) oder aus (Space). Ein guter RTTY-Konverter ermöglicht auch bei starken Störungen noch fehlerfreies Mitschreiben der Gegenstation.

SSTV (Slow Scan Television). Beim Schmalbandfernsehen SSTV wird durch langsamere Abtastung und eine Verringerung der Zeilenzahl auf 120 Zeilen die Bandbreite des Videosignals so weit eingeengt, daß ein SSTV-Signal mit normalen SSB-Funkgeräten übertragen werden kann. Die Übertragung eines Bildes dauert ca. 7 Sekunden, was mit ausgemusterten Radarbildröhren langer Nachleuchtdauer noch gut erkennbare Bilder ergibt.

Entsprechend der Betriebsart F2C wird die Helligkeit der Bildpunkte in eine Frequenz umgewandelt. Wie bei AFSK-RTTY erzeugt man das F2C-Signal im NF-Bereich. Dem Helligkeitsbereich von weiß bis schwarz entspricht dabei der Tonfrequenzbereich von 2300 Hz bis 1500 Hz. Die Frequenz 1200 Hz dient als Synchronsignal und signalisiert das Zeilen- und Bildende.

Beim Empfang wird das NF-Signal demoduliert um das Helligkeitssignal und die Synchronimpulse zurückzugewinnen. Die

Wiedergabe kann mit einer Radarbildröhre oder auch fotografisch erfolgen. Eine Beschreibung der Aufnahme- und Wiedergabetechnik würde hier zu weit führen und ist in der entsprechenden Fachliteratur nachzulesen. Auf jeden Fall stellt SSTV deutlich höhere Anforderungen an die technischen Kenntnisse als RTTY.

FAX (Faksimile Funk). Auch bei FAX werden Bilder langsam abgetastet und die Helligkeit im NF-Bereich frequenzmoduliert. Das Auflösungsvermögen ist aber weitaus höher, da das Originalbild in viel mehr Zeilen zerlegt wird. Das Originalbild wird beim Senden in der FAX-Maschine auf eine Trommel aufgespannt und bei rotierender Trommel durch einen langsam vorrückenden optischen Kopf abgetastet. Die empfangende Maschine schwärzt mit einem Schreibgriffel das Papier auf ihrer Trommel entsprechend dem empfangenen Helligkeitssignal. Entsprechend der Trommeldrehzahl von 60–240 Zeilen pro Minute dauert die Übertragung eines Bildes 2¼–9 Minuten.

IV.5 Frequenzmischen

Bei der Amplitudenmodulation eines HF-Trägers der Frequenz f_{Tr} (vgl. IV.2) mit der Modulationsfrequenz f_{Mod} treten im Spektrum des entstehenden Signals die Trägerfrequenz f_{Tr} und die beiden Seitenfrequenzen $f_{Tr} + f_{Mod}$ und $f_{Tr} - f_{Mod}$ auf. Verallgemeinert man den Modulationsprozeß und läßt für beide Frequenzen beliebige Werte zu, so kommt man zum Mischen oder auch Überlagern von Frequenzen.

Werden die beiden Frequenzen f_1 und f_2 gemischt, so kommen als Ausgangsfrequenzen zusätzlich die beiden Mischprodukte $f_1 + f_2$ sowie $f_1 - f_2$ vor. Diese Beziehung für die Frequenzen der Mischprodukte gilt allgemein:

$$f = f_1 \pm f_2 \qquad (20)$$

Formel 20 gilt immer, egal welche der beiden Frequenzen man mit f_1 und welche mit f_2 kennzeichnet. Ergibt sich für eines der beiden Mischprodukte eine negative Frequenz, so kann das Minuszeichen weggelassen werden, denn positive und negative Frequenzen sind völlig gleichwertig. Sind die Frequenzen f_1 und f_2 gleich, so hat ein Mischprodukt die Frequenz 0, was einer Gleichspannung entspricht. Die Größe dieser Spannung hängt von den Amplituden sowie der Phasenverschiebung zwischen den beiden Eingangssignalen ab.

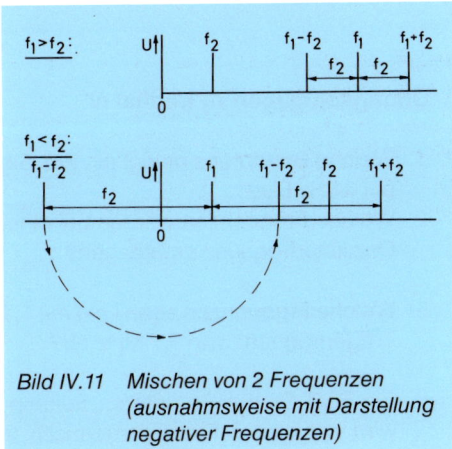

Bild IV.11 Mischen von 2 Frequenzen (ausnahmsweise mit Darstellung negativer Frequenzen)

Wird ein mehrfrequentes Signal, z.B. Sprache, ein SSB- oder FM-Signal mit einer Frequenz gemischt, so sind die beiden Mischprodukte amplitudengetreue Wiedergaben des Originalsignals nur mit einer Verschiebung der Frequenz. Die Abstände der Frequenzen untereinander im Signal bleiben völlig gleich. Eine einzige Komplikation

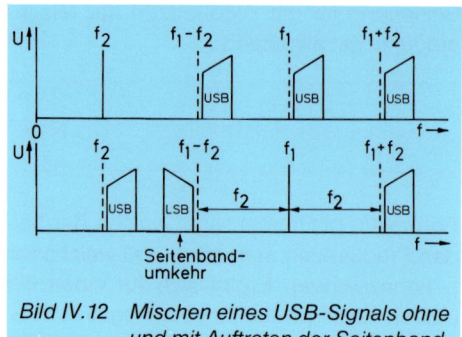

Bild IV.12 Mischen eines USB-Signals ohne und mit Auftreten der Seitenbandumkehr

tritt ein, wenn die Mischfrequenz (auch: Injektionsfrequenz) höher liegt, als die Frequenz des Signals. In diesem Fall sind im Mischprodukt mit der niedrigeren Frequenz die im Originalsignal höheren Frequenzen nun die tieferen Frequenzen. Dies ist nur bei SSB zu bemerken, wo aus einem Signal im oberen Seitenband (USB) ein Mischprodukt im unteren Seitenband (LSB) entsteht. Man kann das ganz einfach selbst nachrechnen, indem man Formel 20 auf zwei verschiedene Frequenzen im Originalsignal anwendet.

Rechenbeispiel:

Formel 20: Eine Mischstufe erhält die Frequenzen 14,2 MHz und 23,2 MHz zugeführt. Welches sind die Frequenzen der Mischprodukte?

Lösung Seite 191

Übungsaufgaben zu Kapitel IV.

1. Welche Bandbreite belegt ein FM-Signal mit einer Modulationsfrequenz von 3 kHz bei 3 kHz Hub?
2. Welche Frequenzen werden bei einer Zwischenfrequenz von 9 MHz und 136 MHz Oszillatorfrequenz empfangen?
3. Welche Frequenzen strahlt ein mit 1,5 kHz amplitudenmodulierter Sender bei einer Trägerfrequenz von 3,7 MHz ab?
4. Ein SSB-Sender im unteren Seitenband und einer Trägerfrequenz von 28,6 MHz wird mit einem Frequenzgemisch von 300 Hz bis 2,4 kHz moduliert. Welchen Frequenzbereich belegt das Ausgangssignal?
5. Ein RTTY-Sender nach dem AFSK-Verfahren wird bei 3,65 MHz Trägerfrequenz im oberen Seitenband mit Mark (Space) _ 1445 (1275) Hz moduliert. Welche beiden Frequenzen werden abgestrahlt?
6. Welche Zwischenfrequenzen sind möglich bei einer Empfangsfrequenz von 28,5 MHz und einer Oszillatorfrequenz von 19,5 MHz?

Lösungen Seite 179

Fragen zur Selbstkontrolle für Kapitel IV.

1. Wie groß ist die Bandbreite des modulierten Signals in Abhängigkeit von der Bandbreite des Modulationssignals?

2. Welche Information enthält der Träger bei Amplitudenmodulation A3E?

3. Warum darf man bei einem A1A-Sender das Ausgangssignal nicht einfach ein- und austasten?

4. Wie groß ist die Bandbreite eines sauberen A1A-Signals?

5. Welches sind die Vorteile von J3E (SSB)?

6. Wie kann man ein Amateur-Fernsehsignal empfangen?

7. Welche Forderung besteht zwischen Hub und maximaler Modulationsfrequenz?

8. Nennen Sie die Vorteile von F3E (FM).

9. Beschreiben Sie das AFSK-Verfahren.

10. Was ist FAX?

11. Welche Frequenzen gibt eine Mischstufe am Ausgang ab?

12. Welche Bedeutung haben negative Frequenz als Resultat von Formel 19?

13. Wann tritt Seitenbandumkehr von SSB-Signalen auf? Welches Mischprodukt enthält das umgekehrte Seitenband?

Lösungen Seite 179

V. Aktive Bauelemente

Als aktive Bauelemente sollen hier alle Bauelemente behandelt werden, die nicht zum Kreis der passiven Bauelemente Widerstand, Spule, Kondensator und Übertrager gehören.

V.1 Halbleiter

Seit der Erfindung des Transistors haben Bauelemente auf der Basis von Halbleitern in allen Bereichen der Elektronik ihren Siegeszug angetreten. Es sollen daher zunächst kurz die Eigenschaften von Halbleitern besprochen werden. Bereits in der Einführung (I.1) wurde erwähnt, daß das reine Halbleitermaterial sich bei tiefen Temperaturen wie ein Isolator verhält. Charakteristisch für Halbleiter ist die Zunahme der Leitfähigkeit mit wachsender Temperatur (sog. Eigenleitung). Die bekanntesten Halbleitermaterialien sind Germanium (Ge), Silizium (Si), Selen (Se) und Galliumarsenid (GaAs), welche alle bei Raumtemperatur noch recht gut isolieren.

Alle für die Elektronik wichtigen Eigenschaften von Halbleitern rühren davon her, daß man durch geringfügige „Verunreinigung" (Dotierung) mit bestimmten Stoffen zwei verschiedene Arten von Leitfähigkeit bewirken kann. Bei Dotierung mit Stoffen der einen Art werden im Halbleiter freibewegliche Überschußelektronen erzeugt, was n-leitendes Material ergibt. Dotierung mit Stoffen der anderen Art erzeugt freibewegliche Defektelektronen („Elektronenlöcher"), woraus p-leitendes Material resultiert. Bei der p-Leitung bewegen sich auch Elektronen, doch läßt die Bewegung eines Elektrons an die Stelle des Lochs ein Loch am vorherigen Platz des Elektrons, so daß sich scheinbar das Elektronenloch bewegt hat. Für uns ist die Tatsache wichtig, daß im n-leitenden Material negativ geladene und im p-leitenden Material positiv geladene, frei bewegliche Ladungsträger vorhanden sind.

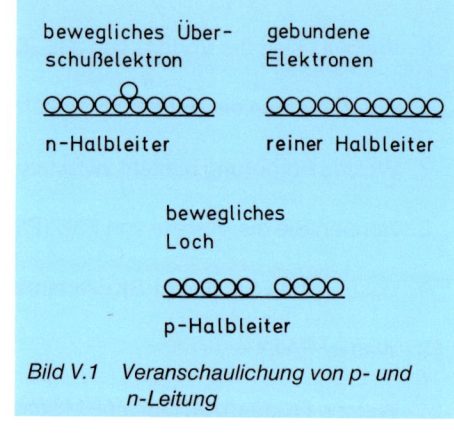

Bild V.1 Veranschaulichung von p- und n-Leitung

Wenn ein Überschußelektron (im Folgenden nur kurz Elektron genannt) und ein Loch zusammentreffen, so „fällt" das Elektron in das Loch, wobei etwas Wärme entsteht und beide Ladungsträger einfach verschwinden. Man nennt diesen Vorgang Rekombination.

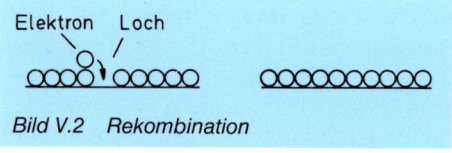

Bild V.2 Rekombination

Im p- und n-Halbleiter werden laufend neue Ladungsträger gebildet, so daß die Ladungsträger im Laufe der Zeit nicht weniger werden.

V.2 pn-Übergang, Diode

Erzeugt man in einem Halbleiter direkt nebeneinander p- und n-leitendes Material, so entsteht ein pn-Übergang. Um eine Diode zu erhalten, befestigt man an jedem der beiden Materialgebiete einen Anschlußdraht. Der Anschluß am n-Gebiet wird Kathode, derjenige am p-Gebiet Anode genannt.

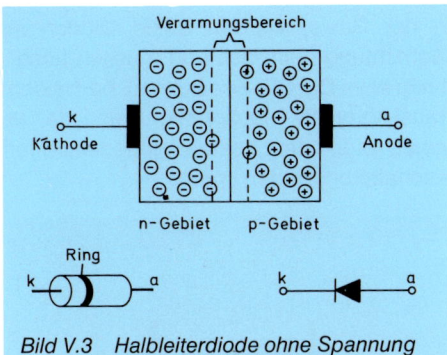

Bild V.3   Halbleiterdiode ohne Spannung

Im spannungslosen Zustand bewegen sich in beiden Gebieten die Ladungsträger unter dem Einfluß der Molekularbewegung. Nur direkt an der Grenze können Ladungsträger ins „verkehrte" Gebiet gelangen, wo sie schnell rekombinieren. Zwischen p- und n-Gebiet entsteht durch die Rekombination ein dünner Verarmungsbereich, der wie eine Isolierschicht wirkt. Beim Anlegen kleiner Spannungen fließt daher kein Strom.
Legt man an die Kathode den positiven und an die Anode den negativen Pol einer Spannungsquelle, so werden in beiden Gebieten die Ladungsträger vom pn-Übergang weggezogen (Ladungen verschiedenen Vorzeichens ziehen sich an). Als Folge wird der Verarmungsbereich mit wachsender Spannung immer breiter und isoliert immer besser – die Diode sperrt den Stromfluß. Bei umgekehrter Polung der Spannung, also + an der Anode und − an der

Kathode, fangen nach Überschreiten der Schwellspannung beide Arten von Ladungsträgern an, in das ihrer Ladung entgegengesetzte Gebiet zu strömen, wo sie binnen kurzem rekombinieren. Wo vorher der Verarmungsbereich war, bewegen sich jetzt viele Ladungsträger beiderlei Vorzeichens, die eine gute Leitfähigkeit bewirken. Die Diode läßt einen Strom fließen. Da mit wachsender Spannung immer mehr Ladungsträger freigesetzt werden, wird die Leitfähigkeit immer besser und der Stromfluß steigt nach Überschreiten der Schwellspannung äußerst rasch an.

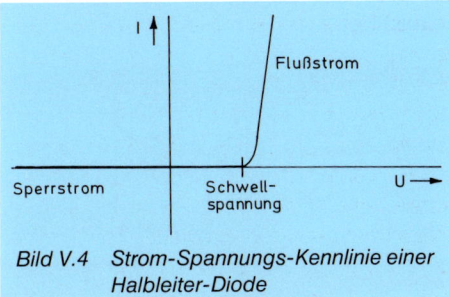

Bild V.4   Strom-Spannungs-Kennlinie einer Halbleiter-Diode

Je nach Stärke der Dotierung kann die Schwellspannung etwas schwanken. Typische Werte für die Halbleitermaterialien sind:

Germanium	Ge	0,2...0,4 V
Silizium	Si	0,5...0,8 V
Selen	Se	ca. 0,3 V
Galliumarsenid	GaAs	1,0...1,5 V

Eine besondere Ausführung der Halbleiter-Diode soll noch erwähnt werden, die Kapazitätsvariations- oder auch Varicap-Diode. Bei ihr wird ausgenutzt, daß der mit wachsender Sperrspannung immer breiter werdende Verarmungsbereich denselben Effekt hat, wie das Auseinanderziehen der Platten eines Kondensators. Die Varicap-Diode zeigt daher eine mit wachsender

Sperrspannung stark absinkende Kapazität. Im Prinzip zeigt jede Diode diesen Effekt, doch wurde die Varicap-Diode durch eine spezielle Dotierung und einen großflächigen (großes C!) pn-Übergang für ihre Anwendung optimiert.

V.3 Transistor

Ein gewöhnlicher (bipolarer) Transistor besteht aus drei Halbleiterschichten mit abwechselnder Leitfähigkeit. Die zwei möglichen Schichtenfolgen sind npn und pnp und so werden die jeweiligen Transistoren auch bezeichnet.

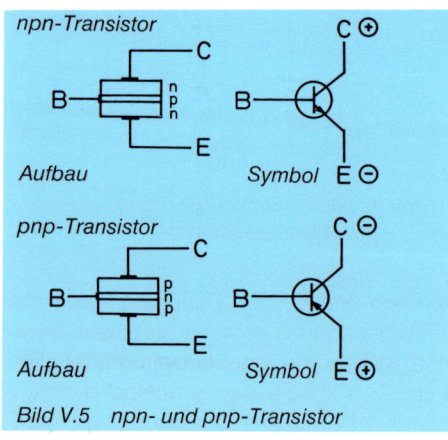

Bild V.5 npn- und pnp-Transistor

ersten Blick besteht der Transistor aus 2 gegeneinander geschalteten pn-Übergängen mit gemeinsamer Anode an der Basis des Transistors. Diese Anordnung erlaubt eine rasche Feststellung der Polarität und der Funktionsfähigkeit eines Transistors. Beim npn-Transistor müssen bei positiver Spannung (negativ bei pnp) an der Basis die BE- und die BC-Strecke niederohmig sein, da dann beide Dioden in Flußrichtung liegen. Bei umgekehrtem Vorzeichen (−Pol an der Basis) werden beide Dioden in Sperrichtung betrieben und müssen hochohmig sein. Die CE-Strecke muß bei beiden Transistortypen hochohmig sein, da ja immer eine der beiden gegeneinander geschalteten Dioden sperrt.

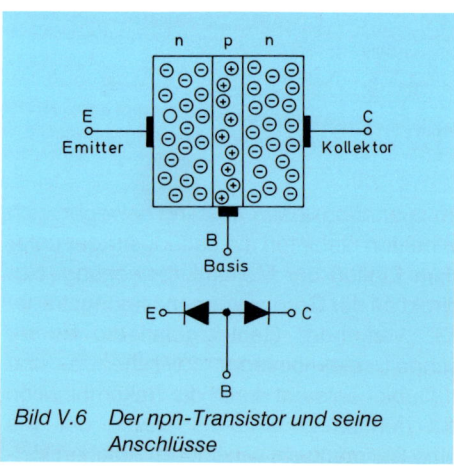

Bild V.6 Der npn-Transistor und seine Anschlüsse

Zum Verstehen der Funktion des Transistors nehmen wir an, daß der Emitter mit dem Minuspol und der Kollektor mit dem Pluspol einer Spannungsquelle verbunden ist. Wir wissen bereits, daß bei offenem Basisanschluß kein Strom fließt, weil die CB-Diode sperrt. Das ändert sich, wenn wir einen kleinen Strom in die Basis hineinfließen lassen, z.B. über einen mit dem Pluspol der Spannungsquelle verbundenen Widerstand.

Der einzige grundsätzliche Unterschied zwischen beiden Typen besteht darin, daß beim pnp-Transistor alle Ströme und Spannungen das umgekehrte Vorzeichen haben, wie beim npn-Transistor. Alle im Folgenden am npn-Transistor beschriebenen Tatsachen gelten mit diesem Unterschied auch für den pnp-Transistor.
Die 3 Schichten des Transistors sind in Reihenfolge der n-leitende Emitter E, die p-leitende Basis B und der n-leitende Kollektor C. Die Basisschicht ist viel dünner als die beiden anderen Schichten. Auf den

Der Basisstrom fließt zum Emitter ab, dabei wandern aus der Basis Löcher in die Emitterschicht und aus dem Emitter Elektronen in die Basisschicht. Das allein wäre in keiner Weise bemerkenswert, da die CB-Diode weiterhin sperrt. Der gesamte Transistoreffekt kommt nur dadurch zustande, daß die Basisschicht sehr dünn ist. Dank der geringen Entfernung der gesperrten CB-Diode, haben die in die Basiszone gelangten Elektronen gute Aussichten, diesen Abstand zu durchlaufen, bevor sie mit einem Loch in der Basisschicht rekombinieren. Hat ein Elektron erst einmal die Verarmungsschicht erreicht, so wird es mit Vehemenz zum positiven Kollektor gezogen. In einem gewöhnlichen Niederfrequenz-Transistor schaffen mehr als 99% der vom Emitter kommenden Elektronen den Weg durch die Basis zum Kollektor und weniger als 1% rekombinieren in der Basisschicht. Das bedeutet, daß der Kollektorstrom mehr als 99 mal so groß ist, wie der Basisstrom.

Schaltet man den Basisstrom wieder ab, so werden keine Elektronen mehr vom Emitter in die Basisschicht gezogen und der Kollektorstrom hört auf zu fließen. Auf diese Weise kann man beim Transistor mit dem Basisstrom den viel größeren Kollektorstrom steuern. Der Quotient $\frac{I_C}{I_B}$ ist nur wenig von der Größe der Ströme abhängig und wird als Stromverstärkung bezeichnet:

$$B = \frac{I_C}{I_B}$$

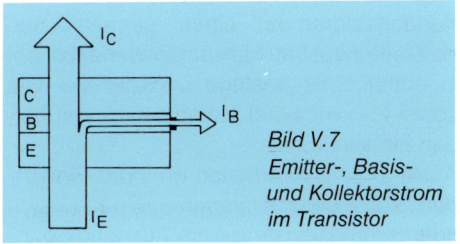

Bild V.7 Emitter-, Basis- und Kollektorstrom im Transistor

Die Spannung U_{BE} ist dabei gleich der Flußspannung einer vom Kollektorstrom durchflossenen Diode (0,6–0,8 V). Da der Basisstrom zwar klein, aber doch von Null verschieden ist, braucht ein bipolarer Transistor immer eine Steuerleistung $P_S = I_B \cdot U_{BE}$.

V.4 MOS-Feldeffekttransistor

Der MOS-Feldeffekttransistor (MOS-FET = Metall-Oxid-Semiconductor Feld-Effekt-Transistor) bewirkt die Steuerung des Stroms nach einem völlig anderen Prinzip als der normale, bipolare Transistor.

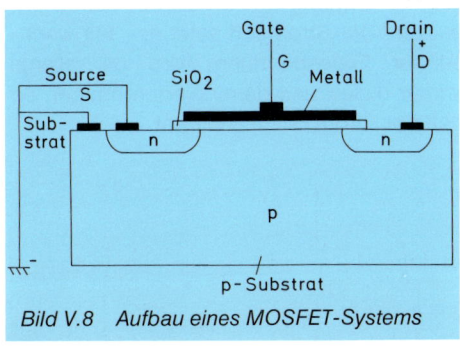

Bild V.8   Aufbau eines MOSFET-Systems

Das den Stromfluß steuernde Gate (= Tor) ist durch eine sehr dünne Schicht aus isolierendem SiO_2 (Siliziumdioxid) von den anderen Anschlüssen elektrisch vollkommen getrennt. In dem schwach p-leitenden Substrat befinden sich zwei n-leitende Inseln, die Source (= Quelle) und Drain (= Abfluß) genannt werden. Im Betrieb ist die Source mit dem Substrat verbunden und liegt am Minuspol, während das Drain am Pluspol einer Spannungsquelle angeschlossen ist. Der pn-Übergang Drain-Substrat ist in Sperrichtung vorgespannt und es fließt kein Drainstrom. Das ändert sich, sobald an das Gate eine positive Spannung gelegt wird. Wegen der extrem geringen Dicke (nur einige μm) der SiO_2-

63

Schicht tritt schon bei kleinen Spannungen eine sehr hohe elektrische Feldstärke an der Oberfläche des Substrats auf. Das Feld ist so stark, daß die auch im p-leitenden Substrat in geringer Zahl vorhandenen Elektronen an die Oberfläche gezogen werden und sich unter dem SiO_2 anhäufen. Wegen der schwachen p-Dotierung sind so wenig Löcher vorhanden, daß die Elektronen nur relativ langsam rekombinieren. Die Anhäufung der Elektronen wird bei ausreichender Gatespannung so stark, daß sich an der Oberfläche des Substratmaterials unter dem SiO_2 ein dünner n-leitender Kanal ausbildet. Dieser stellt eine sperrschichtfreie Verbindung von der Source zum Drain dar und der Stromfluß setzt ein. Mit wachsender Gatespannung wird der Kanal immer dicker und damit niederohmiger, so daß der Strom rasch zunimmt.

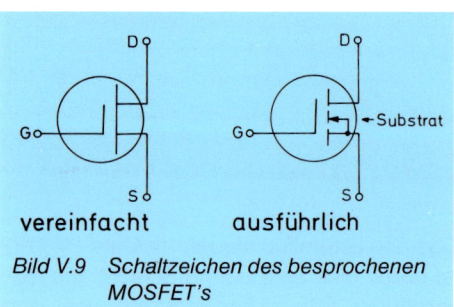

Bild V.9   Schaltzeichen des besprochenen MOSFET's

Auf diese Weise steuert die Gatespannung den Drainstrom, wobei das Gate strom- und daher leistungslos bleibt. Der Vorteil der leistungslosen Steuerung im MOS-FET wird mit einem Nachteil erkauft: Die extrem geringe Dicke des Oxids unter dem Gate führt schon bei kleinen Spannungen zu hohen Feldstärken, leider bei höheren Spannungen (ca. 50 V) zum Durchbruch der Isolierschicht. Dazu kommt das Fehlen einer leitenden Verbindung zwischen Gate und Substrat, so daß geringfügige elektrostatische Aufladungen zur Zerstörung der Oxidschicht führen können. Obwohl moderne MOS-Bauelemente Schutzdioden zur Ableitung von Überspannungen haben, ist größte Vorsicht bei der Handhabung und beim Einbau geboten.

Nachbemerkung

Der besprochene MOSFET ist ein n-Kanal-MOSFET, wie er für Hochfrequenz ausschließlich verwendet wird. p-Kanal-MOSFET's haben p-Inseln in einem n-Substrat und haben umgekehrte Vorzeichen für Strom und Spannung. Im Amateurfunk werden überwiegend Dual-Gate-MOSFET's verwendet, die eine Reihenschaltung von zwei MOSFET auf demselben Substrat sind.

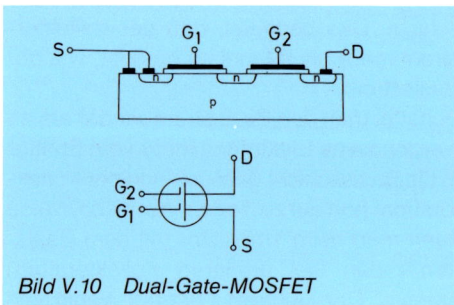

Bild V.10   Dual-Gate-MOSFET

V.5 Integrierte Schaltungen

Integrierte Schaltungen (IC = Integrated Circuit) sind komplette Schaltungen aus Transistoren, Dioden, Widerständen und Kondensatoren auf einem gemeinsamen Halbleitersubstrat. Man unterscheidet dabei in erster Linie analoge und digitale IC's sowie IC's mit einer Kombination von beiden Funktionen.

Analoge IC's verarbeiten an ihren Eingängen kontinuierlich variable Spannungen oder Ströme und geben am Ausgang Spannungen oder Ströme mit einer Amplitude ab, die in irgendeiner Weise kontinuierlich von den Eingangswerten abhängt. Die am universellsten einsetzbaren analogen IC's sind die Operationsverstärker. Das sind Gleichstromverstärker, welche die Spannungsdifferenz zwischen ihren Eingängen sehr hoch verstärken. Die Übertragungseigenschaften einer Schaltungsanordnung mit Operationsverstärker hängen in erster Linie von der Art und der Bemessung der Beschaltung des Operationsverstärkers ab. Die individuellen Eigenschaften des Operationsverstärkers gehen nur nebensächlich ein. Im Amateurfunkdienst werden analoge IC's für folgende Funktionen eingesetzt:

Verstärker für Frequenzen von NF und HF bis über 100 MHz

Misch- und Demodulatorschaltungen

Spannungsregler

Aktive Filter (= Filter mit innerer Verstärkung)

Vergleicherschaltungen

Begrenzer

Oszillatoren, Funktionsgeneratoren

Regelverstärker

Komplette Empfänger-IC's

Ansteuerung von Anzeigen mit LED-Zeile.

Digitale IC's sind an Ein- und Ausgang nur für 2 verschiedene Schaltzustände ausgelegt, die als „0" und „1" oder „Low" und „High" bezeichnet werden. Am weitesten verbreitet ist die TTL (Transistor-Transistor-Logik)-Familie, die bei 5 V Betriebsspannung Spannungen unter 0,8 V als „0" und Spannungen über 2 V als „1" gelten läßt. Die Grundtypen digitaler IC's sind logische Verknüpfungsglieder, Speicher, Zeitverzögerungsglieder, Zähler und Decodierer. Aus diesen lassen sich komplizierte Funktionen aufbauen, die bis zum kompletten Microcomputer auf einem Chip reichen. Im Amateurfunk sind die hauptsächlichen Anwendungen:

Frequenzzähler, digitale Frequenzanzeige

Digitale Frequenzaufbereitung

Speicher

Automatische Morsetasten und Rufzeichengeber

Elektronische Tastaturen und Sichtgeräte für Funkfernschreiben.

V.6 Röhren

Obwohl sie das ältere Bauelement ist, wird die Röhre wegen ihrer gesunkenen Bedeutung erst nach den Halbleitern behandelt. Die Röhre hat wertvolle Eigenschaften, die ihr auch heute noch ihren Platz im Amateurfunk sichern. Beispiele sind Verstärker für hohe Leistungen oder hohe Frequenzen und die Bildröhre in Oszillografen und Fernsehern.

Eine Röhre besteht aus den Hauptteilen Heizfaden, Katode, Anode und Gitter, die in einem luftleeren Kolben eingebaut sind. Die Funktion der Röhre beruht auf der Bewegung der Elektronen, welche von der geheizten Katode ausgesandt werden. Diese Aussendung („Emission") erfolgt erst bei höheren Temperaturen, die durch den in den Heizfäden fließenden Strom erzeugt werden. Ein Strom kann nur fließen, wenn die Anode positiv gegenüber der Katode ist. Der Grund ist die negative Ladung der aus der Katode kommenden Elektronen, welche von der positiv geladenen Anode angezogen werden. (Ungleiche Ladungen ziehen sich an.)

Dieser von der Katode zur Anode fließende Elektronenstrom läßt sich durch ein oder mehrere Gitter zwischen Katode und Anode beeinflussen. Man kann diesen Effekt so erklären, daß die aus der Katode austretenden Elektronen zuerst das meist negativ geladene Gitter „sehen", bevor sie zwischen den Drähten des Gitters hindurch zur Anode fliegen. Auf diese Weise steuert das katodennahe Steuergitter den Strom in der Röhre, ohne daß Elektronen auf das Gitter treffen (Gitter negativ!). Zur Verbesserung der Eigenschaften der Röhre kann man noch weitere Gitter einfügen.

Das Schirmgitter schirmt das Steuergitter von der Anode ab, so daß die Anode nur noch schwach auf das Steuergitter zurückwirken kann. Dies ist z. B. bei Hochfrequenz wichtig, um Rückkopplung und damit Schwingneigung zu vermeiden.

Das Bremsgitter verhindert, daß bei bestimmten Arbeitsbedingungen Elektronen von der Anode zum Schirmgitter zurückfliegen und unterstützt außerdem die Abschirmwirkung des Schirmgitters. An der Zahl der Gitter unterscheidet man die verschiedenen Röhrentypen.

Eine Röhre ohne Gitter nennt man also Diode, mit einem Gitter Triode usw. Die obigen Zeichnungen sollen nur die Reihenfolge zeigen, normale Röhren haben in der Mitte die röhrchenförmige Katode, um welche wie die Schalen einer Zwiebel die verschiedenen Gitter und die Anode zylinderförmig angeordnet sind.

Die Diode kann nur für Gleichrichtung verwendet werden. Alle Röhren mit Gitter können dagegen als Verstärker, Oszillator, Mischer etc. universell eingesetzt werden.

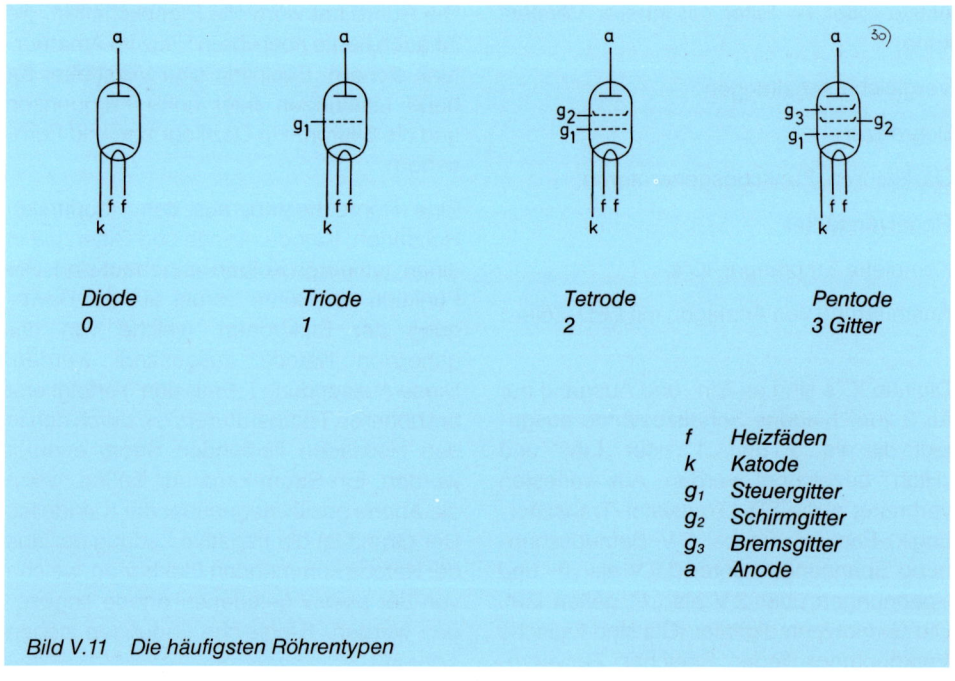

Bild V.11 Die häufigsten Röhrentypen

Fragen zur Selbstkontrolle für Kapitel V.

1. Wie entsteht p- und n-Leitung im Halbleiter?

2. Welches Gebiet eines pn-Übergangs wirkt als Kathode einer Diode?

3. Was ist die Schwellspannung einer Diode?

4. Welches ist der grundlegende Verstärkungsprozeß im Transistor?

5. Welche Grundtypen des Transistors gibt es?

6. Welcher Verstärkungsprozeß wirkt im MOS-Transistor?

7. In welche Hauptklassen werden integrierte Schaltungen (IC's) eingeteilt?

8. Nennen Sie Einsatzbeispiele für analoge IC's im Amateurfunk.

9. Wofür werden im Amateurfunk digitale IC's eingesetzt?

10. Wo werden im Amateurfunk noch Röhren eingesetzt?

Lösungen Seite 180

VI. Schaltungen mit aktiven Bauelementen

VI.1 Gleichrichterschaltungen

Die Gewinnung einer Gleichspannung aus einer Wechselspannung mit Hilfe von Dioden wird als Gleichrichtung bezeichnet. Heute haben Halbleiterdioden (Silizium oder Selen) die Röhrendioden (Gleichrichterröhren) fast völlig verdrängt. In den Schaltungen ließen sich aber im Prinzip auch Röhrendioden einsetzen.

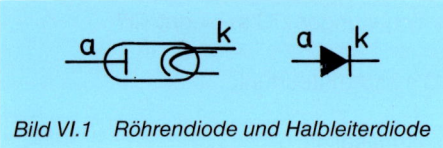

Bild VI.1   Röhrendiode und Halbleiterdiode

Die einfachste Anordnung ist die sog. Einweg-Gleichrichterschaltung.

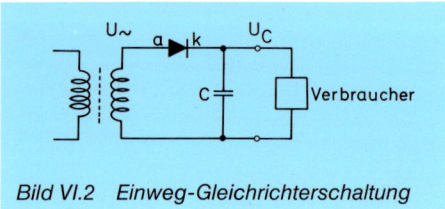

Bild VI.2   Einweg-Gleichrichterschaltung

Der Transformator transformiert seine Eingangsspannung in die gewünschte Sekundärspannung und bewirkt eine gleichspannungsmäßige (galvanische) Trennung von der Primärseite. Wenn die Ausgangsspannung des Transformators positiv gegenüber der Spannung am Kondensator ist, leitet die Diode und lädt den Kondensator auf die volle Spitzenspannung U_S der Wechselspannung auf. Beim Absinken der Wechselspannung sperrt die Diode und der Kondensator wird durch den Verbraucher entladen. Im Minimum der Wechselspannung liegt die maximale Sperrspannung U_{SS} an der Diode an. Kurz vor Erreichen des nächsten Maximums der Wechselspannung beginnt die Diode wieder zu leiten und der Zyklus wiederholt sich. Die Einweg-Gleichrichterschaltung eignet sich gut für Hochfrequenz, z. B. im Detektorempfänger.

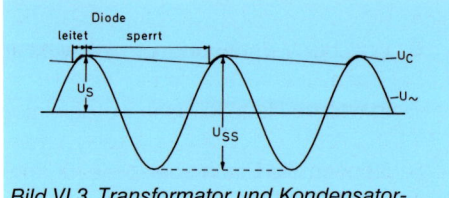

Bild VI.3   Transformator und Kondensatorspannung bei Einweg-Gleichrichtung

Für die Gleichrichtung von 50 Hz Wechselstrom ist die heute allgemein übliche Brückengleichrichterschaltung besser geeignet. Durch die Anordnung der 4 Dioden im Brückengleichrichter fließt während beider Halbwellen der Wechselspannung Strom in den Ladekondensator C_L. Das ergibt eine Wiederholfrequenz der Ladestromstöße von 100 Hz gegenüber 50 Hz bei der Einwegschaltung. Die Welligkeit ist von Haus aus geringer und kann wirkungsvoller ausgefiltert werden. Der LC-Tiefpaß aus Drossel und Siebkondensator unterdrückt die Welligkeit der Spannung am Ladekondensator, so daß die Ausgangsspannung als Betriebsspannung für elektronische Geräte geeignet ist. Der über den Ausgang geschaltete Widerstand R entlädt nach dem Ausschalten die Kondensatoren binnen weniger Sekunden und schützt vor elektrischen Schlägen. Bei Anschluß eines integrierten Spannungsreglers an die Gleichrichterschaltung kann der LC-Tiefpaß entfallen, da der Spannungsregler die für

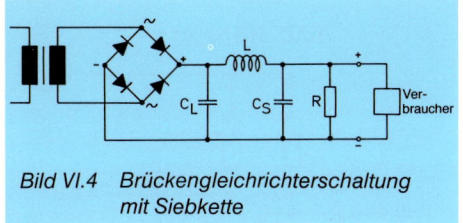

Bild VI.4 Brückengleichrichterschaltung mit Siebkette

ihn „langsame" Welligkeit der Spannung mit ausregelt.
In Amateurfunkgeräten werden nur HF-Signale kleiner Leistung gleichgerichtet, wofür die Einweg-Gleichrichterschaltung vollkommen ausreicht. Wegen der hohen Frequenz der Wechselspannung ist die Welligkeit der Gleichspannung vernachlässigbar. Bei der Gleichrichtung eines AM-Signals mit kleinem Ladekondensator und Entladewiderstand folgt die Spannung am Ladekondensator der momentanen Spitzenspannung des AM-Signals. Von diesem Punkt kann man über einen RC-Tiefpaß zur Beseitigung von HF-Resten und einen Koppelkondensator das NF-Signal abnehmen. Macht man die Zeitkonstante des RC-Gliedes so lang, daß auch die Modulation des AM-Signals unterdrückt wird, so hat man die Regelspannung für einen Empfänger. Fügt man einem SSB-Signal eine

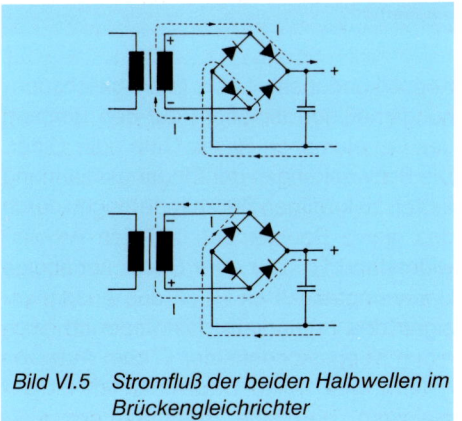

Bild VI.5 Stromfluß der beiden Halbwellen im Brückengleichrichter

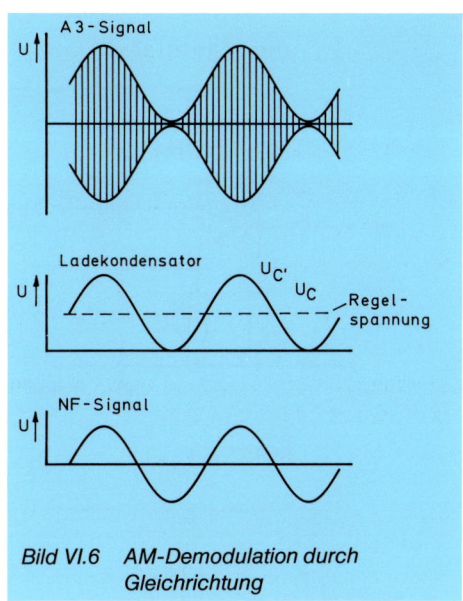

Bild VI.6 AM-Demodulation durch Gleichrichtung

HF-Schwingung mit der Frequenz des unterdrückten Trägers hinzu, so kann der AM-Demodulator auch SSB-Signale hörbar machen.

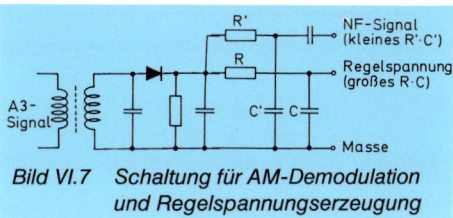

Bild VI.7 Schaltung für AM-Demodulation und Regelspannungserzeugung

VI.2 Verstärkerschaltungen

Ein Verstärker besteht gewöhnlich aus einem aktiven, den Strom steuernden Bauelement (Transistor, MOSFET, Röhre) in Serie mit einem Arbeitswiderstand, an dem der gesteuerte Strom einen Spannungsabfall hervorruft. Alle anderen Bauelemente in einer Verstärkerschaltung dienen zur Ein-

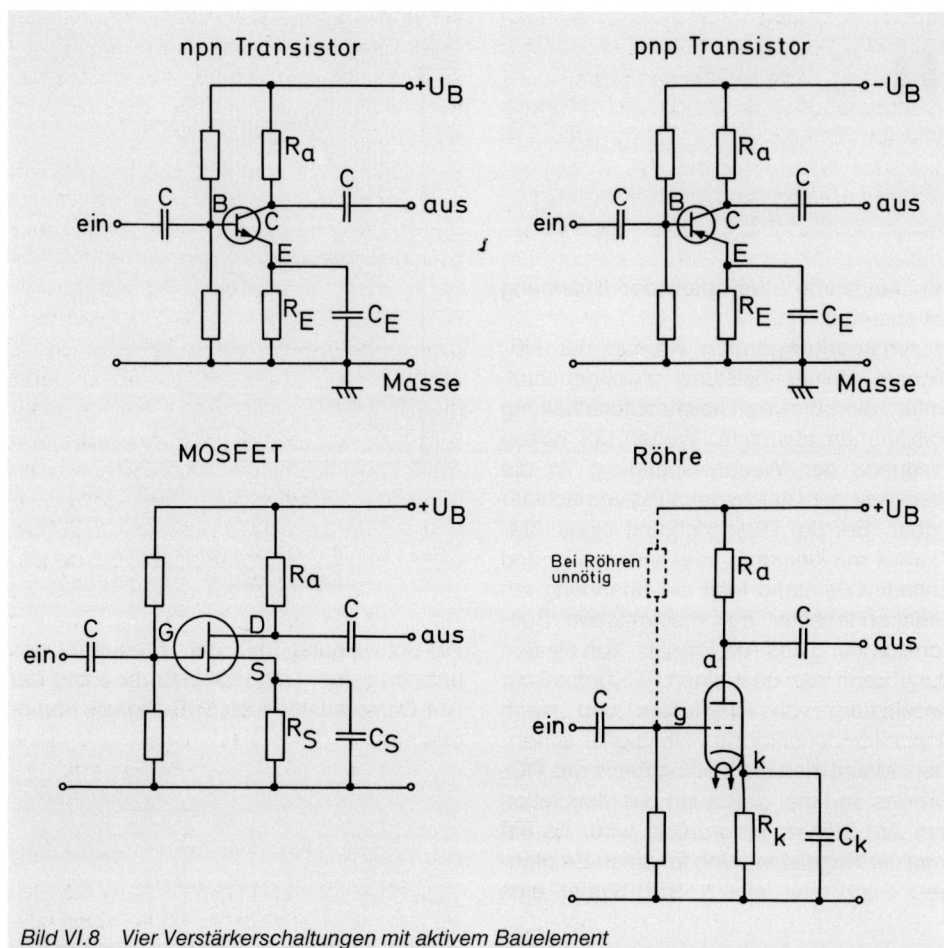

Bild VI.8 Vier Verstärkerschaltungen mit aktivem Bauelement

stellung des Gleichstromruhewertes und zur ein- und ausgangsseitigen Anpassung. Der nach dem Koppelkondensator folgende Spannungsteiler legt den Arbeitspunkt der Verstärkerstufe fest.

Man sieht den 4 Verstärkerschaltungen sofort ihre Verwandtschaft an. Transistor, MOSFET oder Röhre liegen in Serie mit dem Arbeitswiderstand R_a, dessen anderes Ende mit der Betriebsspannung U_B verbunden ist. Die zu verstärkende Wechselspannung gelangt vom Eingang durch einen Koppelkondensator C (zur gleichspannungsmäßigen Isolation) auf den Eingang des Bauelements: Basis, Gate oder Gitter. Die Schwankungen der Eingangsspannung führen zu kräftigen Stromänderungen durch das aktive Bauelement und den Arbeitswiderstand R_a. Der vom Strom abhängige Spannungsabfall an R_a ist das Ausgangssignal des Verstärkers, das wiederum durch einen Koppelkondensator C zum Ausgang geführt wird. Allen Bauelementen ist gemeinsam, daß eine Erhöhung der wirksamen Eingangsspannung (U_{BE} beim Transistor, U_{GS} beim MOSFET und U_{gk} bei der Röhre) den Strom durch das Bauelement erhöht und damit auch den Spannungsabfall am Abeitswiderstand. Da das andere Ende des Arbeitswiderstandes jedoch mit der Versorgungsspannung verbunden ist, bewirkt die Erhöhung des Spannungsabfalls ein Absinken der Spannung am Ausgang in Richtung Massepotential. Bei Ansteuerung mit einer Sinusspannung entspricht einem Maximum am Eingang ein Minimum der Spannung am Ausgang. Zwischen Eingang und Ausgang besteht bei diesem Verstärkertyp also eine Phasenverschiebung von 180°.

VI.3 Arbeitspunkt

Alle noch nicht erwähnten Bauelemente der Schaltung in Bild VI.8 dienen der Festlegung und Stabilisierung des Ruhegleichstromes durch das aktive Bauelement, dem sich die Stromschwankungen beim Verstärken überlagern. Um eine Signalform getreu am Ausgang wiederzugeben, darf im Minimum der Eingangsspannung der Strom durch das Bauelement höchstens auf 0 absinken. Jede weitere Verringerung sperrt den Stromfluß völlig und wird am Ausgang nicht mehr wiedergegeben. In der anderen Richtung liegt die Grenze bei einem so großen Strom durch das Bauelement, daß die ganze Betriebsspannung am Arbeitswiderstand abfällt. Sie tritt bei jedem Verstärker spätestens bei Erreichen der positiven oder negativen Versorgungsspannung auf.

Jede Begrenzung bedeutet eine Verzerrung der Signalform, die zur Bildung von Oberwellen führt und daher unerwünscht ist. Da bei ihr die höchsten Ausgangsspannungen vorkommen, soll die Festlegung des Ruhegleichstroms an einer Senderendstufe besprochen werden. Man betrachtet dabei die Eingangskennlinie des aktiven Bauelements. Sie zeigt den fließenden Strom in Abhängigkeit von der Eingangsspannung mit den möglichen Lagen des Ruhegleichstromes oder auch Arbeitspunktes. Bei der Röhre liegen alle Arbeitspunkte bei negativen U_{gk}-Spannungen. Aus diesem Grunde weist die Röhrenschaltung in Bild VI.8 nur einen Widerstand vom Gitter nach Masse auf. Die negative Vorspannung des Röhrengitters und die Stabilisierung des Ruhestromes bei allen Schaltungen wird durch den Spannungsabfall am Widerstand R_E, R_S bzw. R_K bewirkt.

A
Der Arbeitspunkt liegt in der Mitte des geradlinigen Teils der Kennlinie. Der Aussteuerbereich in beiden Richtungen ist maximal bei linearer, verzerrungsfreier Verstärkung. Nachteilig ist beim A-Betrieb der hohe Ruhestrom, der gleich dem halben Maximalstrom ist.
Alle Verstärker- und Pufferstufen kleiner Leistung in Amateurgeräten arbeiten im A-Betrieb.

B
Der Arbeitspunkt liegt im Knick der Kennlinie bei sehr kleinem Ruhestrom. Dieser Arbeitspunkt wird bei Verstärkern in Gegentaktschaltung verwendet. In diesen ver-

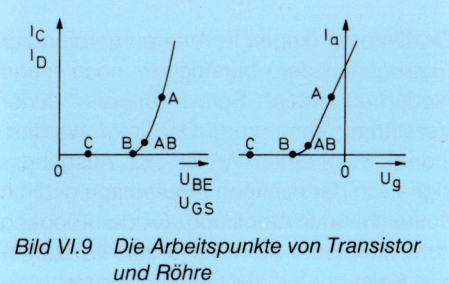

Bild VI.9 Die Arbeitspunkte von Transistor und Röhre

stärkt von zwei aktiven Bauelementen das eine die positive und das andere die negative Halbwelle, die im Ausgangstransformator wieder zum vollständigen Signal addiert werden. Wegen des kleinen Ruhestromes ist der Wirkungsgrad besser als im A-Betrieb.

C

Der Arbeitspunkt liegt weit im Sperrbereich des aktiven Bauelements. Ein Strom fließt nur in der Umgebung der Maxima der ansteuernden Sinuswelle. Dementsprechend stark sind die Verzerrungen. Der Wirkungsgrad ist sehr gut, da kein Ruhestrom fließt und das aktive Bauelement hoch angesteuert wird um gleich wieder zu sperren.

Im Arbeitspunkt C können Endstufen für die Betriebsart A1 und alle frequenzmodulierten Betriebsarten arbeiten, da hierbei keine Information in der Signalamplitude steckt. Die entstehenden Oberwellen werden in der Auskoppelschaltung der Endstufe unterdrückt. Eine andere Anwendung liegt bei Frequenzvervielfacherstufen, aus deren verzerrtem Ausgangssignal die erwünschte Oberwelle ausgefiltert wird.

AB

Die meisten Endstufen im Amateurfunkdienst arbeiten in der Betriebsart AB. Der Arbeitspunkt liegt bei ca. 15–20% des Maximalstroms durch das aktive Bauelement gerade noch im gekrümmten Teil der Kennlinie. Kleine Signale werden linear verstärkt. Wenn die Aussteuerung größer wird, werden zwar die Minima der Ansteuerspannung begrenzt, zum Ausgleich werden aber die Maxima im geraden Teil der Kennlinie bevorzugt verstärkt. Bei richtiger Wahl des Arbeitspunkts heben sich die beiden Effekte gerade auf und hinter der Auskoppel- und Filterschaltung der Endstufe kann das linear verstärkte Eingangssignal abgenommen werden.

Man kann sehr einfach prüfen, in welchem Arbeitspunkt eine Endstufe arbeitet. In der Betriebsart SSB (LSB oder USB) liest man bei gedrückter Sprechtaste den Anodenstrom ab. Wenn beim Pfeifen oder Sprechen der Anodenstrom ansteigt, arbeitet die Endstufe im Arbeitspunkt AB. Beim Arbeitspunkt A darf sich der Strom im Idealfall überhaupt nicht ändern, da der Stromanstieg in den Maxima der Ansteuerspannung durch den Rückgang in den Minima genau ausgeglichen wird.

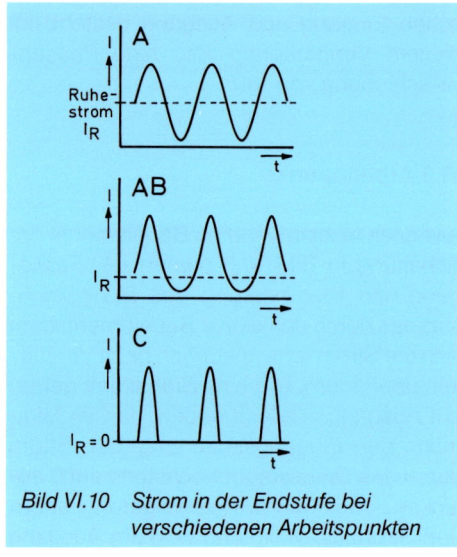

Bild VI.10   Strom in der Endstufe bei verschiedenen Arbeitspunkten

VI.4 Oszillatoren

Oszillatoren dienen in Amateurgeräten zur Erzeugung der benötigten hoch- und niederfrequenten Schwingungen. Jeder Verstärker kann zum Oszillator werden, indem man einen Anteil des Ausgangssignals in der richtigen Phasenlage und mit ausreichender Amplitude auf den Eingang zurückkoppelt. So trägt jeder Verstärker den Keim der Instabilität bereits in sich.

Soll der Oszillator stabil bei einer bestimmten Frequenz schwingen, so muß der Rückkopplungsweg ein frequenzbestimmendes Element enthalten. Beim niederfrequenten Oszillator mit relativ geringen Anforderungen an die Genauigkeit reichen dafür RC-Glieder vollkommen aus. Für Oszillatoren im Hochfrequenzbereich kommen nur Schwingkreise hoher Güte oder Quarze in Frage. Entsprechend den hohen, an sie gestellten Anforderungen sind beim Aufbau von HF-Oszillatoren gewisse Grundregeln zu beachten. Um die Betriebsbedingungen möglichst konstant zu halten, ist die Versorgungsspannung zu stabilisieren und eine Pufferstufe nachzuschalten. Die Pufferstufe stellt mit ihrem Eingang einen konstanten Lastwiderstand dar und verhindert Rückwirkungen auf den Oszillator. Sie sollte im A-Betrieb arbeiten, um die HF-Schwingung verzerrungsfrei zu verstärken.

Das frequenzbestimmende Element soll so lose wie möglich an die Schaltung angekoppelt werden, beim Schwingkreis um seine Güte nicht zu verschlechtern, beim Quarz, um die Belastung und damit Alterung klein zu halten. Trotz dieser Vorsichtsmaßnahmen weist jeder Oszillator einen Temperaturgang der Frequenz auf, der durch eine Temperaturkompensation annähernd beseitigt werden kann. Man fügt dazu Bauteile mit gegenläufigem Temperaturkoeffizienten in die Schaltung ein, die den Temperaturgang gerade aufheben. Auch der Einbau des gesamten Oszillators in einen Thermostat ist möglich.

Der Quarzoszillator (CO = crystal oscillator) hat durch den Quarz von Haus aus eine extrem gute Frequenzkonstanz und geringes Rauschen. Ein Nachteil besteht darin, daß der Quarz nur auf seiner Grundfrequenz und ungeradzahligen Vielfachen davon schwingen kann. Beim Betrieb in Parallelresonanz (siehe auch III.5) kann seine Frequenz mit einem parallelgeschalteten Trimmkondensator um ca. 10^{-4} „gezogen" werden. Für besonders hohe Frequenzkonstanz werden auch Quarzoszillatoren temperaturkompensiert.

Der frequenzvariable (VFO = variable frequency oscillator) Oszillator enthält einen LC-Schwingkreis hoher Güte als frequenzbestimmendes Element. Die Frequenzabstimmung geschieht gewöhnlich durch Verändern der Kreiskapazität mit einem Drehkondensator oder auch mit einer Varicap-Diode. Die Varicap-Diode erlaubt durch ihre Trägheitslosigkeit eine spannungsgesteuerte Abstimmung (VCO = voltage controlled oscillator) oder sogar eine Frequenzmodulation der Oszillatorfrequenz. Beim VFO ist normalerweise immer eine Temperaturkompensation vorgesehen, da Spulen und Drehkondensatoren meist einen positiven Temperaturkoeffizienten haben (Zunahme mit wachsender Temperatur).

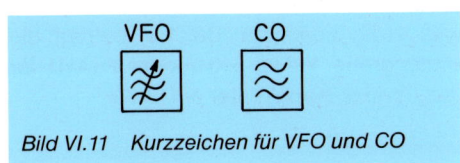

Bild VI.11   Kurzzeichen für VFO und CO

Ausgesprochene Amateurfunkgeräte sind nur zum Arbeiten auf den relativ schmalen Amateurbändern ausgelegt. Wenn man einen Schwingkreis normal aus Spule und Drehkondensator aufbaut, erstreckt sich ein Amateurband nur über einen Teil des Drehwinkelbereichs. Dies ist für eine feinfühlige Abstimmung ungünstig und man vergrößert durch eine Bandspreizung den Winkelbereich für ein Amateurband unter Fortfall von für den Amateur uninteressanten Frequenzen.

Die mechanische Bandspreizung ist eine rein mechanische Untersetzung (Getriebe) zwischen Drehknopf und Drehkondensator. Die elektrische Bandspreizung verwendet in jedem Fall einen Festkondensator parallel zum Drehkondensator, der den relativen Anteil der variablen Kapazität an der Gesamtkapazität verkleinert. Zusätzlich kann auch noch ein Kondensator in Reihe mit dem Drehkondensator gelegt werden, der dessen Kapazitätsbereich verkleinert.

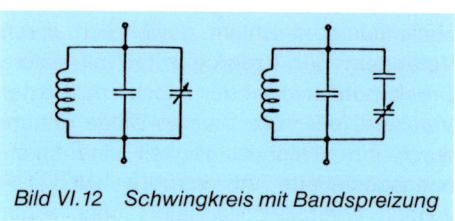

Bild VI.12   Schwingkreis mit Bandspreizung

Einen ganz anderen Typ von variablem Oszillator findet man in modernen UKW- und Kurzwellengeräten, vor allem solchen mit digitaler Frequenzanzeige. Bei diesem Oszillator ist die Frequenz nicht kontinuierlich, sondern in Stufen variabel. Die Größe der Stufen bei SSB beträgt meist 100 Hz, was völlig ausreicht. Bei FM beträgt die Stufengröße 1 kHz, 5 kHz oder 25 kHz für des 25-kHz-Kanalraster auf UKW.

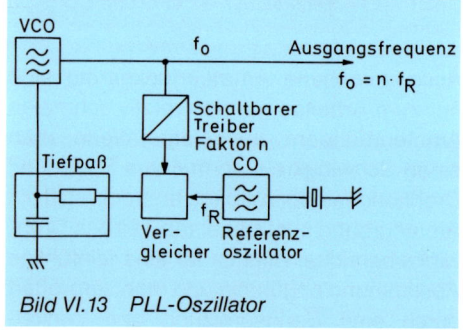

Bild VI.13   PLL-Oszillator

Dieser Oszillator enthält eine phasenstarr gekoppelte Regelschleife (PLL = phase locked loop), welche die Frequenz eines spannungsgesteuerten Oszillators (VCO) digital herunterteilt und das geteilte Signal mit dem Signal eines quarzgesteuerten Referenzoszillators (CO) vergleicht. Jede Phasenverschiebung zwischen beiden Signalen verändert die Ausgangsspannung des Vergleichers, der über den Tiefpaß zur Unterdrückung hochfrequenter Anteile die VCO-Frequenz nachregelt.

Im eingerasteten Zustand ist die Ausgangsfrequenz genau um den Teilungsfaktor n des schaltbaren Teilers größer als die Frequenz f_R des Referenzoszillators. Die Größe der Stufen der Ausgangsfrequenz ist daher gleich der Ausgangsfrequenz des Referenzoszillators. Natürlich enthält der Referenzoszillator bei 100 Hz Stufengröße keinen Quarz für 100 Hz, sondern teilt die Frequenz eines höherfrequenten Quarzes entsprechend herunter.

Die Langzeitstabilität eines PLL-Oszillators wird durch die Stabilität des Referenzoszillators festgelegt und ist daher exzellent. Wegen der immer vorhandenen, unterschwelligen Regelvorgänge der PLL ist die Ausgangsfrequenz aber von einem FM-Rauschen überlagert. Nur eine äußerst sorgfältige Bemessung der Regelschleife erlaubt es, die Werte eines guten LC-VFO's zu erreichen.

VI.5 Mischstufen und Modulatoren

An Mischstufen in Sendern und Empfänger werden bei an sich gleicher Funktion verschiedene Anforderungen gestellt. Mischstufen in Sendern arbeiten bei wenig veränderlichen Amplituden, sollen aber dafür beide Eingangssignale am Ausgang gut unterdrücken. Auch Modulatoren sind ihrer Funktion nach Mischstufen (vgl. IV.5). Die Mischstufe in einem Empfänger muß Signale sehr unterschiedlicher Amplitude verarbeiten und soll dabei von frequenzmäßig benachbarten, starken Signalen anderer Stationen nicht gestört werden.

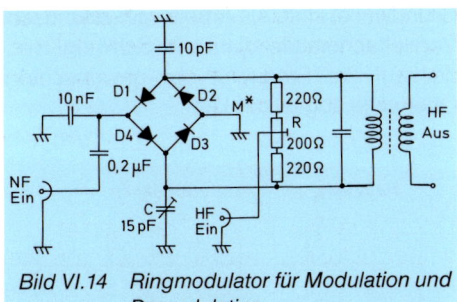

Bild VI.14 Ringmodulator für Modulation und Demodulation

Der im Bild VI.14 gezeigte Ringmodulator (auch Balancemodulator genannt) wird in SSB-Sendern verwendet, den bei HF eingegebenen HF-Träger mit der bei NF eingegebenen Niederfrequenz zu modulieren. Dabei werden sowohl der Träger als auch das NF-Signal am Ausgang unterdrückt. Von der Funktion her ist der Modulator ein Schaltmischer, in dem die Dioden als Schalter wirken. Bei positiver HF-Spannung leiten die Dioden D1 und D3, während D2 und D4 sperren. Dadurch ist der NF-Eingang mit dem oberen Anschluß des Schwingkreises verbunden und der Punkt M* mit dem unteren Anschluß. Bei negativer HF-Spannung vertauschen die Dioden ihre Rollen und die NF-Spannung wird in umgekehrter Polarität an den Schwingkreis gelegt. Die 4 Dioden wirken also als doppelpoliger Umschalter, der mit der Frequenz des HF-Signals betätigt wird. Dies wirkt als sehr verzerrungsarmer Mischvorgang, der die beiden Seitenbänder des HF-Trägers liefert.

Mit R und C kann die Schaltung auf beste Symmetrie und damit beste Unterdrückung des HF-Trägers eingestellt werden. Zum Verständnis der Schaltung sind typische Werte von Bauteilen angegeben. Der 10-pF-Kondensator am oberen Ende des Diodenquartetts ist der Partner zu C. An der Seite des NF-Eingangs dient der 10-nF-Kondensator zur Abblockung der Hochfrequenz, während über den 0,2-µF-Kondensator die NF zugeführt wird.

Die 4 Dioden dienen als reine Schalter, die vom HF-Eingang her betätigt werden. Dadurch sind in der Schaltung beide Richtungen des Signalflusses möglich, der Modulator kann auch demodulieren. Führt man dem HF-Ausgang ein SSB-Signal zu, dessen (unterdrückter) Träger frequenzgleich mit dem Signal am HF-Eingang ist, so liegt das eine Mischprodukt im NF-Bereich und gibt das Modulationssignal wieder. Das andere hat die doppelte Frequenz des Eingangssignals und wird vom 10-nF-Kondensator kurzgeschlossen.

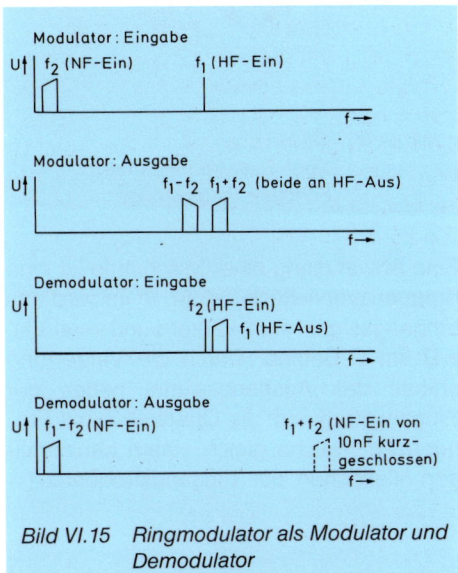

Bild VI.15 Ringmodulator als Modulator und Demodulator

Beim Ringmodulator in der besprochenen Form ist eins der Signale immer NF. Mischstufen für hohe Frequenzen werden häufig mit Dual-Gate-MOSFET's oder mit Ringmischern mit Schottky-Dioden aufgebaut. Schottky-Dioden haben ein extrem schnelles Schaltverhalten und sind bis zu sehr hohen Frequenzen einsetzbar. Auch der Schottky-Ringmischer arbeitet in beiden Richtungen nach demselben Prinzip wie der Ringmodulator.

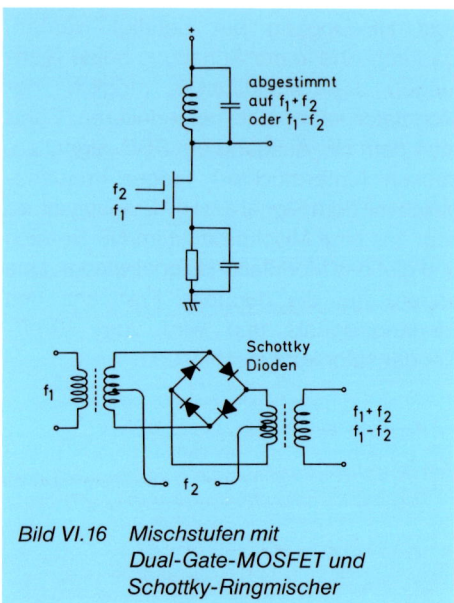

Bild VI.16   Mischstufen mit Dual-Gate-MOSFET und Schottky-Ringmischer

Eine Abwandlung einer Mischstufe ist eine Frequenzvervielfacherstufe. In ihr wird das Eingangssignal stark verzerrt und verstärkt, z.B. im C-Betrieb. Durch die Verzerrung enthält das Ausgangssignal neben der Eingangsfrequenz die Oberwellen mit Frequenzen, welche gleich einem ganzzahligen Vielfachen der Eingangsfrequenz (=

Grundwelle) sind. Als Arbeitswiderstand der Vervielfacherstufe dient ein Schwingkreis, der auf die Frequenz der gewünschten Oberwelle abgestimmt ist.

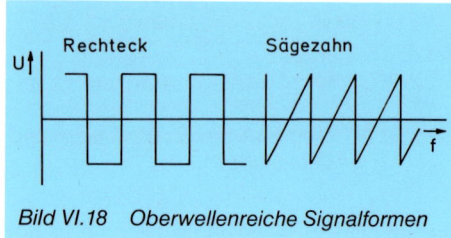

Bild VI.18   Oberwellenreiche Signalformen

Oberwellen sind bei normalen Verstärkern unerwünscht. Man betreibt diese daher im verzerrungsarmen A-Betrieb oder filtert beim AB-Betrieb die Oberwellen aus. Besonders oberwellenreich sind Wellenformen mit schnellen Spannungsänderungen, wie z.B. das Rechteck- und das Sägezahnsignal oder Impulse aus digitalen integrierten Schaltungen.

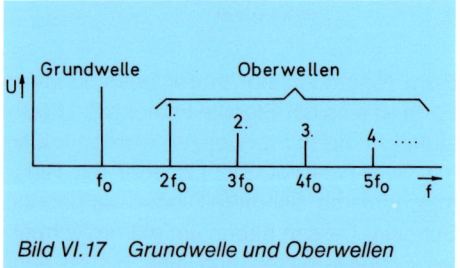

Bild VI.17   Grundwelle und Oberwellen

Fragen zur Selbstkontrolle für Kapitel VI.

1. Wie groß ist die Ausgangsspannung einer Einweg-Gleichrichterschaltung?
2. Welche Vorteile hat die Brückengleichrichterschaltung?
3. Kann man mit einem A3-Demodulator auch SSB demodulieren?
4. Erläutern Sie die Funktion einer Verstärkerschaltung.
5. In welchem Arbeitspunkt arbeiten die Kleinsignalstufen in Amateurgeräten? Worauf kommt es dabei an?
6. Welcher Arbeitspunkt wird in der SSB-Senderstufe bevorzugt eingesetzt?
7. Woran erkennt man den Arbeitspunkt A in der Endstufe?
8. Welche frequenzbestimmenden Elemente werden in Oszillatoren verwendet?
9. Wodurch kann man die Temperaturabhängigkeit der Oszillatorfrequenz verringern?
10. Nennen Sie Maßnahmen für hohe Frequenzkonstanz eines Oszillators.
11. Wo werden Quarzoszillatoren eingesetzt?
12. Wie arbeitet eine Bandspreizung?
13. Erklären Sie die Arbeitsweise eines PLL-Oszillators.
14. Welche Eigenschaften einer Mischstufe sind besonders wichtig?
15. Wodurch zeichnet sich ein Ringmodulator mit Diodenquartett aus?
16. Womit werden hochwertige Mischstufen bestückt?
17. Wir arbeitet eine Frequenzvervielfacherstufe?

Lösungen Seite 181

VII. Amateurfunk-Empfänger

VII.1 Die Baugruppen

Bei den Blockschaltbildern von Empfängern (und auch von Sendern) werden Kurzzeichen für die einzelnen Baugruppen verwendet. Diese sollen hier kurz aufgeführt werden:

Verstärker (ein- oder mehrstufig). HF-Verstärker haben zur Filterung meist einen Parallelschwingkreis als Arbeitswiderstand (siehe auch VI.1)

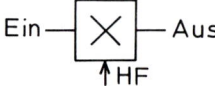

Mischstufe oder (De-)Modulator (vgl. VI.1)

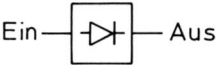

A3 Demodulator (vgl. VI.1)

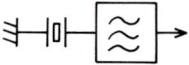

Quarzoszillator (CO) für feste Frequenz (siehe auch VI.4)

Variabler Oszillator (VFO) (siehe VI.4)

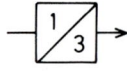

Frequenzvervielfacher, in diesem Fall Verdreifacher

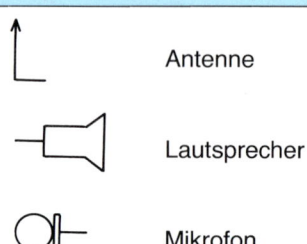

Antenne

Lautsprecher

Mikrofon

Andere Baugruppen werden als Rechtecke mit dazugeschriebener Funktion dargestellt.

VII.2 Überlagerungsempfänger

Der Überlagerungsempfänger oder Super (Superheterodyne = überlagern) beruht auf dem beschriebenen Mischen oder Überlagern von Frequenzen. Die Frequenz des benutzten Mischprodukts wird dabei die Zwischenfrequenz genannt. Da für den Mischvorgang ein zweites HF-Signal benötigt wird, enthält jeder Überlagerungsempfänger einen kleinen Sender, den Oszillator. Die Oszillatorfrequenz wird stets so eingestellt, daß sie gleich der Differenz zwischen der Empfangsfrequenz und der festen Zwischenfrequenz (ZF) ist.

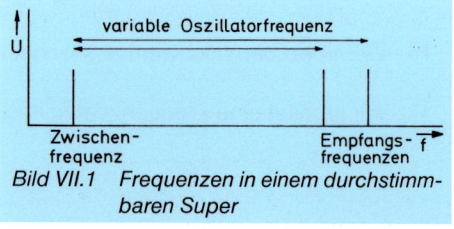

Bild VII.1 Frequenzen in einem durchstimmbaren Super

Das umständlich erscheinende Verfahren des Empfangs beim Super hat so viele Vorteile, daß es heute fast ausschließlich verwendet wird:

a) Die ZF kann beliebig gewählt werden. Man legt sie in einen Frequenzbereich, in dem handelsübliche Bauelemente gut verstärken und für den es gute Filter gibt. Gebräuchliche Werte für Rundfunkgeräte sind 450 kHz (A3) und 10,7 MHz (F3). Viele Amateure verwenden in Eigenbaugeräten eine ZF von 9 MHz, für die es sehr gute Quarzfilter gibt.

b) Der Durchlaßbereich des ZF-Verstärkers bestimmt die Selektion des Supers. Wegen der festen ZF brauchen die vielen Filterschwingkreise nur einmal auf die optimale Durchlaßkurve eingestellt zu werden, die Abstimmung der Empfangsfrequenz erfolgt mit dem Oszillator.
Auch ein Quarzfilter ist nur bei einer festen Zwischenfrequenz einsetzbar.

ZF

$$f_{ZF} = f_{HF} \pm f_{Osz} = f_{Osz} \pm f_{HF} \quad (21a)$$

Empfangs- und Spiegelfrequenz

$$f_{HF} = f_{ZF} \pm f_{Osz} = f_{Osz} \pm f_{ZF} \quad (21b)$$

Oszillatorfrequenz

$$f_{Osz} = f_{HF} \pm f_{ZF} = f_{ZF} \pm f_{HF} \quad (21c)$$

Das Blockschaltbild VII.2 zeigt den prinzipiellen Aufbau eines Supers. An den Frequenzangaben der Mischstufe jedoch sieht man folgendes: Eine Oszillatorfrequenz von 1000 kHz gibt nicht nur mit 550 kHz eine Zwischenfrequenz von 450 kHz, sondern auch mit 1450 kHz (1450 − 1000 = 450).

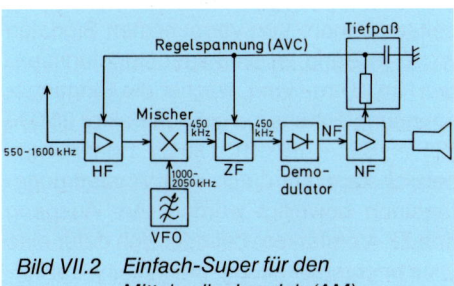

Bild VII.2   Einfach-Super für den Mittelwellenbereich (AM)

Für die Berechnung der Frequenzen der Mischprodukte und damit der Zwischenfrequenz gilt Formel 20, die hier abgewandelt lautet:

$$f_{ZF} = f_{HF} \pm f_{Osz}$$

Die beiden Vorzeichen und die Tatsache, daß negative Frequenzen gleich positiven Frequenzen sind, vereinfacht das Merken der umgewandelten Formeln ganz außerordentlich, so daß man sich überhaupt nur eine Formel einprägen muß.

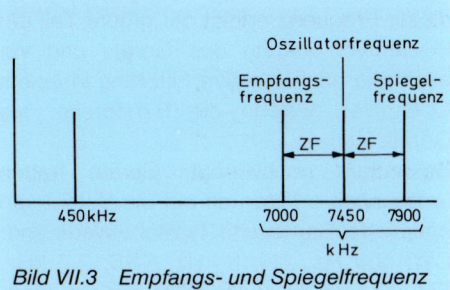

Bild VII.3   Empfangs- und Spiegelfrequenz

Diese zweite Eingangsfrequenz, die bei jedem Super vorhanden ist, nennt man Spiegelfrequenz. Sie wird bei dem Einfachsuper nach Bild VII.2 im HF-Verstärker durch einen Schwingkreis ausgefiltert, der im Gleichlauf mit dem Schwingkreis im VFO abgestimmt wird.

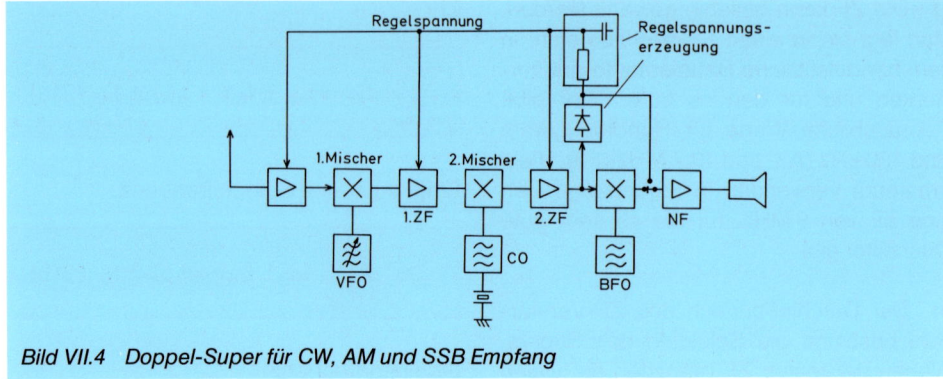

Bild VII.4 Doppel-Super für CW, AM und SSB Empfang

Bei Empfängern für höhere Frequenzen reicht bei einer niedrigen Zwischenfrequenz die Selektion eines Einzelkreises nicht mehr aus. Man verwendet deswegen in Doppelsupern eine ziemlich hohe erste Zwischenfrequenz, die einen leicht zu beherrschenden Abstand zwischen Empfangs- und Spiegelfrequenz schafft. Das Signal wird auf dieser Frequenz verstärkt und gefiltert, so daß die Spiegelfrequenz des zweiten Mischers frei ist. In der zweiten Mischstufe wird das Signal auf die zweite und endgültige Zwischenfrequenz umgesetzt. Auf dieser Frequenz erfolgt der größte Teil der Gesamtverstärkung des Geräts und vor allem die hochselektive Filterung in einem Quarzfilter, welche die Bandbreite des Geräts festlegt.

Besonders hochwertige Geräte haben umschaltbare Filter mit auf die Betriebsart optimierter Bandbreite. Typische Werte sind: CW: 500 Hz, AM: 6 kHz, SSB: 2,7 kHz, FM: 12 kHz. Das AM-Filter wird oft weggelassen, da man AM auch in der Betriebsart SSB empfangen kann. Der Empfang eines RTTY-Signals mit 170 Hz Shift ist von der Bandbreite her mit einem 500-Hz-Filter möglich. Meist passen jedoch die standardmäßigen NF-Frequenzen (1275 Hz und 1445 Hz) in der Tonhöhe sendeseitig nicht zum Durchlaßbereich des CW-Filters. RTTY wird daher in der Betriebsart SSB durchgeführt und die Bandbreite durch Filterung im NF-Bereich festgelegt.

Ein Amateurfunkempfänger muß einen großen Eingangsspannungsbereich verarbeiten können. Von verrauschten Signalen im 10-m-Band zu stärksten Rundfunksendern im 40-m-Band, wächst die Eingangsspannung annähernd um den Faktor 25000 (S1 − S9 + 40 dB). Dieser Spannungsbereich kann nur durch eine Verstärkungsregelung bewältigt werden. Am Ausgang des ZF-Verstärkers befindet sich dafür eine Gleichrichterschaltung, welche eine zur ZF-Spannung proportionale Spannung abgibt. Dies ist die Regelspannung (AVC = Automatic Volume Control), welche bei Zunahme die Verstärkung der HF- und ZF-Verstärkerstufen verringert. Durch das Absinken der Verstärkung wird die Regelspannung wieder kleiner, so daß sich zu jeder Eingangsspannung ein stabiler Wert der Regelspannung einstellt. Die Regelspannung kann daher direkt als Maß für die Signalstärke am Empfängereingang verwendet werden. Ein an die Regelspannung angeschlossenes Anzeigeinstrument, das S-Meter, ist direkt mit einer Signalstärkeskala in S-Stufen (siehe II.4) versehen.

Die Regelung hält die Ausgangsspannung des ZF-Teils und damit die NF-Lautstärke bei Signalschwankungen annähernd konstant. Der bei den meisten Amateurgeräten vorhandene Regler für die HF-Verstärkung (RF-Gain) greift in die Regelspannung ein und gestattet eine Herabsetzung der Verstärkung nach Wunsch.

Rechenbeispiele:

Formel 21a: Welche Zwischenfrequenzen sind möglich bei einer Empfangsfrequenz von 21,4 MHz und einer Oszillatorfrequenz von 32,1 MHz?

Formel 21b: In einem Überlagerungsempfänger mit 455-kHz-ZF-Teil schwingt der Oszillator bei 3,17 MHz. Wo liegen die beiden Empfangsfrequenzen?

Formel 21c: Welche Oszillatorfrequenzen bewirken einen Empfang auf 7,06 MHz bei 9 MHz ZF?

Lösungen Seite 191

VII.3 Konverter

Der Prozeß des Frequenzmischens funktioniert auch für die Verschiebung ganzer Frequenzbereiche. Bei einem Konverter wird dies ausgenutzt, um ein ganzes Amateurband in den Bereich eines anderen Bandes umzusetzen. Der Empfänger für das umgesetzte Band (meist das 10-m-Band) wird als Nachsetzer bezeichnet.

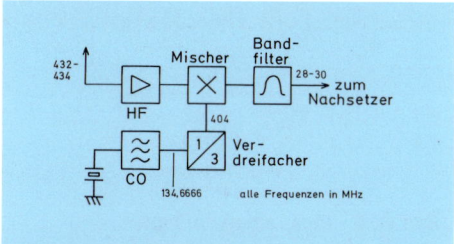

Bild VII.5   Konverter für das 70-cm-Band zum 10-m-Band

Konverter werden für viele Amateurbänder hergestellt und sind eine billige Möglichkeit, mit einem vorhandenen Empfänger ein höheres Frequenzband zu empfangen. Die breitbandige Umsetzung eines ganzen Bandes mit einem Nebeneinander von Stationen aller Signalstärken und Betriebsarten stellt jedoch erhöhte Anforderungen an den Mischer und auch die Erzeugung eines sauberen Injektionssignals.

VII.4 Geradeausempfänger

Im Geradeausempfänger erfolgt die Demodulation des HF-Signals direkt auf der Empfangsfrequenz ohne eine Mischstufe. Für die Selektion der Empfangsfrequenz sind im HF-Verstärker und Demodulator Schwingkreise vorgesehen, die mit einem Mehrfachdrehkondensator gleichzeitig abgestimmt werden können. Trotzdem ist die Selektionskurve für die heutige Bandbelegung einfach zu breit, so daß Geradeausempfänger heute ohne Bedeutung sind.

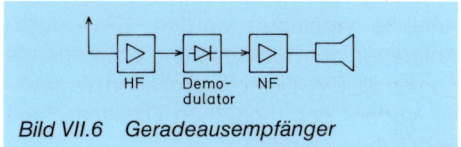

Bild VII.6   Geradeausempfänger

Der in der Anfangszeit des Amateurfunks gebräuchliche Empfänger (0–V–1) war zweistufig und enthielt als Demodulator eine Röhre in „Audion"-Schaltung und eine Röhre als NF-Verstärker. Die Empfänger wurden nach der Zahl der abgestimmten Kreise als Ein-Zwei-...Kreiser bezeichnet oder nach der Zahl der Röhren als 0–V–1, 1–V–2. Dabei war in der Reihenfolge: Zahl der HF-Stufen, V für das Audion, Zahl der NF-Stufen.

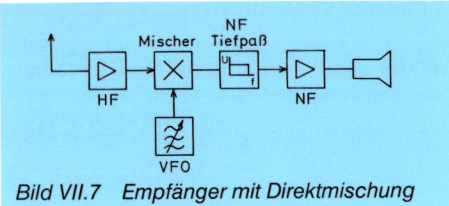

Bild VII.7 Empfänger mit Direktmischung

Ebenfalls ein Geradeausempfänger ist der in einfachen Geräten verwendete Empfänger mit Direktmischung. Seine Mischstufe ist nichts anderes als ein SSB-Demodulator, der direkt die Empfangsfrequenz verarbeitet. Bei ihm tritt ebenso, wie bei den Überlagerungsempfängern eine Spiegelfrequenz auf. Zwar fällt die Spiegelfrequenz mit der Empfangsfrequenz zusammen, da die „Zwischenfrequenz" beim Direktmischer 0 Hz beträgt, aber ihr Informationsgehalt, das untere Seitenband, wird völlig gleichartig mit demoduliert. Wenn der auf den Mischer folgende Tiefpaß eine Grenzfrequenz von 3 kHz hat, so beträgt die Empfangsbandbreite 6 kHz.
Wenn der Direktmischer ohne HF-Vorstufe betrieben wird, muß durch einen sehr sauberen, symmetrischen Aufbau eine Abstrahlung der VFO-Frequenz über die Antenne verhindert werden. (Das durch Aufdrehen der Rückkopplung schwingende Audion als CW-Demodulator kann als direkter Vorfahr des modernen Direktmischers angesehen werden.)

VII.5 Panoramaempfänger

Ein Panoramaempfänger enthält statt des VFO einen spannungsgesteuerten Oszillator (VCO), der von einem Sägezahngenerator periodisch über den interessierenden Frequenzbereich verstimmt wird. Die Sägezahnspannung und die gleichgerichtete ZF werden auf die Eingänge eines Oszilloskops geführt. Auf dem Schirm kann man dann die HF-Spannung in Abhängigkeit von der Frequenz ablesen. Bei Abstimmung über einen breiten Frequenzbereich sieht man die Belegung des Bandes mit Stationen. Macht man den betrachteten Frequenzbereich sehr schmal, so sieht man die Bandbreite der Ausstrahlung der Stationen oder auch der eigenen Station.
Noch einen Schritt weiter geht der Spectrum Analyzer, der nicht nur ein Amateurband, sondern einen ganzen Ausschnitt des Frequenzspektrums auf dem Schirm zeigt, z.B. von 0 Hz bis 500 MHz. Diese Geräte, welche den finanziellen Rahmen des Amateurs weit übersteigen, sind ideal für Messungen, z.B. der Frequenzaufbereitung eines Empfängers oder Senders geeignet.

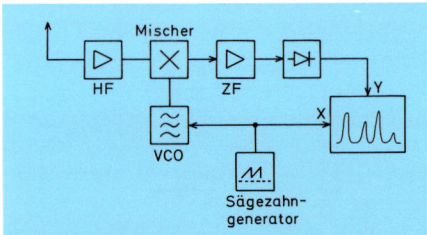

Bild VII.8 Panoramaempfänger

Fragen zur Selbstkontrolle für Kapitel VII.

1. Erklären Sie die Funktionsweise eines Überlagerungsempfängers.

2. Wie kommt die Spiegelfrequenz zustande? Wie äußert sie sich?

3. Wie kann man die Spiegelfrequenz unterdrücken?

4. Welches ist die Aufgabe und Wirkungsweise der automatischen Verstärkungsregelung (AVC) im Empfänger?

5. Erläutern Sie die Funktion eines Konverters.

6. Was ist ein Geradeausempfänger?

7. Nach welchem Prinzip arbeitet der Empfänger mit Direktmischung?

8. Beschreiben Sie die Funktion eines Panoramaempfängers.

Lösungen Seite 182

VIII. Amateurfunk-Sender

VIII.1 Aufbau eines Senders

Aufgabe des Senders ist es, eine ungedämpfte HF-Schwingung, den Träger, mit einem NF- oder Tastsignal zu modulieren und mit erhöhter Spannung abzustrahlen. Diesen Aufgaben entsprechen im Aufbau eines Senders die einzelnen Baugruppen.

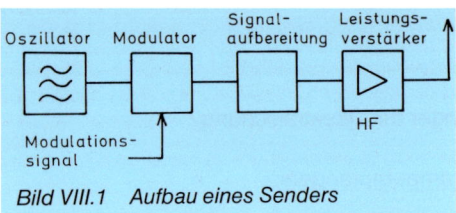

Bild VIII.1   Aufbau eines Senders

Der Oszillator (siehe VI.4) erzeugt die Hochfrequenz, welche im Modulator in ihrer Amplitude oder Frequenz beeinflußt wird. Die anschließende Signalaufbereitung enthält z. B. Frequenzumsetzungen durch Vervielfachung oder Mischen. Das fertige HF-Signal wird im Leistungsverstärker (PA = Power Amplifier) auf die gewünschte Leistung verstärkt.
Je nach Betriebsart und Einsatz können einzelne Baugruppen mit anderen zusammengefaßt werden oder entfallen. Ihre Funktionen lassen sich in jedem Fall lokalisieren.

Gewisse Grundregeln gelten für den Aufbau jedes Senders. So macht das starke HF-Signal in der PA eine sehr sorgfältige Abschirmung zum Schutz vor Störungen der anderen Stufen erforderlich. Viele unerwünschte Ausstrahlungen kommen durch Einstreuung des Sendesignals in die Oszillatoren und Mischstufen des Senders selbst zustande. Sie werden häufig von der Gegenstation gar nicht bemerkt, da sie außerhalb der Übertragungsbandbreite liegen. Sehr wohl werden sie aber von anderen Empfangsstationen bemerkt, die auf der Frequenz einer dieser Ausstrahlungen arbeiten. Man sollte stets daran denken, daß die Qualität des Signals die eigene Visitenkarte ist.

VIII.2 CW-Sender

Reine, nur für die Betriebsart CW ausgelegte Sender kommen mit einem relativ einfachen Aufbau aus. Der einfache CW-Sender gewinnt aus einem VFO-Signal in einer Vervielfacherkette die Steuersignale für alle KW-Amateurbänder. Da die VFO-Frequenz vervielfacht wird, ist für jedes Band eine eigene Skaleneichung erforderlich und die Frequenzeinstellung und Stabilität ist im 10-m-Band schon etwas heikel. Dennoch waren Sender mit diesem Aufbau früher durchaus üblich.

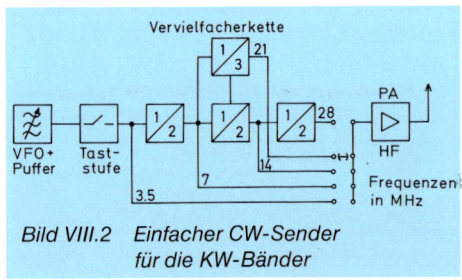

Bild VIII.2   Einfacher CW-Sender für die KW-Bänder

Höheren Ansprüchen genügt ein Sender mit einer Mischstufe in der Frequenzaufbereitung. Der VFO überdeckt (traditionell) den Bereich von 5–5,5 MHz, was eine Aufteilung des 10-m-Bandes in 4 Segmente erfordert. Dabei müssen der CO, das Bandfilter sowie Filter und PA für die einzelnen Bänder umgeschaltet werden, was einen beträchtlichen Aufwand darstellt. Nur wenige Amateure haben daher heute noch das Können und die Zeit, sich ihre Kurzwellengeräte vollkommen selbst zu bauen.

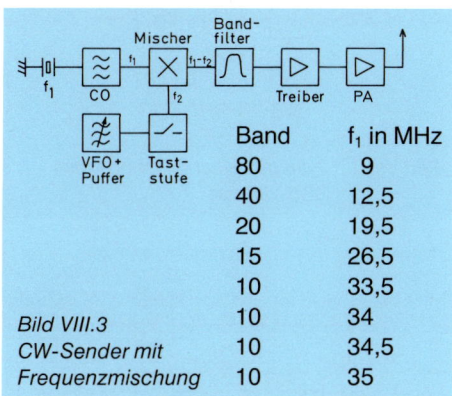

Band	f_1 in MHz
80	9
40	12,5
20	19,5
15	26,5
10	33,5
10	34
10	34,5
10	35

Bild VIII.3 CW-Sender mit Frequenzmischung

Besondere Aufmerksamkeit erfordert die Taststufe, welche einen wohldosiert weichen Anstieg und Abfall der HF-Spannung am Senderausgang erzeugen soll. Erstens soll die Tastung leistungsarm, also an einen Steueranschluß eines Bauelements erfolgen. Die weichen Anstiege und Abfälle des Signals werden mit RC-Kombinationen an und hinter der Morsetaste bewirkt. Eine NF-Drossel ist ebenfalls geeignet, einen harten Zeicheneinsatz abzuflachen, doch werden in der modernen Elektronik Induktivitäten möglichst vermieden.

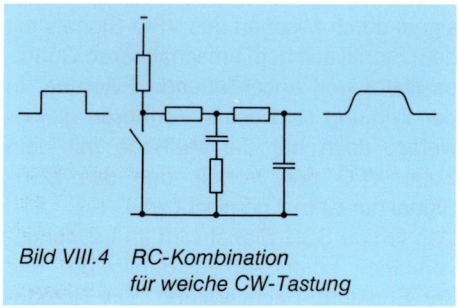

Bild VIII.4 RC-Kombination für weiche CW-Tastung

Wie schon in IV.2 besprochen, enthalten harte Tastflanken einen hohen Anteil an Oberwellen und belegen nach der Modulation eine große Bandbreite. Diese Klickgeräusche auf benachbarten Frequenzen lassen sich nur durch eine weiche Tastung vermeiden.

VIII.3 SSB-Sender

Den größten Bauaufwand im Sender erfordert die Betriebsart SSB. Dabei wird zunächst bei einer Frequenz von einigen MHz ein Einseitenbandsignal erzeugt. Dies Signal wird mit dem VFO-Signal und dem Signal eines für die Bänder umschaltbaren Quarzoszillators auf die Sendefrequenz hochgemischt. Der Leistungsverstärker schließlich verstärkt das Signal zur Abstrahlung über die Antenne.

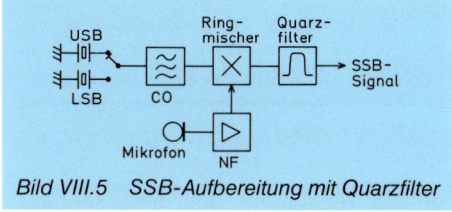

Bild VIII.5 SSB-Aufbereitung mit Quarzfilter

Die erste Stufe im beschriebenen Aufbau erzeugt das Einseitenbandsignal und ist um das Quarzfilter als teuerstes Teil herumgebaut. Ein Quarzoszillator erzeugt die Trägerfrequenz, welche im Ringmischer von der NF moduliert wird. Aus dem Zweiseitenbandsignal mit unterdrücktem Träger wird im Quarzfilter das gewünschte Seitenband ausgefiltert.
Der Trägeroszillator ist auf zwei Frequenzen umschaltbar. Schwingt er 1,5 kHz unter der Mittenfrequenz des Quarzfilters, so wird das obere Seitenband (USB) des Zweiseitenbandsignals vom Quarzfilter ausgefiltert. Der durchgelassene Bereich entspricht genau dem NF-Bereich von 0,3–

2,7 kHz. Im anderen Fall schwingt der Trägeroszillator 1,5 kHz oberhalb der Mittenfrequenz des Filters und das untere Seitenband (LSB) wird ausgefiltert.

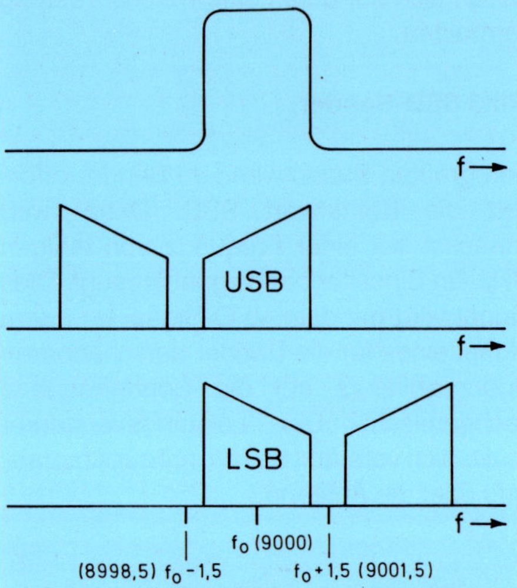

Das fertige SSB-Signal muß nun durch Mischen in die endgültige Frequenzlage gebracht werden. Dabei gibt es zwei, an sich gleichwertige Verfahren:

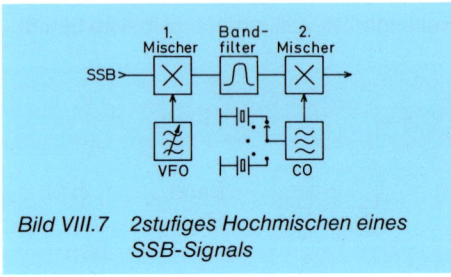

Bild VIII.7 2stufiges Hochmischen eines SSB-Signals

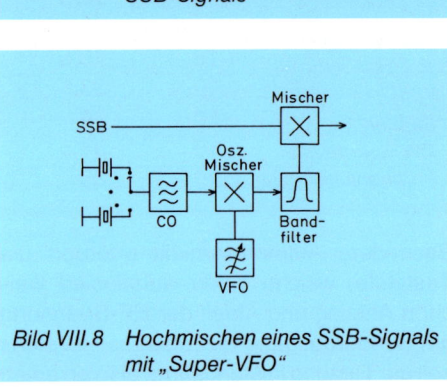

Bild VIII.8 Hochmischen eines SSB-Signals mit „Super-VFO"

Bild VIII.6 Ausfiltern des USB- und LSB-Signals aus dem Zweiseitenbandsignal

Für die Erzeugung des Einseitenbandsignals könnte man auch LC-Filter (f_0 um 50 kHz) verwenden. Bei den LC-Filtern liegt die Frequenz für die Weiterverarbeitung zu ungünstig tief, während mechanische Filter zu teuer sind.

An anderen Aufbereitungsverfahren gibt es noch die Phasenmethode und die mit ihr verwandte dritte Methode, welche beide eine Aufbereitung auf der Sendefrequenz gestatten, deren Bau- und Abgleichaufwand aber außerordentlich hoch sind. Wegen seiner Einfachheit und auch der Verwendbarkeit des Quarzfilters beim Empfang hat sich die Aufbereitung mit einem Quarzfilter heute vollkommen durchgesetzt.

Beim ersten wird das SSB-Signal zuerst mit dem VFO-Signal gemischt, gefiltert und in der zweiten Mischstufe mit umschaltbarer Injektionsfrequenz auf die Sendefrequenz hochgemischt. Das zweite Verfahren erledigt das Hochmischen in einer Mischstufe, die von einem „Super-VFO" angesteuert wird. Dieser VFO erzeugt das Injektionssignal durch Mischen des VFO-Signals mit dem Signal aus dem umschaltbaren Quarzoszillator und anschließende Filterung. In der Wirkung sind beide Verfahren gleichwertig, doch hat die Methode mit dem Super-VFO den Vorteil, daß das SSB-Signal nur einmal gemischt wird.
Das fertige SSB-Signal wird im Leistungsverstärker, bestehend aus der Treiber- und der Endstufe, nachverstärkt. Ein Tiefpaß-

filter bei Transistorendstufen bzw. das Pi-Filter bei Röhrenendstufen unterdrückt entstehende Oberwellen. Es wurde bereits früher betont, daß alle Stufen im Leistungsverstärker und natürlich alle Stufen in der Aufbereitung möglichst linear und verzerrungsarm arbeiten müssen. Alle Stufen, einschließlich der Treiberstufe, arbeiten im A-Betrieb, nur die Endstufe selbst wird üblicherweise für AB-Betrieb ausgelegt (siehe auch VI.3). Die Einstellung des genauen Arbeitspunktes der Endstufe ist sehr wichtig, da bei verkehrt eingestelltem Arbeitspunkt die Endstufe nicht linear arbeitet und das SSB-Signal verzerrt. Das führt zu Oberwellen und Nebenwellen (Splatter) außerhalb des Übertragungsbereichs. Auf keinen Fall darf die Endstufe im C-Betrieb arbeiten. Auch eine Übersteuerung der Endstufe bewirkt Verzerrungen, in diesem Fall durch Abkappen (Clippen) der Spannungsmaxima. Da Übersteuerungen im Eifer des Gefechts vorkommen und dann auch meist nicht selbst bemerkt werden, hat jeder SSB-Sender eine automatische Leistungsregelung (ALC = Automatic Level Control) entsprechend der Regelung im Empfänger. Bei der ALC wird ein kleiner Bruchteil der HF-Ausgangsspannung gleichgerichtet. Wenn diese Spannung dem Wert für Vollaussteuerung nahe kommt, setzt relativ rasch die ALC ein und verkleinert die Verstärkung der Stufen vor der Endstufe. Die ALC soll erst spät einsetzen, da die volle Aussteuerung der Endstufe in den Modulationsspitzen erwünscht ist.

Wenn die Ausgangsleistung eines SSB-Senders aus einem anderen Grund verkleinert werden soll, kann dies wegen der durchweg linearen Verarbeitung an jeder Stelle im Signalweg geschehen. Am einfachsten ist natürlich das Zurückdrehen der Mikrofonverstärkung, aber auch im hochfrequenten Teil kann überall ein Dämpfungsglied eingeführt werden, z.B. nach dem Sendemischer. In Bild VIII.9 ist ein SSB-Sender mit allen beschriebenen Funktionen und Baugruppen dargestellt.

Bei der Besprechung der Betriebsarten wurde bereits erwähnt, daß die HF-Signale für viele Betriebsarten durch Einspeisen spezieller NF-Frequenzen in den Eingang eines SSB-Senders erzeugt werden können. Durch die völlig lineare Umsetzung des Sprachfrequenzbereichs in ein einzelnes Seitenband im HF-Bereich kann ein SSB-Sender im Rahmen seiner NF-Bandbreite alle überhaupt möglichen Betriebsarten im HF-Bereich erzeugen.

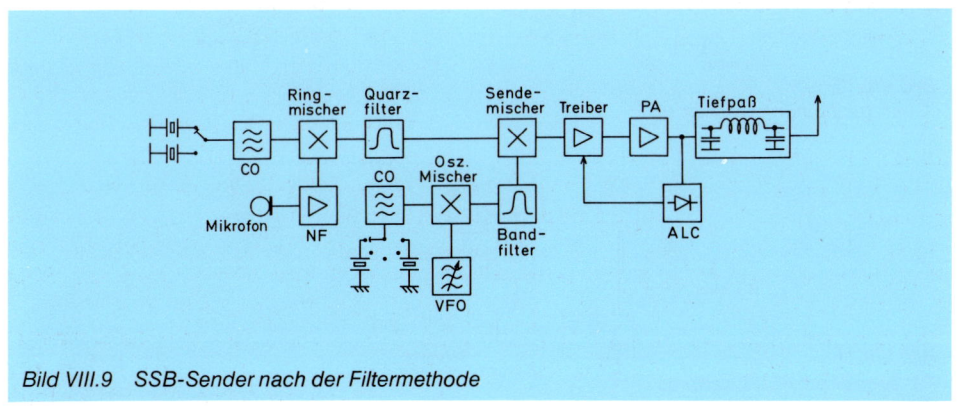

Bild VIII.9   SSB-Sender nach der Filtermethode

VIII.4 FM-Sender

Reine FM-Sender werden im FM-Kanalbetrieb auf den UKW-Bändern eingesetzt. Da die Information allein in der Frequenz des HF-Trägers enthalten ist und die Amplitude konstant ist, brauchen die Stufen nicht linear zu verstärken. Auch können im Aufbereitungsweg Frequenzvervielfacher enthalten sein. Man muß dann nur den Hub bei der Modulation um den Vervielfachungsfaktor kleiner machen.

Als Oszillator wird in einfachen Geräten ein Quarzoszillator mit umschaltbaren Quarzen verwendet. Die Modulation erfolgt nicht im Oszillator sondern in einer darauffolgenden Stufe. Da diese Stufe die konstante Ausgangsfrequenz des Quarzoszillators zugeführt bekommt, kann sie natürlich nicht mehr die Frequenz, sondern nur die Phase der HF-Schwingung modulieren. Durch eine Höhenabsenkung im NF-Modulationsverstärker ist das Ausgangssignal des Phasenmodulators von einem „richtigen" FM-Signal nicht zu unterscheiden.

Im Phasenmodulator kann nur ein geringer „Frequenzhub" erzeugt werden, der aber in den darauffolgenden Vervielfacherstufen ebenfalls vervielfacht wird und auf der Sendefrequenz den Sollwert von 3 kHz erreicht.

Die Treiber- und Endstufe arbeiten natürlich im C-Betrieb, was einen guten Wirkungsgrad ergibt. Dies ist gerade in batteriebetriebenen Portabel-Geräten wichtig. Ein auf die PA folgendes Tiefpaßfilter unterdrückt die beim C-Betrieb erzeugten Oberwellen.

Die Fortschritte auf dem Gebiet integrierter Schaltkreise haben es ermöglicht, inzwischen sogar FM-Portabelgeräte mit PLL-Oszillatoren zu versehen. Das Modulationssignal wird einfach in die Phasenregelschleife vor dem spannungsgesteuerten Oszillator (VCO) eingespeist und bewirkt ebenfalls eine Phasenmodulation.

Bei allen FM-Sendern wird der Hub durch die Amplitude der NF-Spannung gesteuert. Für eine Hubbegrenzung muß der Modulationsverstärker die Ausgangsspannung begrenzen. Die dabei auftretenden Verzerrungen werden durch einen NF-Tiefpaß gemildert. Günstig ist eine Anhebung hoher NF-Frequenzen vor der Begrenzerstufe, so daß ohne Begrenzung die Wirkung des Tiefpasses aufgehoben wird.

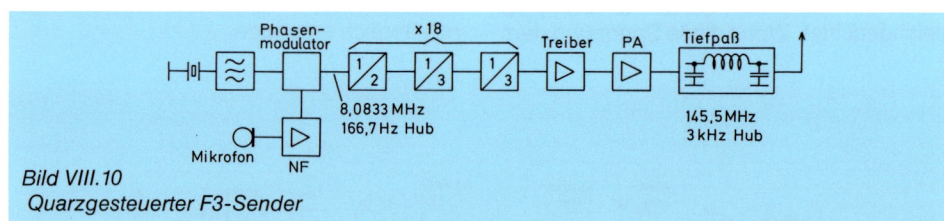

Bild VIII.10
Quarzgesteuerter F3-Sender

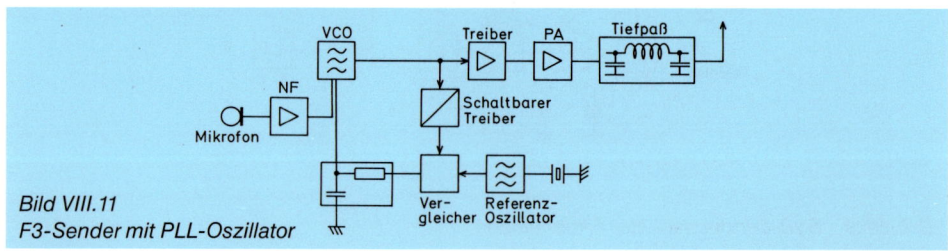

Bild VIII.11
F3-Sender mit PLL-Oszillator

VIII.5 Transceiver und Transverter

Moderne Amateurfunkgeräte sind entweder Transceiver (Transmitter-Receiver) oder Sender und Empfänger lassen sich als Transceiver zusammenschalten. Der Transceiver arbeitet im Gleichwellenbetrieb, sendet und empfängt also auf derselben Frequenz, wobei Sender und Empfänger synchron mit einem Abstimmknopf eingestellt werden. Diese Betriebsart ist heute auf den KW- und UKW-Bändern schon wegen der Frequenzknappheit üblich.

Das vereinfachte Blockschaltbild eines SSB-Transceivers in Bild VIII.12 zeigt, daß der das Seitenband festlegende Trägeroszillator mitsamt Quarzfilter und der die Arbeitsfrequenz festlegende Super-VFO für den Sende- und Empfangszweig gemeinsam sind. Bei sauberem Aufbau und guter Stabilisierung der Versorgungsspannungen der Oszillatoren müssen daher Sende- und Empfangsfrequenz vollkommen übereinstimmen.

Das gleiche Arbeitsprinzip wird im Transverter (Transmitter-Konverter) angewandt. In Bild VIII.12 ist der Teil rechts von der gestrichelten Linie ein Transverter, allerdings mit variablem Oszillator. Ein normaler Transverter arbeitet breitbandig in beiden Richtungen zwischen zwei Amateurbändern. Der Transverter in Bild VIII.13 setzt beim Senden das Transceiver-Signal im 10-m-Band in das 2-m-Band um, mit anschließender Leistungsverstärkung.

Bei Empfang wird das ganze 2-m-Band breitbandig ins 10-m-Band heruntergemischt. Die Abstimmung und Selektion übernimmt der 10-m-Transceiver.

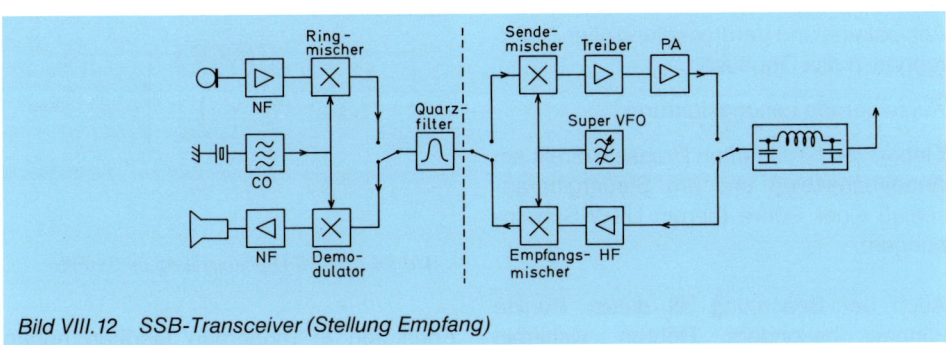

Bild VIII.12   SSB-Transceiver (Stellung Empfang)

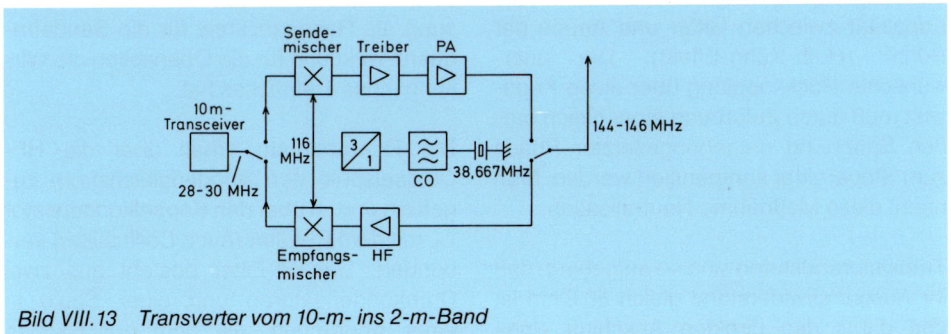

Bild VIII.13   Transverter vom 10-m- ins 2-m-Band

VIII.6 Sender-Endstufe

Die Senderendstufe ist das letzte Glied in der Signalerzeugung eines Senders. Das aktive Bauelement hat die höchsten Spannungen und Ströme zu verarbeiten und muß zur Abführung der Verlustleistung eine gewisse Größe aufweisen. Aber auch Spulen und Kondensatoren müssen entsprechend der hohen Belastung größer ausgeführt werden. Die Vergrößerung aller Bauelemente führt zu spürbar größeren Kapazitäten und damit Kopplungen. Diese geben der Endstufe eine deutlich größere Neigung zu Schwingungen und Instabilitäten als sie die anderen Stufen aufweisen. Die Aufzählung der Maßnahmen für stabilen Betrieb ist im umgekehrten Sinn auch ein Fehlerkatalog:

Einbau der Endstufe mitsamt Ausgangsfilter in ein abschirmendes Gehäuse.

Abblockung und Verdrosselung aller Zuführungen in das Gehäuse.

Kurze gerade Leitungsführung.

Einbau von bedämpften Drosseln direkt am Anodenanschluß und am Steuergitteranschluß einer Röhre (gegen UKW-Schwingungen).

Auch bei Beachtung all dieser Punkte können besonders Röhren weiterhin Schwingneigung zeigen. Ursache ist die Kapazität zwischen Gitter und Anode der Röhre (Huth-Kühn-Effekt). Die unerwünschte Rückkopplung über diese Kapazität muß durch Zuführung einer gleich großen Spannung entgegengesetzter Phase zum Steuergitter kompensiert werden. Man nennt diese Maßnahme Neutralisation.

Transistorendstufen sind so aufgebaut, daß ihr Ausgangswiderstand gleich 50 Ohm ist und damit den direkten Anschluß eines Koaxkabels erlaubt. In Röhrenendstufen muß der Ausgangswiderstand der Röhre an den vom Koaxkabel vorgegebenen Widerstand von 50 Ohm angepaßt werden.

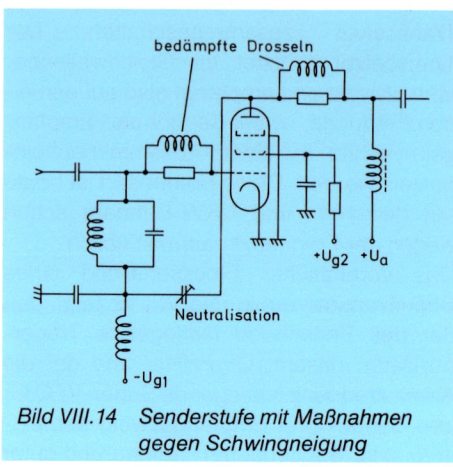

Bild VIII.14   Senderstufe mit Maßnahmen gegen Schwingneigung

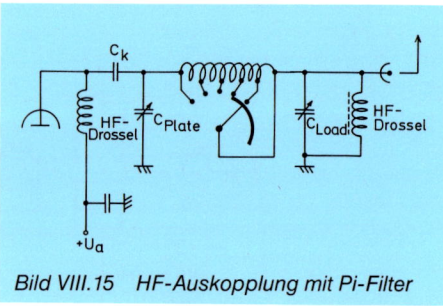

Bild VIII.15   HF-Auskopplung mit Pi-Filter

Endstufen in modernen Geräten haben dafür ein Pi-Filter, das neben der Anpassung als Resonanzkreis für die Sendefrequenz wirkt und für die Oberwellen die Wirkung eines Tiefpasses hat.

Die Röhrenanode erhält über die HF-Drosselspule den Anodengleichstrom zugeführt und ist über den Koppelkondensator C_K mit dem Pi-Filter (auch Collinsfilter) verbunden. Das Pi-Filter besteht aus zwei Drehkondensatoren und einer Spule in einer Anordnung, die dem griechischen

Buchstaben π (Pi) ähnelt. Der eingangsseitige Drehkondensator trägt auf der Frontplatte des Senders die Bezeichnung Plate (Anode), der ausgangsseitige die Bezeichnung Load (Last). Für den Bandwechsel ist die Spule umschaltbar, wobei jedes nichtbenutzte Teil für sich kurzgeschlossen wird. Bei Resonanz bildet die Reihenschaltung von C_{Plate} und C_{Load} zusammen mit dem aktiven Teil der Spule den Schwingkreis. Durch die verschiedenen Spannungsabfälle des Schwingstromes an den beiden Kondensatoren wirkt das Pi-Filter wie ein Transformator mit einstellbarem Übertragungsverhältnis und bewirkt dadurch die Anpassung.

Beim Abstimmen des Pi-Filters sollte man die beiden Kondensatoren auf die maximale Kapazität oder gegebenenfalls auf die für jedes Band angegebenen Markierungen auf der Frontplatte einstellen. Die Ansteuerung des Senders wird anfangs gering gehalten und erst bei schon halbwegs guter Abstimmung erhöht. Der Abstimmvorgang verläuft dann folgendermaßen: Zuerst wird mit dem Plate-Regler auf Anodenstrom-Dip bzw. maximale Ausgangsleistung eingestellt. Dann wird versucht, mit dem Load-Regler ein Maximum der Ausgangsleistung zu finden. Diese Vorgänge müssen einige Male wiederholt werden, da die beiden Regler sich gegenseitig beeinflussen. Bei den meisten Endstufen ist die Einstellung des Plate-Kondensators weit kritischer, als die des Load-Kondensators. Bei kleineren Frequenzwechseln ist meist nur ein Nachregeln des Plate-Kondensators nötig.

Bei Transistorendstufen wird häufig ein Pi-Filter („Matchbox") nachgeschaltet, um den 50-Ω-Ausgang an die Speiseleitung optimal anzupassen. Die Matchbox wird in gleicher Weise wie das Pi-Filter abgestimmt. Dabei erfolgt die Abstimmung entweder auch auf maximale Ausgangsleistung oder auf minimales SWR zwischen Senderausgang und Matchbox.

Fragen zur Selbstkontrolle für Kapitel VIII.

1. Nennen Sie die Grundbestandteile eines Senders.
2. Wie erreicht man die erwünschte weiche Tastung von CW-Sendern?
3. Zeichnen Sie die Schaltung zur Aufbereitung eines SSB-Signals.
4. Wie schaltet man beim Sender zwischen USB und LSB um?
5. Wie wird das aufbereitete SSB-Signal in die endgültige Frequenzlage gebracht?
6. Warum ist eine lineare Arbeitsweise aller Stufen wichtig? Welche Stufe ist am kritischsten?
7. Wie erzeugt man Frequenzmodulation?
8. Weswegen können reine FM-Sender einen relativ einfachen Aufbau haben?
9. Wie kommt der Gleichwellenbereich im Transceiver zustande?
10. Zeichnen Sie das Blockschaltbild eines Transverters.
11. Zählen Sie die Maßnahmen auf, die einen stabilen Betrieb der Senderendstufe gewährleisten.
12. Was bewirkt die Neutralisation?
13. Beschreiben Sie den Abstimmvorgang des Pi-Filters einer Endstufe.
14. Wie wird in SSB-Geräten eine Übersteuerung der Endstufe verhindert?

Lösungen Seite 182

IX. Entstörung

Zu den leidvollen Erfahrungen manches Funkamateurs gehören die vom Sender verursachten Rundfunk- und Fernsehstörungen. Sie werden kurz als BCI (broadcast interference) und TVI (television interference) bezeichnet. Man kann die Störungen aufteilen in solche, die durch Unvollkommenheit der Amateurstation und solche, die durch unvollkommene Empfangsgeräte verursacht werden.

IX.1 Entstörung der Amateurstation.

Die Störungen, welche der Amateurstation anzulasten sind, bestehen in unerwünschten Ausstrahlungen außerhalb der vom Sendesignal belegten Bandbreite und auch in einer Einstrahlung des Sendesignals ins 220-V-Netz. Die unerwünschten Ausstrahlungen lassen sich in Gruppen einteilen: Harmonische Aussendungen (= Oberwellen) entstehen durch Nichtlinearitäten im Endverstärker des Senders. Wenn das nach der Endstufe folgende Pi-Filter für eine Unterdrückung nicht ausreicht, kann ein externes Tiefpaßfilter Abhilfe bringen.
Störungen dieser Art können aber indirekt auch von einer falsch angepaßten Antenne herrühren. Wenn deren Anpaßwiderstand 50 Ω wesentlich übersteigt, muß der ausgangsseitige (load) Drehkondensator des Pi-Filters auf sehr kleine Kapazitätswerte eingestellt werden, was die Tiefpaßwirkung fast aufhebt. Hier muß man durch entsprechende Transformationsglieder den Eingangswiderstand der Antenne auf 50 Ω bringen.
Parasitäre Aussendungen können im Prinzip bei jeder Frequenz auftreten. Sie entstehen durch Schwingneigung der Endstufe und falsch eingestellte Neutralisation. Auch Einstreuung des Sendesignals in Misch- und Oszillatorstufen kann zu parasitären Aussendungen führen. Gegen parasitäre Aussendungen hilft nur ein sauberer Aufbau des Senders mit guter Abblockung und Verdrosselung der Betriebsspannungen und Bandfilterkopplung zwischen den Stufen. Besonderes Augenmerk sollte der Endstufe gelten (siehe VIII.6).
Intermodulationsprodukte und Splatter liegen meist frequenzmäßig benachbart zum Sendesignal. Sie entstehen im Sender durch Übersteuerung einer Stufe, meist der PA. Sie werden durch Rücknahme der Ansteuerung und Überprüfung der ALC bei SSB-Sendern beseitigt. Die Störungen können jedoch auch in den Mischern und Treiberstufen, ja sogar im Modulator ihren Ausgangspunkt haben. Hier hilft nur eine sorgfältige Überprüfung der Signalqualität von Stufe zu Stufe.
Einstrahlung ins Netz kann Rundfunk- und Fernsehempfänger in weitem Umkreis stören, insbesondere bei Versorgung der Häuser über Freileitungen. Es sollte an sich selbstverständlich sein, daß jeder Sender vor seinem Netzteil ein Entstörfilter aufweist. Wenn dies fehlt, kann es ohne große Schwierigkeiten nachgerüstet werden. Sein Platz ist unmittelbar am Netzeingang des Gerätes.

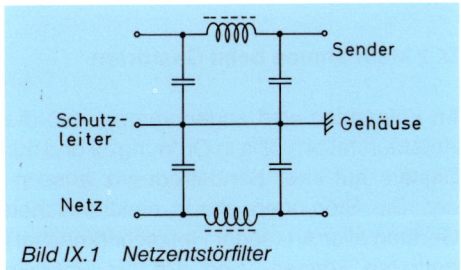

Bild IX.1 Netzentstörfilter

Größere Probleme entstehen, wenn die Einstrahlung von der Antenne oder der Speiseleitung erfolgt. Bei der Speiseleitung ist es eine Grundforderung, daß die Antenne über Koaxkabel versorgt wird und Mantelwellen des Kabels durch entsprechende Einspeisung der Antenne (Balun) ausgeschlossen werden. Die Antenne selbst sollte niemals parallel zu Freileitungen ausgespannt werden. Oft hilft Probieren mit dem Standort und den Abspannpunkten der Antenne. Man sollte hier erst alle Möglichkeiten ausschöpfen, bevor man bei den Nachbarn Netzentstörfilter oder andere Filter einbaut. Auch der Empfänger einer Amateurstation kann Störstrahlung aussenden. Er enthält Oszillatoren, deren Ausstrahlungen auf Grund- und Oberwelle, sowie Mischprodukte untereinander, andere Empfänger stören können. Besonders in Empfängern ohne HF-Vorstufe kann das Oszillator-Signal leicht zur Antenne gelangen. Wegen der geringen Leistung der Oszillatoren lassen sich diese Probleme jedoch durch Abschirmung und überlegten Aufbau in den Griff bekommen.

Zum Schluß sei noch angemerkt, daß die Wahrscheinlichkeit von Störungen mit der Sendeleistung zunimmt. Es ist besser, die Leistung durch eine leistungsfähigere Antenne zu steigern, als mit einer Linearendstufe. In vielen Fällen genügt auch das Abschalten der Endstufe während der Hauptfernsehzeit und bei Fußballübertragungen.

IX.2 Maßnahmen beim Gestörten

Im Folgenden wird angenommen, daß die Amateurstation völlig in Ordnung ist und nur Signale auf ihrer Sendefrequenz aussendet. Die Störungen, die in elektronischen Geräten aller Art (sogar Herzschrittmacher) auftreten können, sind auf die überaus große Signalstärke in der Nähe des Amateursenders zurückzuführen. Die einzelnen Einflüsse, ihre Erscheinungsformen und Abhilfemaßnahmen werden nun erörtert.

Störungen über Antenne und Antennenzuleitung:

Diese Störungen reagieren auf die Abstimmung des Empfängers und sind bei Herausziehen des Antennensteckers verschwunden. Sie werden durch Übersteuerung der HF-Vorstufe oder der Mischstufe des Empfängers verursacht. Zur Abhilfe muß ein Filter und evtl. ein HF-Trenntrafo in die Antennenzuleitung unmittelbar vor dem Empfänger eingefügt werden.

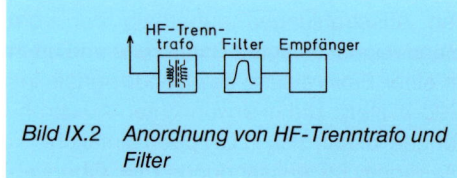

Bild IX.2 Anordnung von HF-Trenntrafo und Filter

Am einfachsten sind Sperrfilter für die Amateurfrequenz zu realisieren. Bei Störungen durch die Kurzwellenstation bringt ein Hochpaßfilter Abhilfe während man bei Störungen durch den UKW-Sender meist besser eine Bandsperre für das betreffende Band einbaut. Das kann ein Sperr- oder Saugkreis (siehe III.3) oder auch ein Filter aus Kabelstücken sein (siehe XI.3).

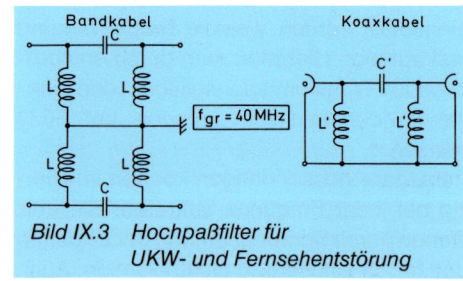

Bild IX.3 Hochpaßfilter für UKW- und Fernsehentstörung

Sperrbereich	Durchlaßbereich	f_{gr}	Bandkabel		Koaxkabel	
			L	C	L'	C'
Kurzwelle	FS Band I, UKW und darüber	40 MHz	0,4 µH	33 pF	0,2 µH	68 pF
Kurzwelle und 2 m	FS Band III und darüber	160 MHz	0,1 µH	10 pF	63 nH	18 pF

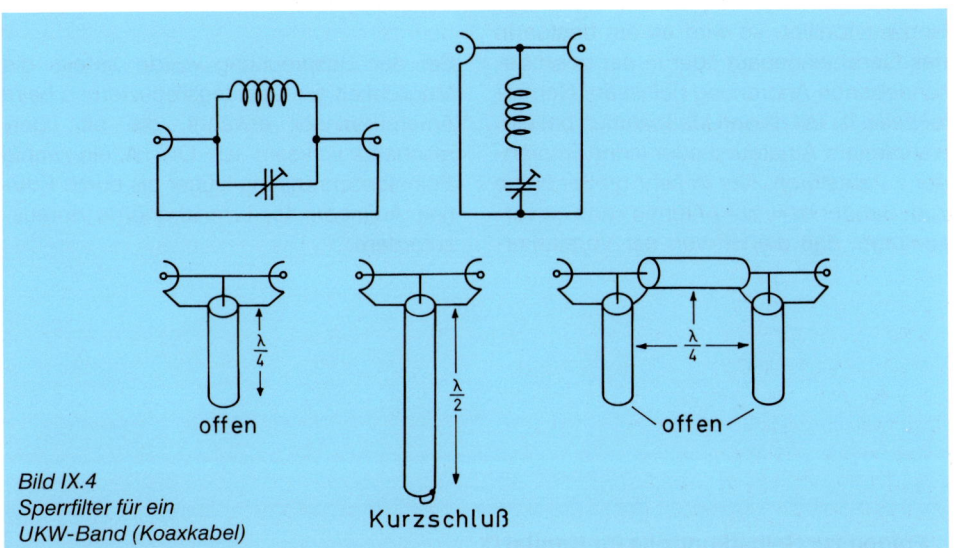

Bild IX.4
Sperrfilter für ein
UKW-Band (Koaxkabel)

Die Funktion der LC-Filter ist in III.3, die der Filter mit Kabelstücken in XI.3 besprochen. Der HF-Trenntransformator koppelt die Hochfrequenz induktiv vom Eingang zum Ausgang ohne eine leitende Verbindung herzustellen. Er ist deswegen gut geeignet, Störungen durch Mantelwellen auf dem Koaxkabel oder Gleichtaktsignale auf Bandleitungen vom Empfänger fernzuhalten.

Störungen über Lautsprecher- und Verbindungsleitungen:

Diese Art von Störungen tritt unabhängig von der Abstimmung, dem Herausziehen des Antennensteckers und oft auch dem Lautstärkeregler auf. Sie kann sogar an ausgeschalteten Geräten beobachtet werden. Ursache sind HF-Ströme, welche über die als Antenne wirkenden Leitungen in den NF-Verstärker gelangen und an einer Diodenstrecke z. B. eines Transistors gleichgerichtet werden. Hier hilft nur Verdrosselung der Leitungen und Abblockkondensatoren zwischen Leitungen und Masse des Gerätes. Die Drosseln in den Lautsprecherleitungen müssen eine genügende Strombelastbarkeit haben, während man bei den Steuerleitungen maßvoll beim Abblocken sein muß, um die hohen Frequenzen nicht zu beschneiden.

Störungen über das Netz:

Diese Störungen können sich sehr unterschiedlich äußern, so daß eine direkte Erkennung schwierig ist. Am einfachsten fügt man versuchsweise ein Netzentstörfilter in die Netzzuleitung ein. Das Anschlußkabel des Gerätes muß dabei eng zu einem Knäuel aufgewickelt werden, damit keine Antennenwirkung möglich ist. Nützt das Netzentstörfilter, so wird es am besten in das Gerät eingebaut oder in der oben beschriebenen Anordnung gelassen. Normalerweise ist mit diesen Maßnahmen bei einwandfreiem Amateursender jeder Empfänger zu entstören. Nur in sehr großer Nähe zum Sender bzw. zur Antenne kann es vorkommen, daß die HF von der Verstärkerschaltung direkt aufgefangen wird (Direkteinstrahlung). Bei solch mangelnder Einstrahlungsfestigkeit ist ein Eingriff in das Gerät nicht zu vermeiden.

In Geräten mit isolierendem Gehäuse kann ein mit Masse verbundenes Abschirmblech an der Innenseite des Gehäuses Abhilfe bringen. Ansonsten hilft nur noch das Abblocken und Verdrosseln direkt in der Schaltung.

Bei der Besprechung wurde bereits die Möglichkeit der Leistungsreduzierung beim Amateursender erwähnt, die oft überraschend wirksam ist. Oft ist ein wenig Selbstbeschränkung klüger als durch Sturheit Auflagen der Lizenzbehörde herauszufordern.

Fragen zur Selbstkontrolle für Kapitel IX.

1. Welche unerwünschen Aussendungen können in einer Amateurstation entstehen?

2. Wie kann man harmonische Aussendungen unterdrücken?

3. Wie vermeidet man Einstrahlung ins Netz?

4. Wie kann es bei völlig einwandfreiem Amateursender dennoch zu Störungen von Empfangsanlagen kommen?

5. Beschreiben Sie Maßnahmen am HF-Eingang des gestörten Empfängers.

6. Was macht man bei den anderen Zuleitungen des gestörten Gerätes?

7. Was versteht man unter Direkteinstrahlung?

Lösungen Seite 183

X. Meßgeräte

Die im Amateurfunk gebräuchlichen Vielfachmeßinstrumente für Strom, Spannung und Widerstand nutzen alle das Drehmoment, welches auf eine stromdurchflossene Spule im Magnetfeld ausgeübt wird. Diese Drehspulinstrumente können direkt nur Gleichströme und Spannungen, mit einem Gleichrichter aber auch Wechselströme und Spannungen messen.

Die früher gebräuchlichen Dreheiseninstrumente sind polaritätsunabhängig und können daher direkt auch die Effektivwerte von Wechselströmen und Spannungen messen. Wegen ihrer weit geringeren Empfindlichkeit (hoher Eigenverbrauch) sind sie von den Drehspulinstrumenten verdrängt worden.

X.1 Strommessung

Ein Strommeßinstrument ist bei der Messung in den Stromkreis einzuschleifen und liegt in Reihe mit Stromquelle und Verbraucher. Der Widerstand des Strommessers soll möglichst klein sein, um die Verhältnisse im Stromkreis nicht durch den Spannungsabfall zu verfälschen. Drehspulinstrumente haben Endausschläge von einigen µA bis zu einigen mA.

Oft steht man vor der Aufgabe, mit einem Instrument Ströme zu messen, die den Wert bei Vollausschlag übersteigen. Man legt dazu parallel zum Instrument einen Parallelwiderstand (Shunt), der den überschüssigen Strom am Instrument vorbeileitet. Sein Wert läßt sich sehr einfach aus dem Spannungsabfall am Instrument errechnen, der seinerseits aus dem Innenwiderstand R_i des Instruments und dem Strom I_m bei Vollausschlag errechnet wird.

Spannung U bei Vollausschlag:
$$U = R_i \cdot I_m$$

Strom durch den Parallelwiderstand:
$$I_p = I - I_m$$

Aus Strom und Spannung ergibt sich der Widerstand:

$$R_p = \frac{U}{I_p} = \frac{U}{I - I_m} \quad (22)$$

Nach der Berechnung des Widerstandes sollte man zur Sicherheit auch gleich die elektrische Belastung errechnen. Bei großen Strömen kann man den Strom I_m durch das Meßinstrument gegenüber dem Grundstrom I vernachlässigen.

X.2 Spannungsmessung

Ein Spannungsmeßinstrument muß parallel zum Meßobjekt angeschlossen werden. Der Widerstand des Spannungsmessers soll möglichst groß sein, um durch den Stromverbrauch das Meßobjekt nicht zu beeinflussen. Man wird daher zum Aufbau

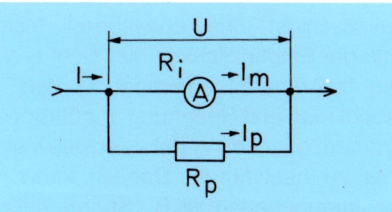

Bild X.1 Meßbereichserweiterung eines Strommessers

eines Spannungsmeßgerätes ein Drehspulinstrument mit kleinem Strom bei Vollausschlag wählen.

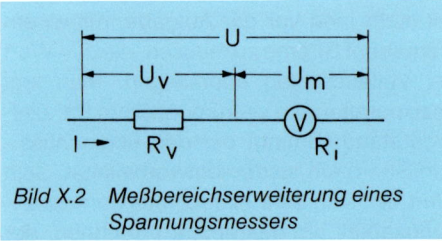

Bild X.2 Meßbereichserweiterung eines Spannungsmessers

Auch bei empfindlichen Instrumenten ist die Spannung bei Vollausschlag viel kleiner als die im Hausgebrauch zu messenden Spannungen. Man legt daher vor das Instrument einen Vorwiderstand R_v, an dem beim Strom für Vollausschlag gerade die überschüssige Spannung abfällt. Sein Wert läßt sich aus Strom- und Spannungsabfall leicht errechnen:

Fließender Strom bei Vollausschlag:

$$I = \frac{U_m}{R_i}$$

Erforderlicher Spannungsabfall:

$$U_v = U - U_m$$

Wenn U_m, die Spannung am Instrument bei Vollausschlag, nicht angegeben ist, wird sie mit dem Ohmschen Gesetz errechnet.

Der Wert des Vorwiderstandes beträgt dann:

$$R_v = \frac{U_v}{I} = \frac{U - U_m}{I} \quad (23)$$

Auch beim Vorwiderstand sollte man gleich die elektrische Belastung ausrechnen. Der Spannungsabfall am Instrument ist so gering, daß er oft vernachlässigt werden kann, etwa, wenn die zu messende Spannung mehr als 100 mal so groß ist.

Oft findet man die Angabe Ω/V, z.B.: 10 kΩ/V. Diese Angabe besagt, daß das Instrument mit einem Vorwiderstand für 1 V Vollausschlag einen Gesamtwiderstand von 10 kΩ hat. Mit einem Vorwiderstand für 10 V beträgt der Gesamtwiderstand dann 100 kΩ, für 100 V Vollausschlag 1 MΩ.

Die Angabe 10 kΩ/V können wir nicht direkt in unsere Formeln einsetzen, wir können aus ihr aber leicht den Strom bei Vollausschlag errechnen: Legt man einen Widerstand von 10 kΩ an eine Spannung von 1 V, so fließt nach dem Ohmschen Gesetz

$$I = \frac{U}{R} = \frac{1\,V}{10\,k\Omega} = 0{,}1\ mA = 100\ \mu A$$

Der Strom bei Vollausschlag ist also gerade gleich dem Kehrwert der Ω/V-Angabe. Nicht ganz exakt ausgedrückt:

$$I = \frac{1}{\text{„}\Omega/V\text{“}}$$

Je höher der Ω/V-Wert ist (bis 100 kΩ/V), desto kleiner ist der Eingangsstrom bei Vollausschlag und desto besser ist das Instrument für Spannungsmessungen in hochohmigen Schaltungen geeignet.

Soll in schwierigen Aufgaben aus der Empfindlichkeit des erweiterten Instruments die Empfindlichkeit des nicht erweiterten Instruments errechnet werden, so versucht man erst Spannung und Strom am Instrument oder den Widerstand des Instruments zu bestimmen. Danach kann mit einer angegebenen (z.B. Stromempfindlichkeit des Instruments) die fehlenden Größen bestimmen.

Rechenbeispiel:

Formel 22: Ein Strommeßinstrument mit 1 mA Vollausschlag und einem Innenwiderstand von 5 Ω soll auf 250 mA Vollausschlag erweitert werden. Welchen Wert muß der Shunt haben? Achten Sie auf die Belastbarkeit!

Formel 23: Ein Instrument mit 1000 V Vollausschlag bei einem Innenwiderstand von 10 kΩ/V soll auf einen Vollausschlag von 3000 V erweitert werden. Wie muß der Vorwiderstand bemessen werden?

Lösungen Seite 192

X.3 Widerstandsmessung

Die einfachste Methode zur Bestimmung des Wertes eines unbekannten Widerstandes besteht in der Messung des fließenden Stromes bei Anschluß an eine Spannungsquelle. Mit Hilfe des Ohmschen Gesetzes kann man dann den Widerstandswert errechnen. Die heutigen Vielfachinstrumente haben alle einen oder mehrere Meßbereiche mit einer direkten Anzeige des Widerstandes. Diese Messung beruht auf der Messung des Stromes bei Anschluß an eine im Meßgerät eingebaute Batterie. Es ist lediglich eine besondere Skala vorhanden, die statt in Strom gleich in Widerstandswerten geeicht ist.

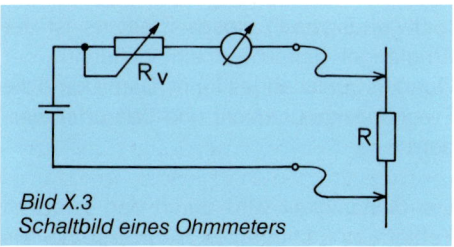

Bild X.3
Schaltbild eines Ohmmeters

Vor der Messung werden die beiden Meßspitzen kurzgeschlossen und das Instrument mit dem Regler R_v auf Vollausschlag bzw. eine Anzeige von 0 Ω eingestellt. Damit ist das Instrument geeicht und zeigt den Widerstand zwischen den beiden Prüfspitzen an.

X.4 Leistungsmessung

Am zuverlässigsten ist der Anschluß eines 50-Ω-Leistungswiderstands (Dummy Load) an den Amateursender und Messung der Spannung mit einem Oszillografen ausreichender Bandbreite. Dabei kann sowohl die Ausgangsleistung des Senders aus der Spitze-Spitze-Spannung der Hochfrequenz ermittelt werden als auch die Hüllkurve des Signals kontrolliert werden. Die größte, bei der Modulation kurzzeitig auftretende HF-Amplitude entspricht der maximalen Hüllkurvenleistung des Senders (PEP = Peak Envelope Power). Weniger genau ist die Leistungsmessung durch Abgreifen der HF-Spannung am Senderausgang mit nachfolgender Gleichrichtung und Anzeigeinstrument. Wegen der Trägheit des Instruments wird außerdem nur eine gemittelte Leistung angezeigt. Beide Schaltungen funktionieren, doch ist die Schaltung mit dem ohmschen Spannungsteiler günstiger, da die Teilerwirkung frequenzunabhängig ist und

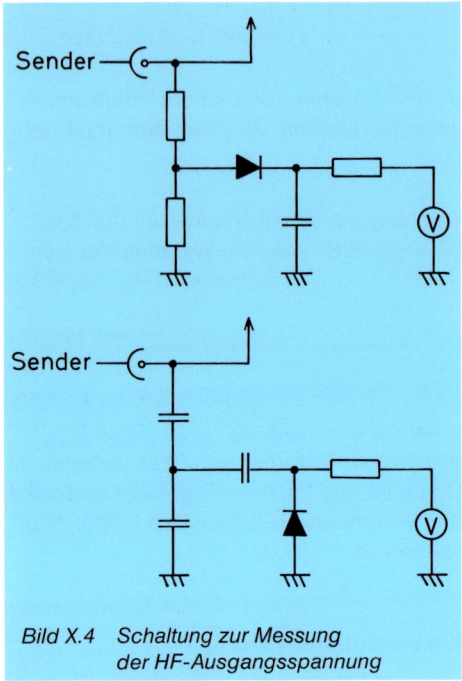

Bild X.4   Schaltung zur Messung der HF-Ausgangsspannung

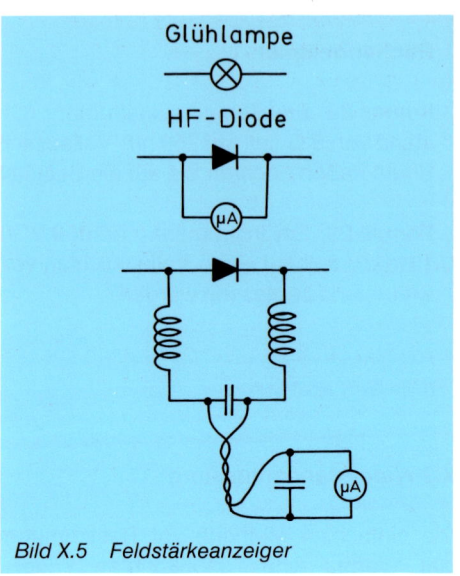

Bild X.5   Feldstärkeanzeiger

den Senderausgang nicht kapazitiv belastet. Daneben werden die bei der Gleichrichtung entstehenden Oberwellen bedämpft. Beim kapazitiven Spannungsteiler können die Oberwellen über den Kondensator zur Antenne gelangen.

Diese Leistungsmessung ist nur genau, wenn der Wellenwiderstand des Kabels (siehe XI.1) und der Eingangswiderstand der Antenne genau 50 Ω betragen. Als reiner Leistungsindikator beim Abstimmen des Senders ist die Schaltung bestens geeignet.

Eine bloße Anzeige des Vorhandenseins von Hochfrequenzen liefern Feldstärkeanzeiger. Sie werden z.B. beim Einrichten und Abstimmen von Antennen verwendet und arbeiten nur in geringen Entfernungen von der Sendeantenne.

X.5 Frequenzmessung

Jede Amateurstation muß mit einer Einrichtung zur Frequenzkontrolle ausgerüstet sein. Bei käuflichen Geräten ist zu diesem Zweck häufig ein Eichmarkengeber eingebaut. Dies ist ein Quarzoszillator mit einer Frequenz von 100 kHz oder 1 MHz, der ein oberwellenreiches Spektrum bis in den UKW-Bereich liefert. Bei eingeschaltetem Markengeber hört man bei jedem Vielfachen von 100 kHz oder 1 MHz eine Pfeifstelle. Bei Abstimmung auf Frequenz Null (Schwebungsnull) dieses Pfeiftons ist der Empfänger genau auf ein Vielfaches der Quarzfrequenz abgestimmt. Damit kann die Frequenzskala geeicht und überprüft werden.

Die Genauigkeit wird durch den relativen Fehler des Eichquarzes festgelegt, der als $\Delta f/f$ angegeben wird. Alle Oberwellen haben den gleichen relativen Fehler wie die Grundwelle, der absolute Fehler (in Hz) nimmt mit der Ordnung der Oberwelle zu.

Nicht genauer, aber bei jeder Frequenz einzusetzen, sind digitale Frequenzzähler. Die zu messende Frequenz wird im Zähler in Impulse umgewandelt und während einer vorgegebenen Zeit gezählt. Bei 1 s Zähldauer ist die Anzeige der gezählten Impulse direkt die Frequenz in Hz. Hat der Zähler nicht genug Anzeigestellen, so wird nur 0,1 s, 0,01 s usw. gezählt. Die angezeigte Frequenz ist dann mit 10, 100 etc. zu multiplizieren.

Die Genauigkeit des Frequenzzählers hängt vom Fehler des Eichquarzes ab, dessen Frequenz die Zähldauer festlegt. Ein normaler Eichquarz hat einen Fehler von ca. 10^{-5}. Er kann verringert werden durch Temperaturkompensation oder durch Einbau in einen Thermostaten. Da die Frequenz über kurze Zeiten und bei konstanter Temperatur weit besser konstant bleibt, als der Fehler angibt, kann durch das Messen der Frequenz eines Normalfrequenzsenders unmittelbar vor einer kritischen Frequenzmessung die Genauigkeit sehr gesteigert werden. Man mißt die Normalfrequenz und notiert den relativen Fehler, um den dann die gemessenen Frequenzen korrigiert werden.

Sehr viel ungenauer, aber sehr vielseitig beim Bau und Abgleich von Geräten sind das Grid-Dip-Meter und der Absorptionswellenmesser. Das Grid-Dip-Meter dient zur Feststellung der Resonanzfrequenz von Schwingkreisen. Es besteht aus einem kleinen Oszillator mit variabler Frequenz, dessen Ausgangsspannung an einem Instrument angezeigt wird. Der Schwingkreis eines Grid-Dip-Meters besteht aus einem Drehkondensator zur Feinabstimmung der Frequenz und einer für die Bereichsumschaltung auswechselbaren Spule, die gut zugänglich aus dem Gehäuse herausragt. Nähert man nun die Spule des Grid-Dip-Meters der Spule eines Resonanzkreises,
so tritt bei Frequenzgleichheit von Kreis und Oszillator ein kräftiges Mitschwingen des Resonanzkreises auf. Die dabei dem Oszillator entzogene Energie bewirkt einen Dip, ein geringes Absinken der Ausgangsspannung am Instrument. (Grid-Dip, weil man in Röhrengeräten gern den Gitterstrom für die Ausgangsspannungsanzeige benutzt.) Nach dem Auffinden des Dips entfernt man die Meßspule so weit vom Resonanzkreis, bis gerade noch eine Anzeige erfolgt und mißt nochmal. Dadurch werden die gegenseitigen Beeinflussungen verringert. Der große Vorteil liegt dabei darin, daß der untersuchte Resonanzkreis in eingebautem Zustand untersucht werden kann, da die Messung durch induktive Kopplung der Spule des Grid-Dip-Meters mit der Spule des Schwingkreises erfolgt.

Für die Bestimmung der Schwingfrequenz eines Oszillators oder Senders eignet sich der Absorptionsfrequenzmesser, ein abstimmbarer Schwingkreis mit angeschlossener Gleichrichterschaltung und Anzeigeinstrument. (Die meisten Grid-Dip-Meter sind als Absorptionsfrequenzmesser umschaltbar.)

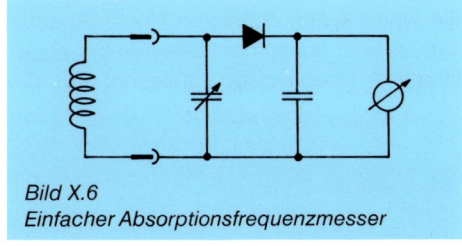

Bild X.6
Einfacher Absorptionsfrequenzmesser

Nähert man den Absorptionsfrequenzmesser einem schwingenden Oszillator, so tritt bei übereinstimmender Frequenz Mitschwingen und ein Ausschlag am Instrument auf.

Sowohl beim Grid-Dip-Meter als auch beim Absorptionsfrequenzmesser soll der Abstand vom Untersuchungsobjekt so groß sein, daß gerade noch eine deutliche Anzeige erfolgt, um ein Mitziehen des Oszillators im Grid-Dip-Meter oder des untersuchten Oszillators beim Absorptionswellenmesser zu vermeiden.

Am Beispiel eines Senderabgleichs sei die Anwendung erläutert: Als erstes werden sämtliche Schwingkreise mit dem Grid-Dip-Meter auf die Sollfrequenz eingestellt. Bei eingeschaltetem Sender werden daraufhin mit dem Absorptionsfrequenzmesser alle Oszillatoren überprüft und wenn nötig nachgestimmt. Der letzte Schritt ist der Abgleich des Senders in Betrieb, wobei alle Kreise auf höchste Ausgangsleistung getrimmt werden und die Oszillatoren endgültig auf richtige Überstreichung des gewünschten Frequenzbereichs eingestellt werden. Laut Vorschrift darf ein solcher Abgleich nur an künstlicher, nicht strahlender Antenne (Dummy Load) erfolgen!

X.6 Kontrolle der Signalqualität

Ein SSB-Sender ist ein relativ kompliziertes Gebilde, das an mehreren Stellen genaue Einstellungen erfordert. Man kann jedoch die Qualität des erzeugten Hochfrequenzsignals sehr gut an der Hüllkurve der abgestrahlten Hochfrequenz ablesen. Für die

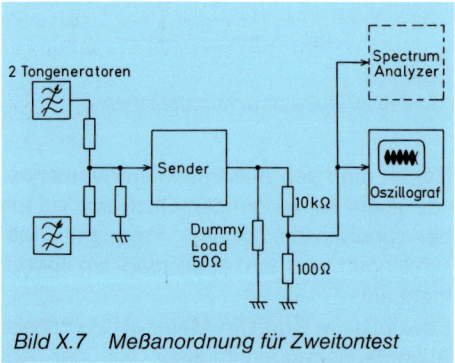

Bild X.7 Meßanordnung für Zweitontest

Messungen werden 2 Tongeneratoren, ein 50-Ω-Dummy Load und ein breitbandiger Oszillograf benötigt. Die beiden Tongeneratoren sollen Sinustöne mit Frequenzen von etwa 400 Hz und 2200 Hz abgeben. Die Ausgänge werden über Entkopplungswiderstände mit dem Mikrofoneingang des Senders verbunden. Die Ausgangsamplitude wird für Vollaussteuerung des Senders bei halb aufgedrehter Mikrofonverstärkung eingestellt. Der Oszillograf wird an einen Spannungsteiler parallel zum Dummy Load angeschlossen. Der Spectrum Analyzer, der in der Meßanordnung gezeigt ist und dessen Schirmbild auf den Bildern neben der Hüllkurve gezeigt wird, dürfte nur in wenig Amateur-Shacks zu finden sein.

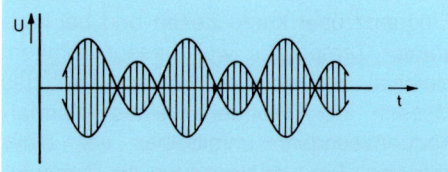

Bild X.8 Hüllkurve bei ungleicher Tonamplitude

Als erstes werden die beiden Tongeneratoren auf exakt gleiche Ausgangsspannung eingestellt. Bei gleicher Ausgangsspannung sind die Maxima der Hüllkurve exakt gleich hoch. Wenn die Hüllkurve das Aussehen von Bild X.9 hat, ist der Sender einwandfrei eingestellt. Man achte auf exakte Kreuzungspunkte der Hüllkurve auf der Zeitachse und runde, sinusförmige Maxima.

Das Spektrum des HF-Signals zeigt die den beiden Tönen entsprechenden Linien des HF-Spektrums mit unbedeutenden Nebenwellen.

Im HF-Signal in Bild X.10 fehlen die exakten Kreuzungen der Hüllkurve auf der Zeitachse. Dies ist ein typisches Zeichen für den falsch eingestellten Arbeitspunkt der Endstufe oder evtl. auch einer der davor lie-

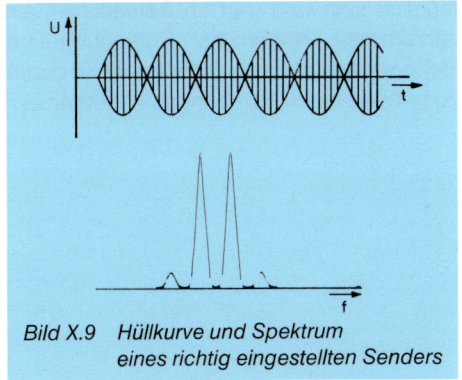

Bild X.9 Hüllkurve und Spektrum eines richtig eingestellten Senders

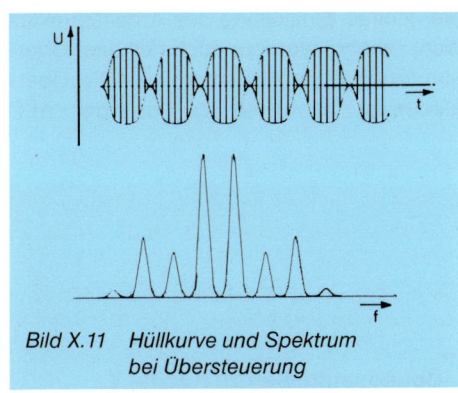

Bild X.11 Hüllkurve und Spektrum bei Übersteuerung

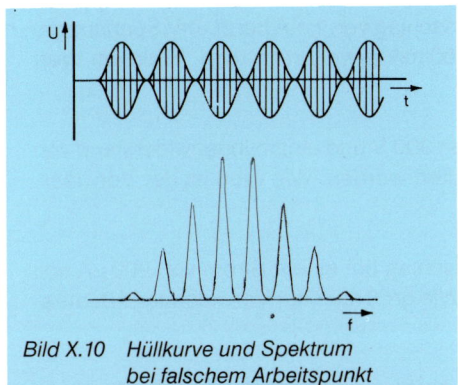

Bild X.10 Hüllkurve und Spektrum bei falschem Arbeitspunkt

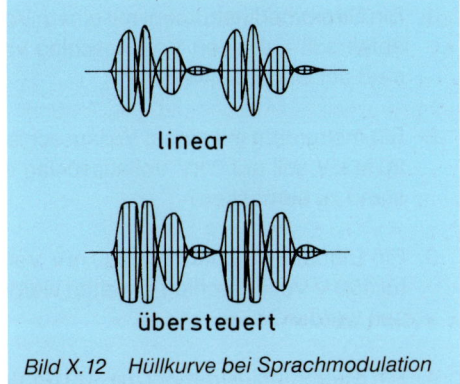

Bild X.12 Hüllkurve bei Sprachmodulation

genden Stufen. Auch ein zu schlecht unterdrückter Träger kann die Ursache sein.

Bei falschem Arbeitspunkt fließt zu wenig Ruhestrom und die kleinen Amplituden werden nicht formgetreu wiedergegeben. Diese Verzerrungen führen zu starken Nebenwellen. Der Sender darf in dieser Einstellung nicht betrieben werden.

Dreht man bei einwandfreiem Signal (Bild X.9) die Mikrofonverstärkung weiter auf, so wird die ALC-Anzeige des Senders ausschlagen, ohne jedoch die Hüllkurve zu verändern. Treten jedoch Abflachungen der Maxima und evtl. auch keine exakten Kreuzungspunkte auf der Zeitachse mehr auf, so wird der Sender vom zu großen NF-Signal übersteuert. Dies deutet auf Fehler bei der ALC hin. Bei Übersteuerung werden besonders viele Nebenwellen erzeugt. Die Spannung der Nebenwellen geht auf Kosten der Leistung des Nutzsignals, so daß diese bei Übersteuerung sogar abnimmt. Auch ist dieser Betrieb des Senders nicht zulässig. Zur Prüfung der Unterdrückung des Trägers und des anderen Seitenbandes wird einer der beiden Tongeneratoren abgeschaltet. Der Sender muß eine Sinuswelle ohne jede Änderung der Amplitude ausstrahlen. Sinusförmige Schwankungen deuten auf mangelnde Unterdrückung des Trägers (am Ringmischer nachstellen) oder des anderen Seitenbandes hin.

Bild X.12 zeigt die Hüllkurve bei Sprachmodulation des Senders. Aus ihr kann zwar die richtige Einstellung des Arbeitspunktes nicht erkannt werden, doch fällt eine Übersteuerung ebenfalls sofort auf. Die Übersteuerung kann nur bei defekter ALC möglich sein und darf im Betrieb niemals vorkommen. Neben der Erzeugung von Nebenwellen kann auch die Endstufe durch zu hohen Gitterstrom Schaden nehmen.

Übungsaufgaben zu Kapitel X.

1. Ein Strommeßinstrument mit einem Vollausschlag von 1 mA bei 20 mV Spannungsabfall soll auf einen Vollausschlag von 500 mA erweitert werden. Welchen Wert muß der Shunt aufweisen?

2. Ein Instrument mit einem Vollausschlag von 300 V und einem Innenwiderstand von 20 kΩ/V soll auf 3 kV Vollausschlag erweitert werden. Wie groß ist der Vorwiderstand zu bemessen?

3. Ein Einbauinstrument mit 300 mV Vollausschlag bei einem Strom von 200 µA soll für 150 V Vollausschlag erweitert werden. Wie groß muß der Vorwiderstand bemessen werden?

4. Ein Strommeßinstrument mit 500 µA Vollausschlag und einem Innenwiderstand von 50 Ω soll auf 5 A Vollausschlag erweitert werden. Welchen Wert muß der Shunt bekommen?

5. Ein Sender gibt eine Spannung von 200 V_{SS} an einen 50-Ω-Leistungswiderstand ab. Welcher Leistung entspricht das?

6. Ein 100-kHz-Eichmarkengeber hat eine Genauigkeit von $\pm 2 \cdot 10^{-5}$. Wie groß ist die absolute Genauigkeit bei 145 MHz?

7. Sie wollen einen hochgenauen Frequenzmarkengeber anhand des Normalfrequenzsenders DCF77 (f = 77,5 kHz) auf $\pm 10^{-7}$ abgleichen. Wie groß ist die höchstzulässige Frequenzabweichung beim Abgleich?

Lösungen Seite 184

Fragen zur Selbstkontrolle für Kapitel X.

1. Wie muß ein Strommeßinstrument angeschlossen werden? Welcher Wert des Instruments ist wichtig?

2. Wie wird ein Spannungsmesser angeschlossen? Was ist beim Spannungsmesser wichtig?

3. Wie erweitert man den Meßbereich von Strom- und Spannungsmessern?

4. Nach welchem Prinzip arbeitet die Widerstandsmessung von Vielfachmeßinstrumenten?

5. Wie mißt man die maximale Hüllkurvenleistung eines Senders?

6. Warum wird von einem Eichquarz die relative Frequenzgenauigkeit angegeben?

7. Wie überprüft man die Frequenzgenauigkeit eines Amateurgeräts mit einem Eichmarkengeber?

8. Wie bestimmt man die Resonanzfrequenz eines Schwingkreises mit dem Grid-Dip-Meter?

9. Worauf ist beim Zweikontest eines SSB-Senders zu achten?

10. Welche Funktion hat die ALC in einem SSB-Sender?

11. Woran erkennt man Übersteuerung eines SSB-Senders?

Lösungen Seite 184

XI. Antennen und Leitungen

Sowohl Antennen als auch Leitungen sind HF-durchflossene Drähte. Der große Unterschied besteht darin, daß Antennen die Hochfrequenz möglichst gut abstrahlen sollen, während Leitungen die Hochfrequenz möglichst verlustarm, also ohne Abstrahlung transportieren sollen. Aus Drähten werden Antennen oder Leitungen, wenn ihre Länge in die Größenordnung der Wellenlänge kommt. Bei Hochfrequenzleitungen – kurz als Leitungen bezeichnet – treten neue Erscheinungen und Daten auf, zu denen es kein Pendant bei tieferen Frequenzen gibt.

XI.1 Eigenschaften von Leitungen

Solange die elektrische Verbindung zwischen 2 Punkten viel kürzer als die Wellenlänge der vorkommenden Wechselspannung ist, kann man die bei Leitungen auftretenden Effekte vernachlässigen. Das trifft bei allen uns vertrauten Verbindungen für Netzwechselspannung und Tonfrequenz zu.

Die erste neue Erscheinung bei Leitungen ist der Wellenwiderstand Z. Er sagt aus, welcher Strom in eine Leitung hineinfließt, wenn man am Anfang eine Spannung anlegt. Dies gilt aber nur für die Zeit, welche die angelegte Spannung braucht, um die Leitung bis zu ihrem Ende und zurück zu durchlaufen. Ist am Ende der Leitung ein ohmscher Widerstand der Größe Z angeschlossen, so nimmt er exakt den Strom auf, den die Leitung bei der angelegten Spannung führt und die Leitung geht sozusagen nahtlos in den Widerstand Z über. Ist der Widerstand ungleich dem Wellenwiderstand, so passen Spannung und Strom in der Leitung nicht zusammen. Da die Leitung den überschüssigen Strom oder die überschüssige Spannung nirgendwohin loswerden kann, muß sie den überschüssigen Teil wieder aufnehmen und leitet ihn zum Anfang zurück. Man nennt dies die Reflexion, welche vollkommen der Reflexion von z. B. Licht an Glas entspricht. Erst nachdem das reflektierte Signal zum Eingang zurückgelaufen ist, kann man also feststellen, welcher Widerstand am Ende angeschlossen ist.

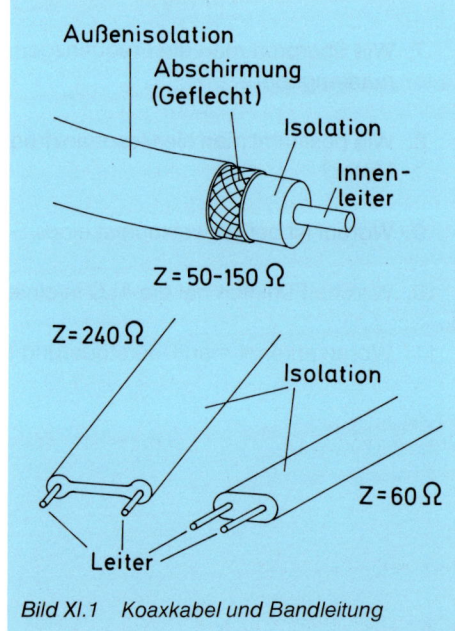

Bild XI.1   Koaxkabel und Bandleitung

Man unterscheidet nach ihrem Aufbau zwei Arten von Leitungen. Bei den unsymmetrischen Leitungen, z. B. dem Koaxkabel, ist der strom- und spannungsführende Leiter konzentrisch von einer Isolationsschicht und der Abschirmung umgeben. Die Abschirmung ist geerdet und verhindert jegliche Abstrahlung vom Innenleiter. Die Außenisolation über der Abschirmung verhindert mögliche Kurzschlüsse und verhindert das Eindringen von Wasser. Ein Vertreter der symmetrischen Leitungen ist das Bandkabel, das aus zwei nebeneinanderliegenden Leitern in einer gemeinsamen Plastikumhüllung besteht. Spannung und Strom auf den beiden Leitern haben entgegengesetzte Vorzeichen, so daß sie sich in Summe gerade aufheben und keine Abstrahlungsverluste entstehen. In unmittelbarer Nähe eines der Leiter ist die Spannung aber durchaus nachweisbar.

Elektrische Signale breiten sich auf einer Leitung um den Verkürzungsfaktor V langsamer als die Lichtgeschwindigkeit c ($3 \cdot 10^8$ m/s) aus. Bei Koaxkabel ist der Verkürzungsfaktor gerade gleich $1/\sqrt{\varepsilon}$, wobei ε die relative Dielektrizitätskonstante der Isolationsschicht ist. Bandkabel haben je nach Aufbau Verkürzungsfaktoren, die nur wenig unter 1 liegen. Das heute gebräuchlichste Isolationsmaterial für Koaxkabel ist Polyäthylen mit einer Dielektrizitätskonstanten $\varepsilon = 2{,}25$. Der Verkürzungsfaktor V beträgt daher:

$$V = \frac{1}{\sqrt{\varepsilon}} = \frac{1}{\sqrt{2{,}25}} = \frac{1}{1{,}5} = \frac{2}{3} = 0{,}666$$

Ein 1 m langes Koaxkabel ist daher für elektrische Signale $1/0{,}666 = 1{,}333$ m lang.

XI.2 Anpassung und SWR

Wenn der Abschlußwiderstand einer Leitung den Wert Z hat, dann ist er fehlerfrei an die Leitung angepaßt. Jede Abweichung vom Wert Z bedeutet eine Fehlanpassung. Dabei wird ein Teil der die Leitung durchlaufenden Welle reflektiert und läuft in die Leitung zurück. Je nach Amplitude und Phasenlage der zum Eingang zurückgelaufenen Welle kann der Eingangswiderstand für eine bestimmte Frequenz größer oder kleiner als Z mit induktivem oder kapazitivem Anteil sein. Je weniger der Abschlußwiderstand von Z abweicht, desto kleiner ist der Streubereich des Eingangswiderstands um den Wert von Z herum. Bei totaler Fehlanpassung, also offenem oder kurzgeschlossenem Leitungsende wird die Welle am Ende völlig reflektiert und der Eingangswiderstand nimmt je nach Länge und Frequenz alle Werte zwischen 0 und ∞ an.

Ein Maß für die Anpassung ist das Stehwellenverhältnis SWR (Standing Wave Ratio), das aus den Amplituden von vor- und rücklaufender Welle bestimmt wird. Bei perfekter Anpassung am Leitungsende ist die Spannung U_r der rücklaufenden Welle 0 und das SWR ist 1. Völlige Fehlanpassung bewirkt Totalreflexion am Ende und die rücklaufende Welle ist spannungsgleich mit der vorlaufenden Welle. Der Nenner in Formel 24 wird zu 0, das SWR zu ∞.

$$SWR = \frac{U_v + U_r}{U_v - U_r} \qquad (24)$$

Beim Amateurfunk wird ein SWR von 2 als Grenze der Anpassung angesehen. Die Spannung der rücklaufenden Welle beträgt $1/3$ der vorlaufenden Welle, der Abschlußwiderstand beträgt dabei 25 Ω oder 100 Ω bei Z = 50 Ω. Zur Messung des SWR wird eine spezielle Meßanordnung verwendet, die es gestattet, die Spannungen der vor- und rücklaufenden Welle getrennt zu messen. Diese Anordnung besteht aus einem Stück Koaxleitung mit Z = 50 Ω, die aus zwei koaxialen Rohren aufgebaut ist. In diesem Rohr laufen auf einer kurzen Strecke zwei Hilfsleitungen H_1 und H_2 parallel zum Innenleiter. Jede der beiden Hilfsleitungen ist an einem Ende mit ihrem Wellenwiderstand Z' (ist völlig unabhängig vom Z der Hauptleitung) perfekt angepaßt. Am anderen Ende jeder Hilfsleitung ist eine einfache Einweggleichrichterschaltung angeschlossen. Wenn eine Welle vom Sender zur Antenne läuft, wird ein kleiner Anteil ihrer Spannung in die beiden Hilfsleitungen ausgekoppelt. In Hilfsleitung H_2 läuft dieser Anteil in den Abschlußwiderstand Z' und wird aufgezehrt. In Hilfsleitung H_1 dagegen wird der Anteil gleichgerichtet und gelangt über den Umschalter zum Meßgerät. Umgekehrt liegen die Verhältnisse bei der rücklaufenden Welle von der Antenne zum Sender.

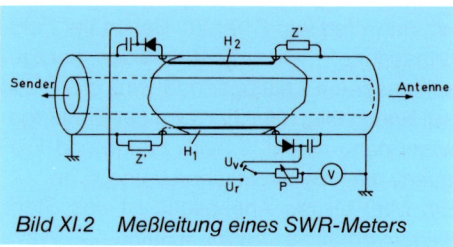

Bild XI.2   Meßleitung eines SWR-Meters

Zur Messung des Stehwellenverhältnisses wird bei konstantem Sendesignal das Instrument in Stellung U_v mit dem Potentiometer P auf Vollausschlag eingestellt. Beim Umschalten auf U_r wird dann direkt die Spannung der rücklaufenden Welle bezogen auf die vorlaufende Welle angezeigt. Das Instrument ist direkt mit einer SWR-Skala versehen. Beim SWR $= \infty$ ist die rücklaufende Welle gleich stark wie die vorlaufende Welle und das Instrument zeigt in Stellung U_r ebenfalls Vollausschlag. Liegt perfekte Anpassung vor, so gibt es überhaupt keine rücklaufende Welle und das Instrument bleibt in Ruhestellung.

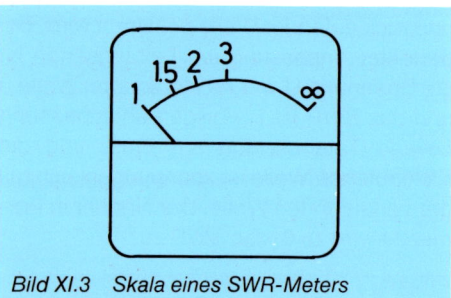

Bild XI.3   Skala eines SWR-Meters

Rechenbeispiel:

Formel 24: Ein Stehwellenmeßgerät zeigt bei einer vorlaufenden Spannung von 80 V eine rücklaufende Spannung von 16 V an. Wie groß ist das SWR?

Lösung Seite 192

XI.3 Speiseleitungen

Wir kennen bereits die beiden Arten von Hochfrequenzleitungen, nämlich die unsymmetrische (z.B. Koaxkabel) und die symmetrische (z.B. Bandleitung). Anhand der Betriebsweise als Speiseleitung im Amateurfunk kann man zwei Arten des Einsatzes unterscheiden: unabgestimmt und abgestimmt.

Die unabgestimmte Speiseleitung wird an der Antenne mit ihrem Wellenwiderstand abgeschlossen. Das Stehwellenverhältnis ist klein und die Länge der Leitung ist frei wählbar. Rücklaufende Wellen entstehen vor allem an den Grenzen der Amateurfunkbänder, wo die Antenne nicht mehr in Resonanz ist. Auch korrodierte oder schlecht gelötete Verbindungen können durch hohe Übergangswiderstände zu

Fehlanpassung führen. Kurze Stoßstellen wie Knicke oder Flickstellen stören wenig, solange ihre Länge nur kurz gegen die Wellenlänge ist. Auf keinen Fall soll jedoch eine Speiseleitung aus zwei Kabelstücken verschiedenen Wellenwiderstandes (z. B. 50 und 60 Ohm) zusammengesetzt werden. Sender und Kabel für unabgestimmte Speiseleitungen sind für diesen Einsatz ausgelegt. Starke rücklaufende Wellen können bei phasenrichtigem Zusammentreffen mit der vorlaufenden Welle zu sehr hohen Spannungen führen, die Senderendstufe und Kabel gefährden.

Obwohl unabgestimmte Speiseleitungen heute durchweg mit Koaxkabel ausgeführt werden, kann im Freien der Einsatz der leichteren, dämpfungsärmeren und billigeren Bandleitung durchaus vorteilhaft sein.

Die für eine abgestimmte Speiseleitung verwendete HF-Leitung kann einen Wellenwiderstand haben, der vom Eingangswiderstand der Antenne völlig verschieden ist. Die entstehende Fehlanpassung an der Antenne führt zu starken Reflexionen und viel rücklaufender Leistung, wodurch sog. stehende Wellen auf der Leitung entstehen mit Stellen maximaler Spannung bei minimalem Strom (Spannungsbauch, Stromknoten) und Stellen minimaler Spannung und maximalen Stroms (Spannungsknoten, Strombauch). Wir wollen uns zunächst die Verhältnisse auf einer am Ende kurzgeschlossenen Bandleitung ansehen, die elektrisch $\lambda/4$ lang ist, einer sog. kurzgeschlossenen Lecherleitung. (Elektrische Länge = Gemessene Länge/Verkürzungsfaktor V der Leitung.)

Legt man an den Anfang der Leitung einen Sender mit der Frequenz c/λ, so verhält sich die Leitung wie ein Parallelresonanzkreis. Sie nimmt keinen Strom auf, obwohl hohe Spannung anliegt. Beachte die gezeichnete Strom- und Spannungsverteilung mit Spannungsbauch am Eingang und Knoten am kurzgeschlossenen Ende.

Die offene Lecherleitung verhält sich am Eingang wie ein Serienresonanzkreis, der die Resonanzfrequenz kurzschließt.

Zusammenstellung der beiden Lecherleitungen:

Leitung	Eingang		Ausgang
kurzgeschlossen	Isolator,	Spannungsbauch Stromknoten	Strombauch Spannungsknoten
offen	Kurzschluß,	Strombauch Spannungsknoten	Spannungsbauch Stromknoten

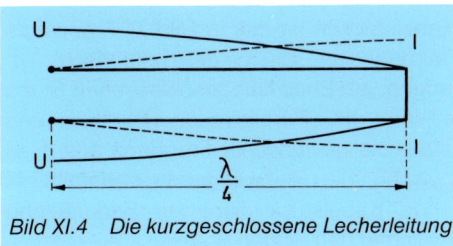

Bild XI.4   Die kurzgeschlossene Lecherleitung

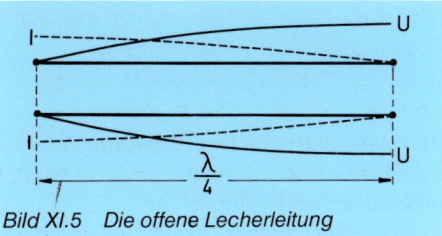

Bild XI.5   Die offene Lecherleitung

Man merke sich einfach, daß bei einer Lecherleitung am Eingang der Kehrwert des Widerstandes erscheint, der am Ausgang anliegt:

$R_{ausg} = \infty$; $R_{ein} = \frac{1}{\infty} = 0$ offen

$R_{ausg} = 0$; $R_{ein} = \frac{1}{0} = \infty$ kurzgeschlossen

(Für Leute, die es genau wissen wollen:

$$R_{ein} = \frac{Z^2}{R_{ausg}})$$

Schaltet man zwei offene Lecherleitungen hintereinander, so wird der am Ausgang liegende Widerstand zweimal umgekehrt und erscheint damit wieder am Eingang in seiner wahren Größe.

Das ist das Prinzip der abgestimmten Speiseleitung: Da am Eingang einer $\lambda/2$ langen Leitung genau der Ausgangswiderstand erscheint, kann man im Prinzip beliebig viele $\lambda/2$ lange Stücke hintereinanderschalten, und hat dann am Eingang exakt den Wert des Widerstandes am Ausgang, bei uns also den Fußpunktwiderstand der Antenne. Eine abgestimmte Speiseleitung muß also ein ganzzahliges Vielfaches von $\lambda/2$ sein.

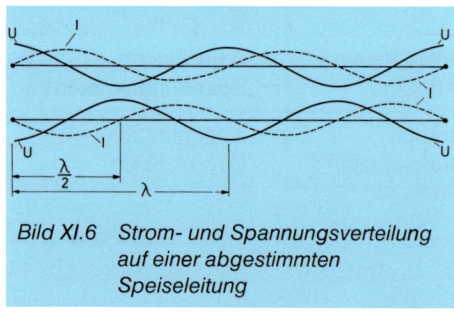

Bild XI.6 Strom- und Spannungsverteilung auf einer abgestimmten Speiseleitung

Man sieht, daß nach einer Länge von jeweils $\lambda/2$ Strom- und Spannungsbäuche wieder vorkommen und daß nach einer Länge von λ sich alle Werte exakt wiederholen.

Außerdem ist die Summe der Spannungen oder der Ströme auf beiden Leitungen an jeder Stelle gleich Null.

Band	Elektrische Länge der Leitung
80 m	$\lambda/2$
40 m	$2 \cdot \lambda/2$
20 m	$4 \cdot \lambda/2$
15 m	$6 \cdot \lambda/2$
10 m	$8 \cdot \lambda/2$

Da die Frequenzen der Amateurbänder Vielfache der Frequenz des 80-m-Bandes sind, kann man eine abgestimmte Speiseleitung für 80 m auch für die hochfrequenten KW-Bänder verwenden.
Alle Erläuterungen der Lecherleitung und der abgestimmten Speiseleitung erfolgten anhand der symmetrischen HF-Leitung. Alle Überlegungen gelten aber genauso für unsymmetrische HF-Leitungen. Man baut zwar keine abgestimmten Speiseleitungen aus Koaxkabel, setzt aber Kabelstücke mit bestem Erfolg als Lecherleitung ein.

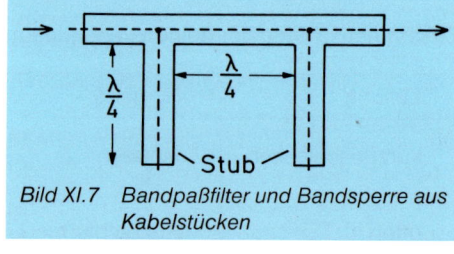

Bild XI.7 Bandpaßfilter und Bandsperre aus Kabelstücken

Eine Anwendung von Lecherleitungen aus Kabelstücken ist das in Bild XI.7 gezeigte Bandpaßfilter. Die beiden (elektrisch) $\lambda/4$ langen, am Ende kurzgeschlossenen Stubs wirken als Parallelresonanzkreise und filtern die gewünschte Frequenz aus. Das zwischen den Stubs liegende, ebenfalls $\lambda/4$ lange Kabelstück dient zur Entkopplung zwischen den beiden Stubs.

Dieselbe Schaltung, nur mit offenen Enden der Stubs wirkt als Bandsperre, da die offene Lecherleitung bei Resonanz am Eingang einen Kurzschluß darstellt. Das λ/4 lange Kabelstück zwischen den Stubs dient wieder zur Entkopplung.

XI.4 Antennendaten

Zur Beschreibung der Eigenschaften von Antennen sind eine Anzahl von Daten gebräuchlich, die alle für den Einsatz und Anschluß wichtigen Angaben umfassen.

a) Der **Eingangswiderstand** der Antenne ist der wirksame Widerstand zwischen den Einspeisepunkten. Wegen der Resonanzeigenschaft der Antenne ist der Eingangswiderstand frequenzabhängig. Er hängt daneben ursächlich von Art und Einspeisung der Antenne ab, die sozusagen in die Antenne hineinkonstruiert sind. Die Höhe über Grund und die Leitfähigkeit des Erdbodens verschieben die Resonanzfrequenz und damit indirekt auch den Eingangswiderstand.

Man kann die Antennen nach der Größe des Eingangswiderstandes aufteilen in stromgekoppelte und spannungsgekoppelte Antennen. Stromgekoppelte Antennen werden im Strombauch bei relativ kleinen Spannungen eingespeist und haben einen niedrigen Eingangswiderstand. Bei spannungsgekoppelten Antennen erfolgt die Einspeisung dagegen im Spannungsbauch bei geringen Strömen. Der Eingangswiderstand ist dementsprechend hochohmig.

Wegen der Auslegung moderner Amateurgeräte für den Anschluß von 50-Ω-Koaxkabel sind fast alle Antennen heute stromgekoppelt und haben Eingangswiderstände von 50 Ω.

b) Die **Speisungsart** kann symmetrisch oder unsymmetrisch sein. Bei symmetrischer Speisung führen die beiden Anschlüsse entgegengesetzt gleiche Spannungen gegenüber Erde, während bei unsymmetrischer Speisung der eine Anschluß an Erde liegt. Bei den Speiseleitungen ist das Koaxkabel unsymmetrisch, die Bandleitung symmetrisch. Auch bei passendem Wellenwiderstand darf man auf keinen Fall symmetrisch gespeiste Antennen mit einem Koaxkabel versorgen oder unsymmetrisch gespeiste Antennen über Bandleitung anschließen. Bei der Bandleitung ist dann die Summe der Spannungen nicht mehr gleich Null, während auf dem Mantel des Koaxkabels Spannungen auftreten, sog. Mantelwellen, die vom SWR-Meter nicht angezeigt werden. Beide Male führt die Speiseleitung auf ihrer ganzen Länge HF-Spannung und strahlt diese auch ab. Wird eine solche Speiseleitung durch ein Haus verlegt, so fordert man BCI und TVI durch Direkteinstrahlung und Einkopplung ins Netz geradezu heraus.

c) Die **Polarisation** gibt die Richtung der elektrischen Feldstärke in der ausgestrahlten elektromagnetischen Welle an. Bei der Fernausbreitung von Kurzwellen treten sowieso Drehungen der Polarisationsrichtung auf, so daß die Polarisationsrichtung nicht von Bedeutung ist. Nur bei kurzen Entfernungen im Bereich der Bodenwelle (vgl. XIII.1) hat die Polarisation einen Einfluß. Auf den UKW-Frequenzen treten keine Drehungen der Polarisation auf, so daß es zu beachtlichen Lautstärkeeinbußen kommt, wenn Sender und Empfänger verschieden polarisiert sind. Im Mobil- und Umsetzerbetrieb in der Betriebsart FM ist vertikale Polarisation üblich, während für CW- und SSB-Betrieb horizontale Polarisation verwendet wird.

Auch verwendet wird auf den UKW-Frequenzen zirkulare (meist rechtszirkulare) Polarisation, bei der die Richtung des elektrischen Feldes mit der Sendefrequenz rotiert. Sie kann mit horizontal oder vertikal polarisierten Antennen gleich gut aufgenommen werden und wird oft beim Betrieb über Amateurfunksatelliten angewandt.

d) Das Strahlungsdiagramm gibt die Stärke der Abstrahlung in die verschiedenen Himmelsrichtungen an. Die Stärke der Abstrahlung in einer Richtung wird durch die Länge der Verbindungslinie vom Zentrum zum Rand des Diagramms in dieser Richtung wiedergegeben. Man unterscheidet Rundstrahlantennen, welche in alle Himmelsrichtungen annähernd gleich stark strahlen und Richtantennen mit einer mehr oder minder stark ausgeprägten Vorzugsrichtung. Als Beispiel wird das Strahlungsdiagramm eines horizontal ausgespannten Dipols angegeben.

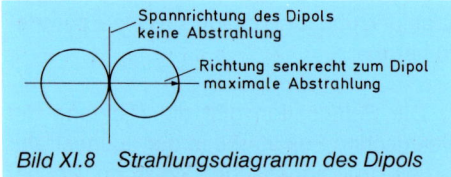

Bild XI.8   Strahlungsdiagramm des Dipols

e) Der Antennengewinn G gibt an, um wieviel die Feldstärke U_v in der Vorzugsrichtung einer Richtantenne stärker ist, als die Feldstärke U_D eines Dipols in der Hauptstrahlrichtung. Die Angabe erfolgt in dB:

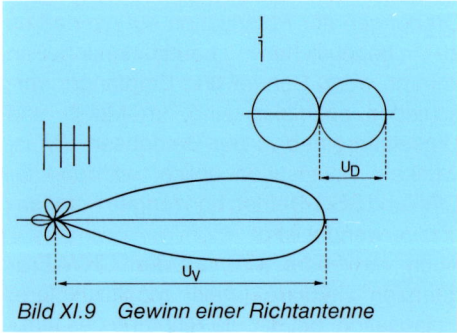

Bild XI.9   Gewinn einer Richtantenne

Gewinn in dB:

$$G = 20 \cdot \log \frac{U_v}{U_D} \qquad (25)$$

Durch die unterschiedliche Definition des dB für Spannung (Feldstärke) und Leistung sind der Spannungs- und Leistungsgewinn in dB gleich groß.

f) Die Halbwertsbreite HWB einer Richtantenne ist als der Winkel zwischen den beiden Richtungen definiert, in denen die abgestrahlte HF-Leistung auf die Hälfte des Wertes P_{max} in der Vorzugsrichtung abgesunken ist (entsprechend 0,7facher Feldstärke).

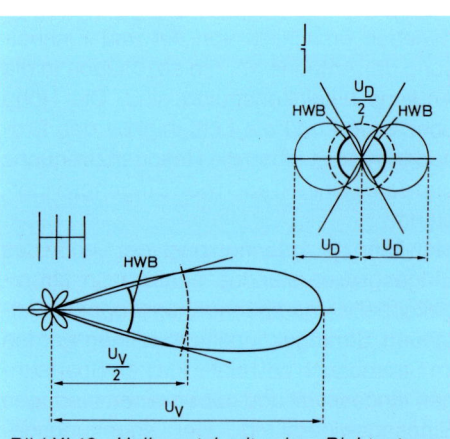

Bild XI.10   Halbwertsbreite einer Richtantenne

Die Halbwertsbreite der Leistung wird auch als Öffnungswinkel und in englischsprachigen Datenblättern als fwhm (full width half maximum) bezeichnet. Die HWB gibt ein Maß für die Richtwirkung der Antenne und die erforderliche Genauigkeit beim Einstellen der Richtung. Da eine Antenne die Leistung, welche sie in eine Richtung konzentriert, den anderen Richtungen entzieht, kann man indirekt auch auf den

Gewinn schließen. Je geringer die Halbwertsbreite, desto höher ist der Gewinn in der Vorzugsrichtung und umgekehrt.

g) Das Vor-Rück-Verhältnis gibt an, um wieviel die Feldstärke U_V in der Vorzugsrichtung größer ist, als die Feldstärke U_R in der Rückwärtsrichtung. Es wird in dB angegeben.

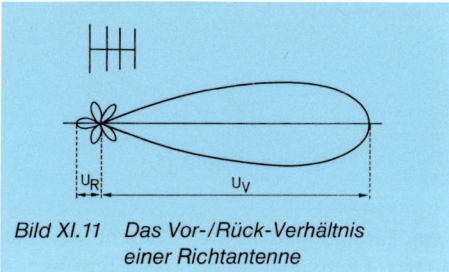

Bild XI.11   Das Vor-/Rück-Verhältnis einer Richtantenne

Vor-/Rück-Verhältnis in dB

$$V = 20 \cdot \log \frac{U_V}{U_R} \qquad (26)$$

Das Vor-/Rück-Verhältnis einer guten Richtantenne kann über 20 dB betragen. Es ist wichtig für die Ausblendung von Störsignalen besonders auf den Kurzwellenbändern.

h) Die ERP (Effective Radiated Power) ist die Strahlungsleistung der Antenne in ihrer Vorzugsrichtung. Sie errechnet sich aus der Ausgangsleistung des Senders mal dem Antennengewinn (abzüglich der Verluste in der Speiseleitung). Beim Rechnen ist zu beachten, daß der Antennengewinn für Spannungen und Feldstärken gilt, die in Leistung umzurechnen sind. Eine Erhöhung des Antennengewinns um 6 dB verdoppelt die Feldstärke, was der vierfachen ERP entspricht.

XI.5 Antennentypen

Die Urform aller Antennen mit Resonanzeigenschaft ist der Dipol. Man kann sich ihn als aufgeklappte, kurzgeschlossene Lecherleitung vorstellen. Die Länge eines idealen Dipols, der aus unendlich dünnem Draht besteht und in völlig freier Umgebung betrieben wird, beträgt $\lambda/2$. Reale Dipole müssen schon wegen der mechanischen Festigkeit eine Mindestdicke haben und haben immer Bäume, Häuser etc. in ihrer Nachbarschaft. Dadurch haben die Dipolenden mehr Kapazität als im Idealzustand und die Resonanzfrequenz sinkt. Um auf die gewünschte Frequenz zu kommen, müssen Dipole und auch andere Antennen um den Faktor 0,95 kürzer bemessen werden.

Für den Anschluß an eine Speiseleitung wird der Dipol in der Mitte aufgeschnitten und an die freien Enden die Speiseleitung angeschlossen. Bei Ansteuerung mit seiner Resonanzfrequenz

$$f_R = \frac{c}{\lambda}$$

tritt maximales Schwingen des Dipols auf und der Eingangswiderstand (Fußpunktwiderstand) beträgt 60 Ω. Dieser im Gegensatz zur Lecherleitung endliche Widerstand entspricht einer dauernden Abstrahlung von Energie in Form elektromagnetischer Wellen.

Die Strom- und Spannungsverteilung entspricht genau derjenigen auf der Lecherleitung. In der Mitte bei den Anschlüssen

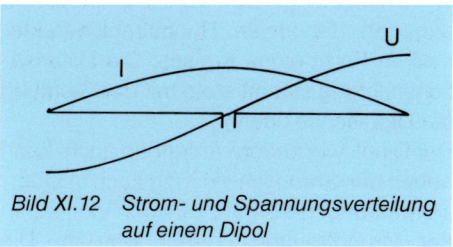

Bild XI.12   Strom- und Spannungsverteilung auf einem Dipol

befindet sich der Strombauch, während an den Enden Spannungsbäuche auftreten. Die Spannung an den Enden beträgt bei Sendeleistungen um 100 W bereits mehrere 100 V.

Eine Abwandlung des Dipols ist der Faltdipol, der durch Parallelschalten eines Dipols ohne Anschlüsse zum normalen Dipol entsteht.

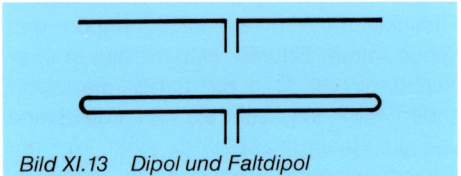

Bild XI.13 Dipol und Faltdipol

Der Eingangswiderstand des Faltdipols bei Resonanz beträgt 240 Ω und kann durch Variieren des Drahtdurchmessers des zweiten Dipols beeinflußt werden. Der Faltdipol wird gern verwendet, da die Mitte des parallelgeschalteten Dipols geerdet werden kann, um statische Aufladungen abzuleiten.

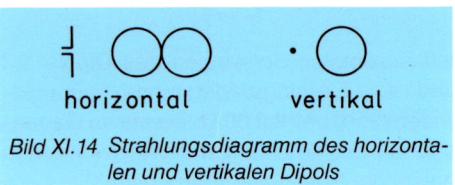

Bild XI.14 Strahlungsdiagramm des horizontalen und vertikalen Dipols

Das Strahlungsdiagramm eines horizontal ausgespannten Dipols hat die Form einer 8 mit den zwei Hauptstrahlungsrichtungen senkrecht zur Dipolachse und zwei Minima in Achsrichtung. Der vertikale Dipol hat dagegen die ideale Rundstrahlcharakteristik in Form eines Kreises. Die Polarisationsrichtung stimmt stets mit der Richtung der Dipolachse überein.

Der Dipol, wie andere Antennen auch, kann neben der Grundschwingung auch in Oberschwingungen auf ganzzahligen Vielfachen der Grundfrequenz erregt werden. Die Länge des Dipols muß dabei immer ein ganzzahliges Vielfaches von $\lambda/2$ (0,95) betragen.

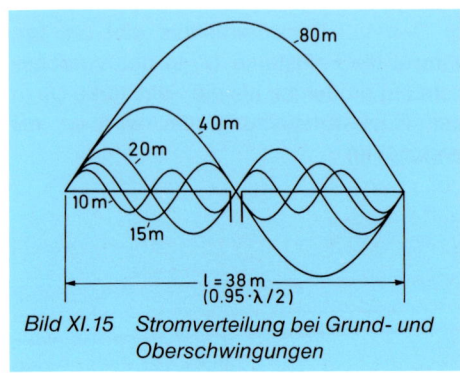

Bild XI.15 Stromverteilung bei Grund- und Oberschwingungen

Das Strahlungsdiagramm nimmt bei der ersten Oberschwingung die Form eines vierblättrigen Kleeblatts an und wird bei den höheren Oberschwingungen sehr kompliziert.

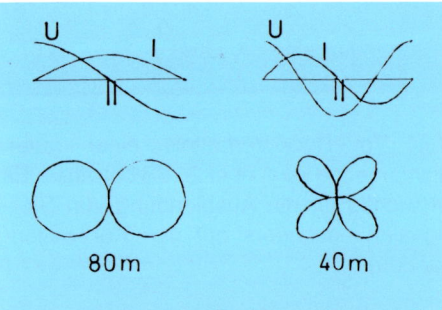

Bild XI.16 Dipol und Strahlungsdiagramm bei Grund- und 1. Oberschwingung

In Bild XI.16 sieht man, daß der Dipol nur bei der Grundschwingung stromgekoppelt ist und bei allen gezeichneten Oberschwingungen genau an der Einspeisestelle Stromknoten ($\hat{=}$ Spannungskopplung) liegen. Mit der heute üblichen unabgestimmten Speiseleitung kann man also den Dipol garnicht zu Oberschwingungen anregen. Der bei den meisten Amateuren bestehende Platzmangel für Antennen macht jedoch einen Mehrbandbetrieb derselben Antenne sehr wünschenswert und man suchte nach Lösungen.

Eine Möglichkeit ist ein Dipol für das 80-m-Band mit der Einspeisestelle bei einem Drittel der Länge. Der Speisepunkt liegt dadurch für die Bänder 80–40–20–10 m im selben relativen Abstand vom Strombauch und man kann mit einem Eingangswiderstand von etwa 300 Ω rechnen. Leider liegt die Einspeisung genau bei einem Stromknoten der 15-m-Resonanz des Dipols, so daß die FD-4-Antenne für 15 m nicht brauchbar ist. Die FD-4-Antenne ist eine stromgespeiste Windom-Antenne.

Auch durch Einsetzen von Sperrkreisen (Traps) kann man einen Dipol für mehrere Kurzwellenbänder benutzen.

Bei der W3DZZ-Antenne sitzen an der richtigen Stelle Sperrkreise für 7,05 MHz, welche die Enden der Antenne isolieren. Auf allen anderen Bändern wirken die Traps so, daß die Antenne in Resonanz gebracht wird. Der Eingangswiderstand liegt bei 60 Ω.

Auch bei anderen Mehrbandantennen werden z.T. mehrere Traps eingesetzt, um die überschüssige Antennenlänge elektrisch abzutrennen.

Einen Langdraht beliebiger Länge kann man mit einem Anpaßgerät (Matchbox) künstlich zur Resonanz bringen. Man sollte nur darauf achten, daß die Einspeisestelle nicht gerade für ein Amateurband in den Stromknoten zu liegen kommt, um reine Spannungskopplung mit sehr hohen Spannungen auf der Speiseleitung zu vermeiden.

Eine mechanisch zu kurze oder zu lange Antenne kann durch Einfügen eines Blindwiderstands zur Resonaz gebracht werden.

Dies geschieht auch bei der W3DZZ-Antenne, deren Traps außerhalb der Resonanz als Blindwiderstände wirken. Eine mechanisch zu kurze Antenne kann elektrisch durch Einfügen von Induktivitäten in der Nähe des Strombauchs und/oder durch Anbringen von Endkapazitäten im Spannungsbauch elektrisch verlängert werden.

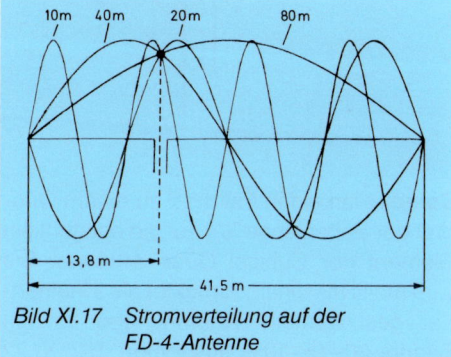

Bild XI.17 Stromverteilung auf der FD-4-Antenne

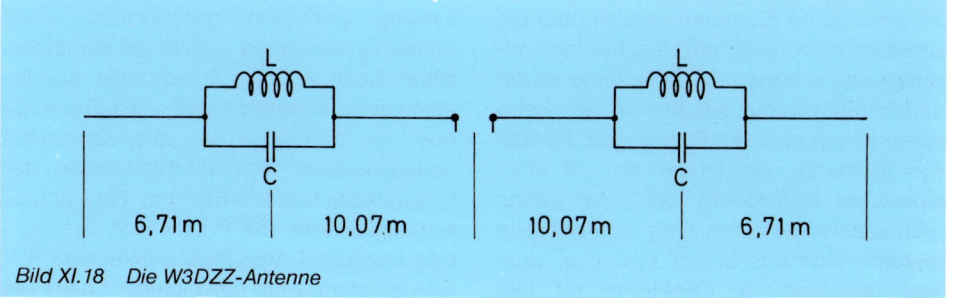

Bild XI.18 Die W3DZZ-Antenne

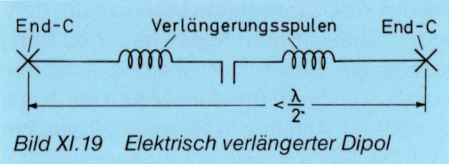

Bild XI.19   Elektrisch verlängerter Dipol

Eine mechanisch zu lange Antenne wird mit Kondensatoren in der Nähe des Strombauchs elektrisch verkürzt.

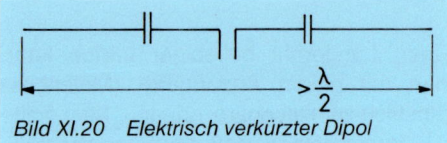

Bild XI.20   Elektrisch verkürzter Dipol

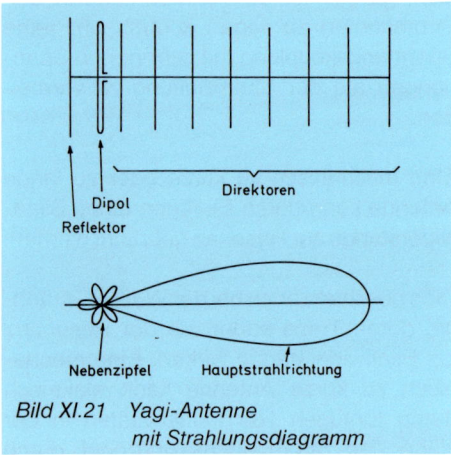

Bild XI.21   Yagi-Antenne mit Strahlungsdiagramm

Durch Hinzufügen von parasitären Elementen zum Dipol entsteht die Yagi-Antenne. Die parasitären Elemente werden über die Strahlung des Dipols zum Mitschwingen angeregt und erhöhen die Feldstärke in der Hauptstrahlrichtung auf Kosten der Feldstärke in den anderen Richtungen. Parasitäre Elemente, die länger als λ/2 sind, wirken als Reflektoren, bei einer Länge unter λ/2 als Direktoren. Eine Yagi-Antenne besteht meist aus einem Reflektor, dem Dipol und mehreren Direktoren auf dem gemeinsamen Tragrohr (Boom). Eine 4-Element-Yagi hat demnach einen Reflektor, einen Dipol und 2 Direktoren. Yagis für Kurzwelle haben selten mehr als 5 Elemente. Sie werden häufig mit Traps für Mehrbandbetrieb auf 20–15–10 m versehen. Yagis für UKW können bis über 20 Elemente aufweisen. Typische Werte sind:

Elemente   3–20
Gewinn   8–16 dB
HWB   60°–20°
Vor/Rückverhältnis 20–25 dB

Aufgrund ihres mechanisch einfachen Aufbaus und hohen Gewinns sind Yagi-Antennen weit verbreitet.

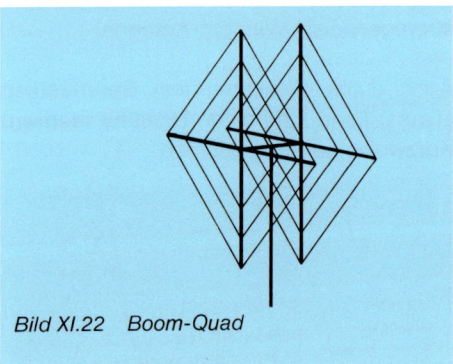

Bild XI.22   Boom-Quad

Spreizt man einen Faltdipol zu einem Quadrat der Seitenlänge λ/4 auf, so entsteht ein Element der Cubical Quad Antenne. Sie wird meist mit einem Reflektor als 3 ineinander geschachtelte Anordnungen für die Bänder 20–15–10 m ausgeführt. Bild XI.22 zeigt eine 2-Element-Quad in Boom-Ausführung. Der Eingangswiderstand eines Elements beträgt ca. 200 Ω bei symmetrischer Speisung. Durch spezielle Anpaßelemente wird erreicht, daß alle 3 Elemente über ein gemeinsames 50-Ω-Koaxkabel angeschlossen werden. Die Daten der Quad sind mit einer 3-Element-Yagi-Antenne vergleichbar. Die Polarisation ist ebenfalls horizontal. Von ihrer zahlreichen Anhängerschaft wird die Cubical Quad als

beste Antenne für DX (Weitverbindungen) bezeichnet.
Bildet man das Element der Quad als gleichseitiges Dreieck der Seitenlänge $\lambda/3$ aus, so entsteht die Delta-Loop-Antenne mit ganz ähnlichen Eigenschaften wie die Quad. Alles über die Quad Gesagte gilt auch für sie.

Man kann sich eine Ground-Plane-Antenne als vertikal stehenden halbierten Dipol vorstellen, dessen fehlende Hälfte durch $\lambda/4$ lange Radialelemente ersetzt wird.
Je nach Neigung des Radials gegenüber der Waagrechten beträgt der Fußpunktwiderstand 30–50 Ω, was eine einfache Anpassung an Koaxialkabel erlaubt, zumal die Antenne von sich aus unsymmetrisch ist. Die Strom- und Spannungsverteilung auf Strahler und Radials zeigt ein Strommaximum und Spannungsmaximum am Speisepunkt, an den Enden dagegen minimalen Strom und maximale Spannung.
Das Strahlungsdiagramm der Ground-Plane ist fast ideal kreisförmig mit vertikaler Polarisation, so daß die Antenne ein Rundstrahler ist. Der Gewinn liegt bei -2 dB, also niedriger als beim Dipol. Dem steht als Vorteil die halb so große Höhe gegenüber, was die Ground-Plane zu einer unauffälligen Antenne macht.
Je mehr sich die Antenne durch Absenken der Radials einem vertikalen Dipol annähert, desto flacher verläuft der Abstrahlwinkel im Vertikaldiagramm. Der für DX-Verkehr günstigste Abstrahlwinkel von einigen Grad gegen die Horizontale wird jedoch bei waagerechten und möglichst zahlreichen Radials erreicht.
Groundplane-Antennen werden sehr oft mit Traps für Mehrbandbetrieb versehen. Die Traps wirken bei einem Band als Isolator und bei den niederfrequenten Bändern als elektrische Verlängerungsspulen. Dadurch ist eine Groundplane-Antenne für Betrieb auf 20–15–10 m nur etwa 4 m hoch. Für jedes Band sollten 2 Radials angeschlossen sein.

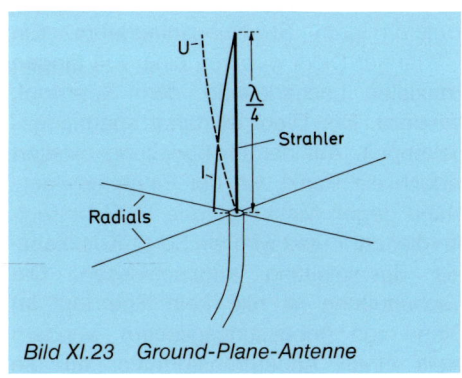

Bild XI.23   Ground-Plane-Antenne

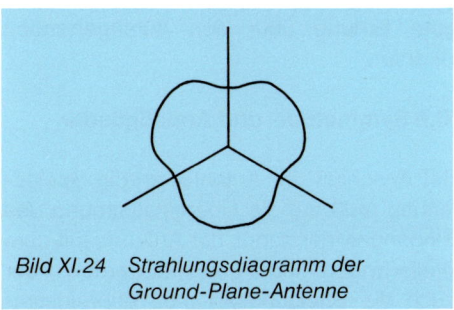

Bild XI.24   Strahlungsdiagramm der Ground-Plane-Antenne

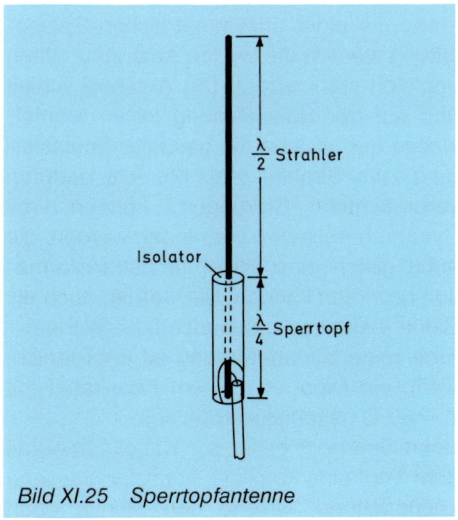

Bild XI.25   Sperrtopfantenne

Die Sperrtopfantenne wird auf den UKW-Bändern im Mobil- und Relaisbetrieb gern verwendet. Sie hat die dort verwendete Polarisation und ist ein Rundstrahler mit kreisförmigem Strahlungsdiagramm. Ein $\lambda/2$ langer Dipol wird von einer $\lambda/4$ langen koaxialen Lecherleitung, dem Sperrtopf, gespeist. Der Dipol ist daher spannungsgekoppelt. Auf der Lecherleitung existiert jedoch ein Punkt, wo der Eingangswiderstand gegen Masse gerade 50 Ω beträgt. An diesem Punkt wird ein 50-Ω-Koaxkabel als Speiseleitung angeschlossen. Die Lecherleitung ist hier kein Sperrtopf im Sinne von Anpassungsgliedern, sondern stellt einen Anpaßtransformator für die Spannungskopplung dar. Vorteilhaft ist die gute Erdung über den durchgehenden Strahler.

XI.6 Symmetrier- und Anpaßglieder

Bei Anschluß der Antenne an die Speiseleitung muß auf die Übereinstimmung des Eingangswiderstands der Antenne mit dem Wellenwiderstand Z geachtet werden. Aber auch die Speisungsart muß übereinstimmen. Bei Speisen einer symmetrischen Antenne mit einer unsymmetrischen Speiseleitung werden die beiden Antennenhälften ungleich stark erregt. Die Antenne schielt und auf der Speiseleitung treten Mantelwellen auf, welche die gesamte Speiseleitung zum Strahler machen. Alle dadurch verursachten Störungen können mit Symmetriergliedern vermieden werden, die auch gleich eine Widerstandstransformation bewirken können. Sie werden auch als Balun (balanced-unbalanced) bezeichnet.
Eine reine Symmetrierung ist erforderlich, wenn ein Dipol von einem Koaxkabel mit Z = 60 Ω gespeist werden soll.
Beim Sperrtopf bildet der Kabelmantel mit dem Topf eine koaxiale, kurzgeschlossene Lecherleitung, welche den Mantel oben

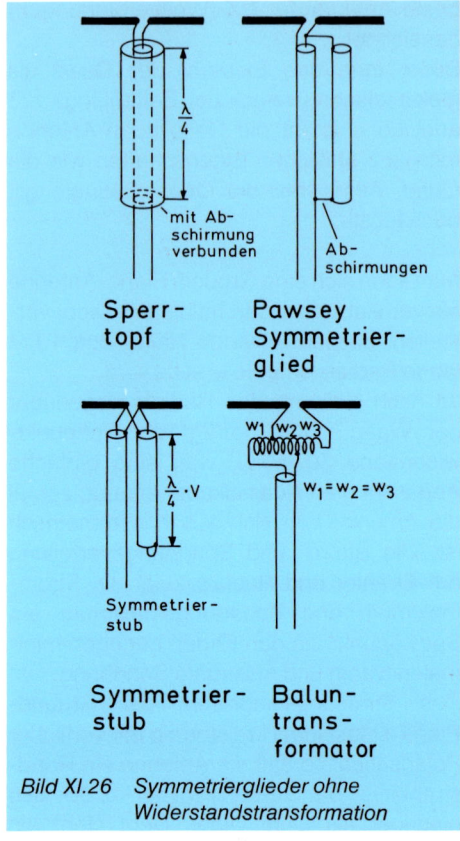

Bild XI.26 Symmetrierglieder ohne Widerstandstransformation

HF-mäßig isoliert. Das Pawsey Symmetrierglied enthält eine symmetrische Lecherleitung aus dem Mantel des Speisekabels und dem Mantel eines Kabelstücks. Das obere Ende des Kabelstücks ist zusätzlich mit dem Leiter der Speiseleitung verbunden, so daß der Antenneneingang an den Enden der kurzgeschlossenen Lecherleitung liegt. Der Symmetrierstub (als Stub bezeichnet man ein kurzes Stück HF-Leitung) ist ein als Lecherleitung geschaltetes Stück Koaxkabel, das elektrisch $\lambda/4$ lang ist. Die mechanische Länge muß $\lambda/4 \cdot V$ sein, wobei V der Verkürzungsfaktor des Koaxkabels ist (= 0,66 bei Polyäthylenisolation). An jedem Eingang der Antenne ist ein Mantel und ein Leiter angeschlossen, so daß die Symmetrie gewahrt ist.

Der Baluntransformator ist ein HF-Transformator, der aus wenigen Drahtwindungen auf einem Ringkern besteht. Für gute Kopplung werden 3 verdrillte Drähte aufgewickelt und die Enden entsprechend verschaltet.

Bei Anschluß eines Faltdipols an ein Koaxkabel muß zusätzlich der Widerstand um den Faktor 4 transformiert werden. Der Baluntransformator transformiert die Wechselspannung um den Faktor 2:1 und damit den Widerstand um den Faktor 4:1. Er ist ebenfalls auf einen Ringkern gewickelt.

Zum Verständnis des Koaxbaluns denke man sich den Eingangswiderstand des Faltdipols in 2 Widerstände mit 120 Ω aufgespalten. Der eine Widerstand liegt direkt am Kabel, der andere über die $\lambda/2$ lange Koaxkabelschleife, die den Widerstand 1:1 transformiert und die Phase umkehrt. Damit sind die beiden 120-Ω-Widerstände phasenrichtig parallelgeschaltet zum Eingangswiderstand von 60 Ω.

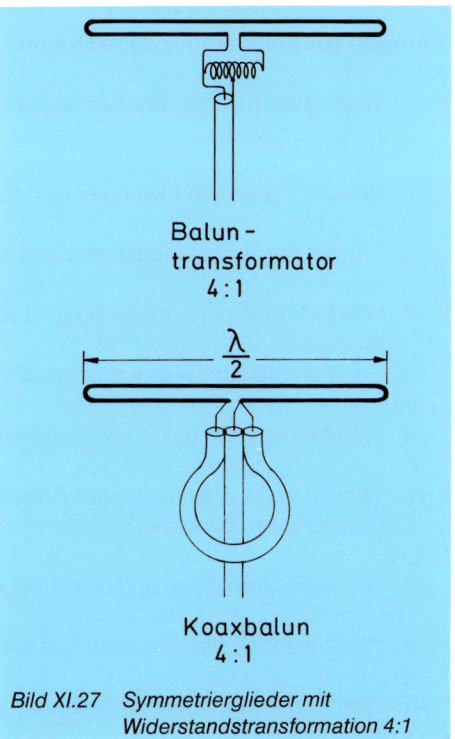

Bild XI.27   Symmetrierglieder mit Widerstandstransformation 4:1

Übungsaufgaben zu Kapitel XI.

1. Wie groß ist die elektrischen Länge eines 1 m langen Koaxkabels mit Teflonisolation ($\varepsilon = 1{,}78$)?

2. Bei einer Spannung der vorlaufenden Welle von 65 V beträgt die Spannung der rücklaufenden Welle 13 V. Wie groß ist das SWR in der Speiseleitung?

3. Aus Koaxkabel mit Polyäthylen-Isolation ($V = 0{,}666$) wollen Sie eine kurzgeschlossene Lecherleitung für $\lambda = 2$ m aufbauen. Welche Länge muß das Kabelstück haben?

4. Eine Richtantenne hat einen Gewinn von 15,5 dB. Um welchen Faktor ist ihre Ausgangsspannung größer als die eines Dipols?

5. Ihre Dipol-Antenne soll eine Resonanzfrequenz von 3,6 MHz haben. Wie lang ist der Dipol insgesamt?

Lösungen Seite 185

Fragen zur Selbstkontrolle für Kapitel XI.

1. Was passiert, wenn eine Leitung am Ende nicht mit ihrem Wellenwiderstand abgeschlossen wird?
2. Welche Typen von Leitungen gibt es?
3. Was ist der Verkürzungsfaktor und wovon hängt er ab?
4. Wie mißt man die Anpassung am Leitungsende?
5. Erklären Sie die Bedienung eines SWR-Meters.
6. Welches sind die beiden Betriebsweisen einer Speiseleitung?
7. Was ist beim Anschluß einer Antenne an eine unabgestimmte Speiseleitung aus Koaxkabel zu beachten?
8. Wie wirkt eine offene und eine kurzgeschlossene Lecherleitung am Eingang?
9. Wie entstehen Mantelwellen und welche Folgen haben sie?
10. Was ist der Gewinn einer Antenne?
11. Was kann man der Angabe der Halbwertsbreite entnehmen?

Lösungen Seite 185

XII. VHF- und UHF-Technik

An den Kurzwellenbereich (3–30 MHz) des elektromagnetischen Spektrums schließen sich der VHF-Bereich (very high frequency, 30–300 MHz) sowie der UHF-Bereich (ultra high frequenzy, 300 MHz – 3 GHz) an. Diese Frequenzbereiche wurden in den bisherigen Abschnitten der Kürze halber als UKW (Ultrakurzwelle) bezeichnet.

XII.1 Schwingkreise

Das stärkste Umdenken bei den hohen Frequenzen erfordern die Schwingkreise und ganz allgemein die Induktivitäten und Kapazitäten. Oberhalb des 2-m-Bandes gibt es praktisch keine Schwingkreise aus diskreten Bauelementen mehr. Die Schwingkreise erhalten zunehmend den Charakter von Lecherleitungen und Transformationsaufgaben werden mit Leitungen bestimmter Länge durchgeführt.

Als grundsätzlich neuer Effekt kommt der Skineffekt (Skin = Haut) dazu, der bei hohen Frequenzen den Strom in die oberste Schicht eines Leiters zusammendrängt. So tragen schon bei 144 MHz nur noch die obersten 15 µm eines Kupferleiters 95% des Stromflusses. Dies führt schon zu einer deutlichen Erhöhung des Widerstands. Zum Ausgleich muß man für große, glatte und gut leitfähige (Versilberung) Oberflächen sorgen.

Als Schwingkreise im UHF-Bereich eignen sich noch Topf- und Leitungskreise, die man für diese Frequenzen noch mit genügenden Güten bauen kann. Der Topfkreis ist eine Abwandlung der einseitig offenen, koaxialen Lecherleitung. Das Ende des Innenleiters ist vergrößert und dient als frequenzsenkende Endkapazität. Zur Frequenzabstimmung werden Schrauben, evtl. mit aufgelöteten Platten verwendet, die beim Hineindrehen die Kapazität erhöhen und nach erfolgtem Abgleich mit Kontermuttern fixiert werden können. Der Topfkreis hat im einzelnen folgende Vorteile:

a) Die großen Flächen von Innenleiter und Abschirmung ergeben kleine Widerstandsverluste und dadurch eine hohe Kreisgüte.

b) Vollkommene Abschirmung verhindert Abstrahlungsverluste und unerwünschte Kopplungen.

c) Einfache Ein- und Auskopplung wahlweise im Strom- und Spannungsbauch. Stärke der Kopplung durch Schleifengröße leicht veränderbar.

d) Resonanzfrequenz durch kapazitive Abstimmung leicht möglich. Gute Frequenzkonstanz durch mechanisch soliden Aufbau.

e) Von Haus aus unsymmetrischer Aufbau erleichtert Übergang auf Koaxkabel.

f) Röhren und Halbleiterbauelemente können direkt in Löcher in der Abschirmung eingebaut werden.

Leitungskreise im VHF–UHF-Gebiet werden ebenfalls asymmetrisch aufgebaut. Sie bestehen oft aus dicken versilberten Kupferdrähten über der durchgehenden Massefläche gedruckter Schaltungen oder man ätzt die Leitungen gleich in eine Seite von doppelseitig kaschiertem Trägermaterial, das als Abstandshalter und Isolator dient. Die Abstimmung erfolgt stets mit Trimmkondensatoren am „heißen" Ende. Leitungskreise dieser Art haben zwar nicht die guten Eigenschaften von Topfkreisen, aber sie sind klein und gut reproduzierbar. Die übrigen elektronischen Bauelemente können gleich auf derselben Platine Platz finden.

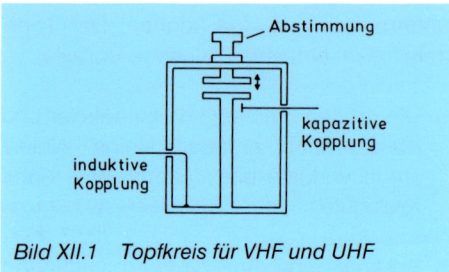

Bild XII.1   Topfkreis für VHF und UHF

XII.2 Antennen und Schaltungen

Proportional zur Verkürzung der Wellenlänge gehen auch die Abmessungen der Antennen zurück. Man findet daher im VHF–UHF-Bereich die von den Kurzwellen her vertrauten Antennen wieder, wenn auch oft mit mehr Elementen. Dazu kommen einige völlig neue Typen, die nur bei hohen Frequenzen eingesetzt werden.

Die Polarisation der Antennen ist ganz entscheidend wichtig, da im VHF–UHF-Bereich kaum Drehungen der Polarisationsebene erfolgen. Bei unterschiedlicher Polarisation von Sende- und Empfangsantenne können Verluste bis zu mehreren S-Stufen auftreten, insbesondere bei den Paarungen vertikal–horizontal und rechts–linkszirkular. Im Mobil- und Umsetzerbetrieb herrscht die vertikale Polarisation vor wegen der Rundstrahlcharakteristik und der senkrechten Autoantennen. Für Weitverbindungen wird die horizontale oder auch zirkulare Polarisation eingesetzt. Bei der zirkularen Polarisation dreht sich die Richtung des elektrischen Feldes einmal pro Schwingung der Hochfrequenz. Bildlich kann man sich eine zirkular polarisierte Welle als spiralförmig rotierend vorstellen. Je nach Umlaufsinn unterscheidet man rechts- und linkszirkulare Polarisation, wobei rechtszirkular im allgemeinen bevorzugt wird.

Von den schon behandelten (siehe XI.5) Antennen finden wir Langyagis und Quads mit vielen Elementen. Yagis werden teilweise als Kreuzyagis gebaut mit zwei senkrecht zueinander polarisierten Antennen auf demselben Tragrohr. Mit ihnen können durch Umschaltung wahlweise alle 4 möglichen Polarisationsarten erzeugt werden. Die Groundplane-Antenne findet man in entsprechend verkleinerter Form wieder, während die Sperrtopfantenne bereits als UKW-Antenne bekannt ist.

Aus mit $\lambda/2$ Lecherleitungen verbundenen, spannungsgekoppelten Dipolen besteht die Gruppenantenne. Sie hat trotz hohen Gewinns eine relativ große Halbwertsbreite, da sie in vertikaler Richtung bündelt. Dafür ist der Bauaufwand deutlich höher als bei Yagi-Antennen. Die HB9CV-Antenne ist vom Aufbau her eine 2-Element-Yagi, bei der allerdings beide Elemente gespeist werden. Die Antenne hat dadurch bei kleinen Abmessungen fast den Gewinn einer 4-Element-Yagi-Antenne.

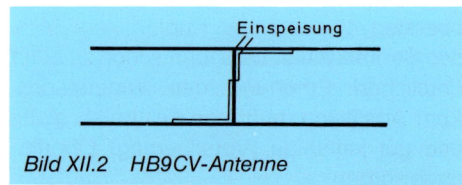

Bild XII.2   HB9CV-Antenne

Die Helical-Antenne enthält als Strahler einen spiralförmig, wie ein Korkenzieher, geformten Leiter. Sie ergibt zirkulare Polarisation im Windungssinn der Spirale.

Der Hornstrahler ist ein Dipol mit dreieckförmigen Hälften, die ähnlich Schmetterlingsflügeln einen Winkel von etwa 60° miteinander einschließen. Der Hornstrahler hat einen für seine Einfachheit hohen Gewinn und hat, wie die Helical-Antenne auch, einen breiten nutzbaren Frequenzbereich.

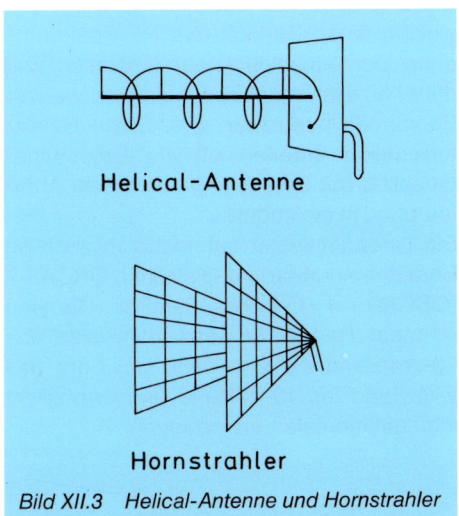

Bild XII.3 Helical-Antenne und Hornstrahler

Der Parabolspiegel wird erst im UHF-Bereich vorteilhaft. Er bündelt, wie ein Scheinwerfer, die von einer Hilfsantenne in seinem Brennpunkt ausgehende Strahlung. Sein Antennengewinn ist sehr hoch und wächst mit dem Durchmesser an, wobei allerdings die Halbwertsbreite seiner Strahlungskeule extrem schmal wird. Alle Antennen für die Verbindung mit Raumflugkörpern und Radioastronomie verwenden Parabolspiegel oder Teile davon.

Abgesehen von den Schwierigkeiten, Schwingkreise ausreichender Güte herzustellen und den speziellen aktiven Bauelementen für die Verstärkung der hohen Frequenzen lassen sich die im Kurzwellenbereich bewährten Bauprinzipien auch im VHF/UHF-Gebiet einsetzen. Einige Punkte verdienen jedoch besonders Erwähnung.

a) Im Kurzwellenbereich wird die Mindestfeldstärke eines noch hörbaren Signals durch die Stärke der atmosphärischen Störungen (QRN) und das von astronomischen Objekten ausgesandte galaktische Rauschen begrenzt. Im VHF/UHF-Gebiet dagegen entscheidet das Rauschen der Empfängereingangsstufe über die Empfindlichkeit. Gute Eingangsstufen liegen nur 1 dB $\hat{=}$ 22% über dem theoretisch überhaupt möglichen Mindestrauschen (thermisches Rauschen).

b) Die Unterschiede der Signalstärken sind ungleich höher als bei Kurzwelle. Während die Signalunterschiede auf einem Kurzwellenband kaum über 60 dB hinausgehen, sind 100 dB auf 2 m keine Seltenheit, wenn z.B. das benachbarte Relais arbeitet und man eine schwache DX-Station hören will. Daher müssen die Empfänger sehr schwache Signale neben sehr starken noch verarbeiten können, was hohe Anforderungen an HF-Verstärker, Mischstufen und Filter stellt.

c) Trotz der höheren Frequenzen sind Oszillatoren und Quarze im Prinzip dieselben wie bei Kurzwelle. Ihre Frequenzen werden nur um höhere Faktoren vervielfacht und müssen daher exakter stimmen und stabiler sein, um dieselbe Signalqualität zu erreichen.

d) Einige Schaltungstechniken werden auf den Kurzwellenbändern kaum gebraucht, wie etwa das Prinzip des Konverters und Transverters für VHF/UHF-Bänder. Siehe hierzu VIII.5.

e) Für die UHF- und noch höherfrequenten Bänder werden die Geräte und Antennen zum Teil noch selbst gebaut. Diese Eigenbauten brauchen sich vor kommerziellen Geräten von der Funktion her nicht zu verstecken.

XII.3 Relaisfunkstellen

Eine wesentliche Vergrößerung der Reichweite für Stationen in ungünstiger Lage oder ohne Antennenmöglichkeiten erlauben Amateur-Relaisfunkstellen. Eine Relaisfunkstelle empfängt das HF-Signal, verstärkt und demoduliert es und moduliert damit den Sender auf einer anderen Frequenz. Jede Station, welche den Relaissender hört und vom Relaisempfänger gehört wird, kann über das Relais Funkverbindungen abwickeln und dessen exponierte Lage ausnützen.

Die meisten Relaisfunkstellen arbeiten in der Betriebsart FM in einem Frequenzraster mit 25 kHz Kanalabstand im 2-m-Band (50 kHz im 70-cm-Band). Sie sind vor allem für Mobil- und Portabelstationen vorgesehen, deren Sendeleistung und Antennenaufwand beschränkt sind. In geringerem Umfang gibt es auch Linearumsetzer, welche einen Bereich des HF-Spektrums ohne Demodulation linear umsetzen und daher für alle Betriebsarten entsprechender Bandbreite benutzbar sind. Diese Relaisfunkstellen arbeiten oft als Crossbandumsetzer mit Umsetzung von einem Amateurband in ein anderes.

Ein Linearumsetzer befindet sich auch an Bord des Amateurfunk-Satelliten OSCAR 7 (OSCAR = Orbiting Satellite Carrying Amateur Radio). Er setzt wahlweise das 70-cm-Band ins 2-m-Band um oder das 2-m-Band ins 10-m-Band und ermöglicht interkontinentale Verbindungen.

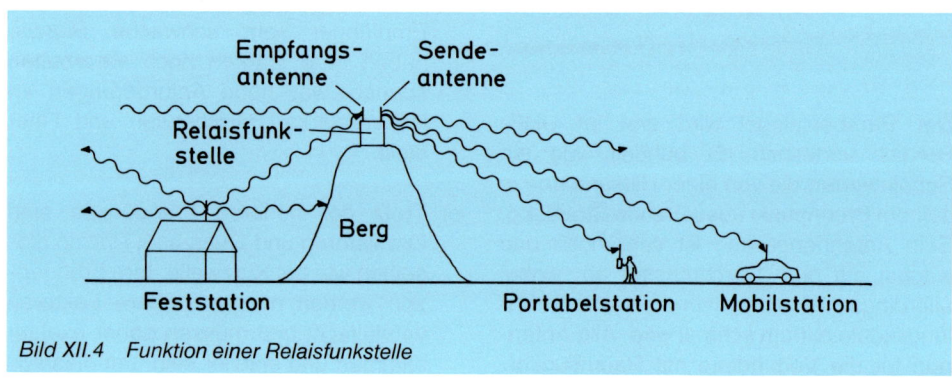

Bild XII.4   Funktion einer Relaisfunkstelle

Fragen zur Selbstkontrolle für Kapitel XII.

1. Was ist der Skineffekt? Wie mildert man seine Auswirkungen?

2. Welche Schwingkreise sind für den VHF–UHF-Bereich geeignet?

3. Nennen Sie die Vorteile eines Topfkreises.

4. Welche Polarisationsarten werden im VHF–UHF-Bereich verwendet? Welchen Einfluß hat das auf die Verbindung?

5. Welche Antennentypen ermöglichen hohe Gewinne?

6. Wodurch wird im UKW-Bereich die noch hörbare Mindestsignalstärke festgelegt?

7. Welche Oszillatortypen eignen sich für den UKW-Bereich?

8. Wie kann man einen KW-Empfänger zum Empfang von UKW-Frequenzen benutzen?

9. Wie arbeitet ein Transverter?

10. Erklären Sie die Funktion einer Amateur-Relaisfunkstelle.

Lösungen Seite 186

XIII. Wellenausbreitung

XIII.1 Kurzwellenausbreitung

Die Kurzwellen können durch zwei Ausbreitungsarten die Entfernung vom Sender zum Empfänger überbrücken:

Die Bodenwelle breitet sich entlang der Erdoberfläche aus, wobei die Feldstärke mit der Entfernung rasch absinkt. Sie reicht umso weiter über den Horizont hinaus, je größer die Wellenlänge und Sendeleistung ist. Die Dämpfung hängt auch von der Leitfähigkeit und Rauhigkeit der Erdoberfläche ab, ist aber fast unabhängig von Tages- und Jahreszeit. Die Reichweite beträgt ca. 20 km (10-m-Band) bis 150 km (80-m-Band).

Die Raumwelle ist die für den Amateurfunk weitaus wichtigere Ausbreitungsart. Sie wird schräg abgestrahlt und erreicht den Empfänger durch mehrmalige, abwechselnde Reflexion an elektrisch leitenden Schichten in der Ionosphäre und an der Erdoberfläche.

Die für die Reflexion verantwortlichen Schichten in der Ionosphäre sind in der Reihenfolge von unten nach oben die D-, E- und F-Schichten. Die D-Schicht in 60–100 km Höhe tritt tagsüber auf und dämpft die längeren Kurzwellen (80 und 40 m). Die E-Schicht in 100–150 km Höhe und vor allem die F-Schichten von 170 bis über 400 km Höhe sind die Reflektoren für Kurzwellen. Die Leitfähigkeit der Schichten rührt von der Ionisation durch die Sonnenstrahlung her. Dabei erreichen die F-Schichten die höchste Ionisation und Reflexionswirkung.

Die Reflexions- und damit die Ausbreitungsbedingungen sind von der Sonnenstrahlung und damit der Tages- und Jahreszeit abhängig. Dem überlagern sich noch die langfristigen (11 Jahre Periodendauer)

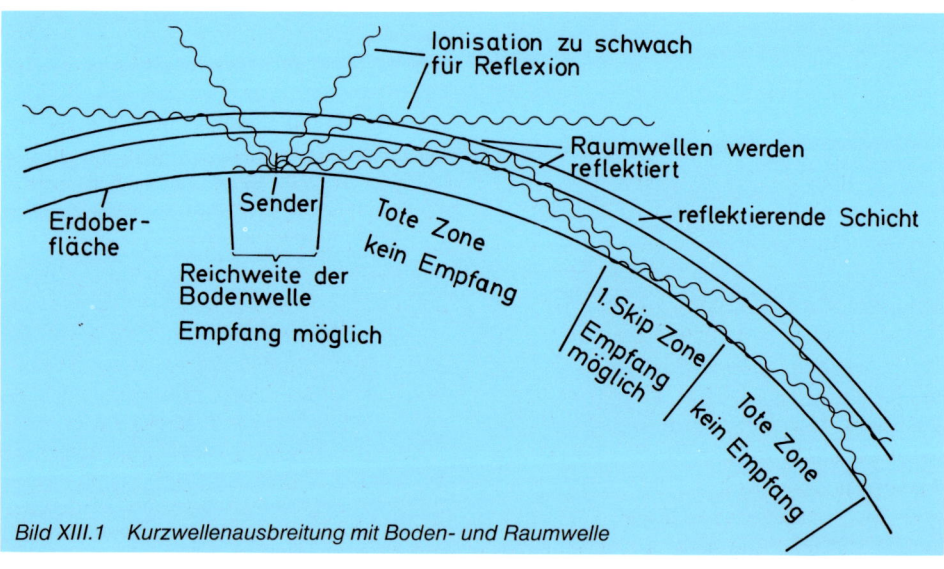

Bild XIII.1 Kurzwellenausbreitung mit Boden- und Raumwelle

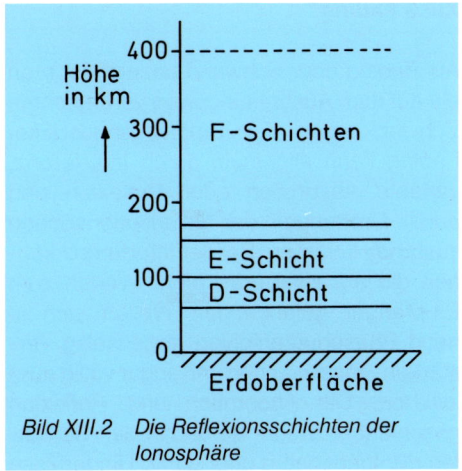

Bild XIII.2   Die Reflexionsschichten der Ionosphäre

Schwankungen der Sonnenaktivität, die direkt mit der Zahl der Sonnenflecken einhergehen. Im Maximum der Sonnenaktivität reichen die für Fernausbreitung benutzbaren Frequenzen bis über 35 MHz. Im Minimum reicht der nutzbare Frequenzbereich dagegen nur bis etwa 15 MHz, wobei das 15- und 10-Meter-Band „tot" sind. Ein Maß für die Reflexionseigenschaften sind die obere Grenzfrequenz sowie die LUF (lowest usable frequency) und MUF (maximum usable frequency). Die obere Grenzfrequenz bei senkrechter Lotung ist die Frequenz, deren Wellen bei senkrechtem Auftreffen von unten auf die gemessene Schicht gerade noch reflektiert werden. Wellen höherer Frequenz durchdringen die Schicht und entweichen in den Weltraum. Die LUF und MUF beschreiben den brauchbaren Frequenzbereich für den Funkverkehr zwischen zwei Stationen. Die niedrigste benutzbare Frequenz LUF wird durch die Stärke der absorbierenden D-Schicht festgelegt. Bei der höchsten benutzbaren Frequenz MUF werden die Wellen gerade noch in der Ionosphäre reflektiert, erleiden aber dabei eine deutliche Abschwächung. Etwas unterhalb der MUF liegt die günstigste Betriebsfrequenz, deren Wellen nicht so tief in die reflektierende Schicht eindringen und daher weniger stark absorbiert werden. Bei der günstigsten Betriebsfrequenz liegt die geringste Übertragungsdämpfung zwischen beiden Stationen.

Eine charakteristische Erscheinung der Raumwellenausbreitung ist das Auftreten einer oder mehrerer „Toter Zonen". Die Tote Zone ist das ringförmige Gebiet um den Sender, in dem die Bodenwelle nicht mehr, die reflektierte Raumwelle aber noch nicht empfangen werden kann. Zwischen den Auftreffzonen der Raumwelle können noch weitere Tote Zonen liegen.

Eine besondere Art der Raumwellenausbreitung besteht manchmal für die Frequenzen im 10-m-Band. Dabei werden die Wellen an sporadischen E-Schichten (E_s) reflektiert. Bei diesen „Short Skip" (Kurzer Sprung) -Verbindungen können im 10-m-Band kurze Entfernungen unter 1000 km überbrückt werden.

XIII.2 VHF- und UHF-Ausbreitung

Die Frequenzen der VHF-, UHF- und noch höherfrequenten Bänder werden von den Schichten der Ionosphäre gewöhnlich nicht mehr beeinflußt. Infolge der atmosphärischen Brechung reicht die Bodenwelle nur wenig (bei 2 m ≈ 25%) über den optischen Horizont hinaus, so daß man von einer quasioptischen Ausbreitung spricht.

Alle VHF/UHF-Verbindungen über größere Entfernungen werden durch folgende Ursachen ermöglicht. Bei Inversionswetterlagen mit scharfen Grenzen zwischen Luftschichten unterschiedlicher Brechzahl können die Wellen zur Erdoberfläche zurückgebrochen werden. Der klassische Fall ist eine warme, feuchte Luftschicht über einer kalten, trockenen Schicht an der Erdoberfläche.

127

Noch weitere Verbindungen ermöglicht ein „Duct" (Kanal) mit einer kalten Schicht zwischen zwei warmen Schichten. Die Wellen werden an den Grenzen immer wieder in den Duct zurückgebrochen und können Entfernungen über 1000 km überbrücken.

Auch eine Streuung (Scatter) an Inhomogenitäten, z. B. Turbulenzen oder Wolken, kann die Wellen zur Erdoberfläche zurücklenken.

Da die bisher beschriebenen Erscheinungen in der Troposphäre (bis ca. 10 km Höhe) stattfinden, nennt man diese Überreichweiten Tropo-DX oder kurz Tropo-Verbindungen.

Die mit zunehmender Höhe nächste Möglichkeit ist die Reflexion an sehr starken sporadischen E-Schichten (E_s). Auch die ionisierten Bahnspuren von Meteoriten können die Funkwellen reflektieren. Man nennt dies Meteor-Scatter (MS) -Verbindungen, die meist auf Verabredung oder zur Zeit von Meteorschwärmen getätigt werden. Die kurze Lebensdauer der Spuren (einige Sekunden) führt zur Benutzung sehr hoher (250—400) CW-Geschwindigkeiten.

Bei Aurora (nordlichtähnliche Erscheinung) wird die Ionosphäre so stark ionisiert, daß die Funkwellen reflektiert werden können. Die Erscheinungen sind zeitlich instabil und erlauben wegen der starken Verbrummung meist nur CW-Verbindungen.

Der fernste Reflektor für Funkwellen ist der Mond. Der technische Aufwand an Sendeleistung, Antennen und Empfängerempfindlichkeit für Erde—Mond—Erde (EME) -Verbindungen ist jedoch sehr hoch.

XIII.3 Fading

Als Fading oder Schwund bezeichnet man die auf dem Ausbreitungsweg verursachten Schwankungen der Empfangsfeldstärke. Fading kann allgemein durch Interferenz, variable Absorption oder Reflexion und durch Drehungen der Polarisationsebene zustande kommen. Bei der Interferenz können die auf zwei oder mehr Wegen zum Empfänger gelangenden Wellen sich je nach Phasenunterschied gegenseitig verstärken, abschwächen und sogar völlig auslöschen. Die Absorption und Reflexion geschieht entweder an und in den Schichten der Ionosphäre oder durch Hindernisse wie Berge, Gebäude oder auch Wälder. Die Drehung der Polarisationsebene kann in der Ionosphäre erfolgen oder auch durch Bewegungen der Antenne des Senders (z. B. rotierender Satellit).

Bei Kurzwelle mit Raumwellenausbreitung kommen alle ionosphärischen Effekte zum Tragen. Die Interferenz von phasenverschobenen Wellen wird besonders beim „Schließen" eines Bandes merkbar, wenn immer weniger mögliche Ausbreitungswege übrigbleiben. Polarisationsdrehungen und Absorptionsschwankungen führen im allgemeinen zu Fading geringerer Amplitude und werden durch die AVC ausgeregelt.

Auf den VHF—UHF-Frequenzen führen die Veränderungen des Ausbreitungsweges in der Atmosphäre zu einem langsamen, periodischen Fading, das besonders bei schwachen Signalen aus großer Entfernung spürbar wird. Ganz anders ist das sehr rasche Flatterfading im Mobilbetrieb, bei dem rasch durchfahrene Funkschatten von Häusern, Brücken etc., aber auch Interferenzen von direkter und reflektierter Welle wirksam sind. Mechanische Schwingungen der Antenne im Fahrtwind können das ihre dazu tun, Funkkontakte bei höheren Fahrgeschwindigkeiten zu erschweren. Allein auf Drehungen der Polarisationsebene ist das bei rotierenden Amateursatelliten spürbare Fading zurückzuführen. Hier schaffen zirkular polarisierte Antennen Abhilfe, welche bei jeder Richtung der Polarisationsebene arbeiten.

Fragen zur Selbstkontrolle für Kapitel XIII.

1. Welche Ausbreitungsarten für Kurzwelle gibt es?

2. Wie kommt die Tote Zone zustande?

3. Wie beeinflußt die Sonnenaktivität die Kurzwellenausbreitung?

4. Wie kommt die Raumwellenausbreitung zustande?

5. Was sind Short-Skip-Verbindungen?

6. Was sind LUF, MUF und günstigste Betriebsfrequenz?

7. Wie breiten sich die Funkwellen mit Frequenzen im UKW-Gebiet aus?

8. Wodurch kann es bei UKW zu größeren Reichweiten kommen?

9. Was versteht man unter Fading?

Lösungen Seite 187

XIV. Betriebstechnik

XIV.1 Frequenzen

In den Anfangszeiten der Radiotechnik wurden nur die sehr großen Wellenlängen mit ausreichender Reichweite der Bodenwelle verwendet. Die Raumwellenausbreitung war noch unbekannt, weshalb die „nutzlosen Kurzwellen" mit einer Wellenlänge unter 200 m den Experimentatoren und Funkamateuren überlassen wurden.

Die Entdeckung der Raumwellenausbreitung führte zu einer explosionsartig anwachsenden Zahl von Stationen aller Art im Kurzwellenbereich und machte bald eine Verteilung des Frequenzspektrums erforderlich. Die Funkamateure erhielten einige schmale Frequenzbereiche zugewiesen – die Amateurbänder im Kurz- und Grenzwellenbereich, sowie im VHF–UHF-Bereich. Die Bänder werden gewöhnlich nach ihrer Wellenlänge bezeichnet und erstrecken sich über folgende Frequenzbereiche (gemäß der Verordnung zur Durchführung des Gesetzes über den Amateurfunk [DV-AFuG]).

Auf den Kurzwellenbändern ist gemäß den Empfehlungen der IARU (International Amateur Radio Union) ein Unterbereich für

Band	Frequenzbereich in MHz	Unterbereich für CW in MHz	Klasse	Einschränkung
160 m	1,815–1,835	1,815–1,832	B	J3E nur 1,832–1,835
80 m	3,5–3,8	3,5–3,6	AB	A nur 3,52–3,7
40 m	7,0–7,1	7,0–7,04	B	
30 m	10,1–10,15		B	nur CW
20 m	14,0–14,35	14,0–14,1	B	
17 m	18,068–18,168		B	nur CW
15 m	21,0–21,45	21,0–21,15	AB	A nur 21,09–21,15 CW
12 m	24,89–24,99		B	nur CW
10 m	28,0–29,7	28,0–28,2	AB	
2 m	144–146	144,0–144,15	}	} Bandpläne
70 cm	430–440	432,0–432,15		
23 cm	1,24–1,30 GHz			
12 cm	2,32–2,45 GHz			
9 cm	3,4–3,475 GHz			
6 cm	5,65–5,85 GHz			
3 cm	10,0–10,5 GHz		} ABC	
1,5 cm	24,0–24,25 GHz			
6 mm	47–47,2 GHz			
4 mm	75,5–81,0 GHz			
3 mm	119,98–120,02 GHz			
2 mm	142–149 GHz			
1,2 mm	241–250 GHz			

CW und teilweise auch RTTY vorgesehen. Die untersten 10 kHz jedes Bandes sind darüber hinaus für den DX-Verkehr reserviert.

Für das 2-m- und 70-cm-Band gibt es Bandpläne mit Verteilung der Frequenzbereiche auf die einzelnen Betriebsarten. Diese Einteilung der Bänder für die verschiedenen Betriebsarten ist nicht nur als Einschränkung zu verstehen, sondern erleichtert auch das Auffinden von Funkpartnern bei Sonderbetriebsarten.

Das 23-cm-Band und die noch höherfrequenten Bänder sind heute noch eine Domäne der technischen Spezialisten und Bastler, die ihre Geräte selber bauen.

Bei der internationalen Funkverwaltungskonferenz im Jahre 1979 wurden für den Amateurfunkdienst einige neue Frequenzbänder vorgesehen. Diese Zuweisungen stellen aber nur ein Rahmenwerk dar und dürften erst in einigen Jahren für die Amateure in Kraft treten.

XIV.2 Amateurfunk-Abkürzungen

Ähnlich wie bei Jägern oder Seeleuten hat sich auch bei den Amateurfunkern eine eigene Sprache gebildet, die durch den Gebrauch von Abkürzungen viele Sachverhalte kurz und prägnant ausdrückt und deren Beherrschung für jeden Amateurfunker obligatorisch ist. Dazu gehören ebenfalls ein international übliches Buchstabier-Alphabet und ein System zur Angabe der Signalstärke und Wiedergabequalität einer empfangenen Station. Die in Tabelle 1 und 2 enthaltenen Amateurfunk-Abkürzungen und Q-Gruppen dienten ursprünglich zur Beschleunigung der Betriebsabwicklung in der Betriebsart CW. Da sie international gebräuchlich sind und überall verstanden werden, ermöglichen sie weltweite Funkverbindungen ohne Beherrschung von Fremdsprachen.

Tabelle 3 enthält das international übliche Buchstabier-Alphabet. Die Kennworte sind mit großer Sorgfalt wegen ihres charakteristischen und unverwechselbaren Klangs ausgesucht worden. Besonders im internationalen aber auch im innerdeutschen Verkehr wird deswegen die Verwendung dieses Alphabets dringend empfohlen.

Wie man aus Tabelle 4 ersieht, wird beim RST-System mit der Angabe von 2 oder 3 Zahlen die Qualität des von der Gegenstation empfangenen Signals genau beschrieben. Bei der Angabe der Signalstärke S weicht man heute oft dadurch vom RST ab, daß man die Signalstärke vom S-Meter des Empfängers abliest, das objektive und vor allem reproduzierbare Angaben ergibt. Auf den UKW-Bändern hat sich bei den Telefonie-Betriebsarten auch die Angabe der Signalstärke in dB über dem Eigenrauschen des Empfängers eingebürgert. Mehr über S-Stufen und dB in Abschnitt II.4.

XIV.3 Amateurfunk-Rufzeichen

Die Rufzeichen von Amateurfunkstellen setzen sich allgemein aus dem Landeskenner (Prefix) und dem Kennzeichen der einzelnen Funkstellen (Suffix) zusammen. Länder mit sehr vielen Funkamateuren können auch mehrere Landeskenner ausgeben. Will man feststellen, in welchem Land eine gearbeitete oder gehörte Station ansässig ist, so kann man in der Vollzugsordnung für den Funkdienst zum Internationalen Fernmeldevertrag (kurz: VO-Funk) nachschlagen. Andere Quellen sind Amateurfunk-Handbücher, das in den USA herausgegebene „International Callbook" und die DXCC-Länderliste, welche die für das DXCC-Diplom gültigen Länder enthält.

Ergänzend können noch folgende Buchstaben an das Rufzeichen angehängt werden:

Nur in Deutschland:

/A, bei Telefonie „Strich A":
Funkbetrieb an einem anderen Standort, als in der Lizenzurkunde angegeben.

International:

/M, bei Telefonie „mobile":
Betrieb einer beweglichen Amateurstation in einem Kraftfahrzeug oder Boot.

/P, bei Telefonie „portable":
Betrieb einer tragbaren Station.

/MM, bei Telefonie „maritime mobile":
Betrieb an Bord eines Binnen- oder Seeschiffes.

Eine Liste von Landeskennern ist in Tabelle 5 abgedruckt. An deutsche Amateurfunkstellen werden folgende Prefixe vergeben (+ bedeutet eine Ziffer von 0−9):

Lizenzklasse A: DH+

Lizenzklasse B: DA+, DF+, DJ+, DK+, DL+

Lizenzklasse C: DB+, DC+, DD+, DG+

Einige Beispiele: DB9RQ, DC4HV, DF3RT, DJ4XR, DK4XR, DK6RC, DL6RK, EA3VC, F6DWB, G4CZC, HB9FQ, HC2KF, I4DIT, OE1FWA, OK1IDK, ON8BA, PAØRMR, SM6DHU, WA6FQI, YU3TFC, ZS3AW.

Eine Null in Rufzeichen wird immer als Ø geschrieben. Auch auf die Schreibweise von I und J sollte geachtet werden, am besten das I als senkrechten Strich mit I-Punkt schreiben.

Mit vielen Ländern bestehen Abkommen über die gegenseitige Anerkennung der Amateurfunklizenz. Wenn man z. B. im Urlaub seinem Hobby nachgehen will, erhält man auf Antrag eine Urlaubslizenz für das betreffende Land.
DARC-Mitglieder erhalten nähere Auskunft über die verschiedenen Länder bei der Geschäftsstelle, Postf. 1155, 3507 Baunatal.
Das zugewiesene Rufzeichen entspricht entweder dem von einheimischen Stationen oder hängt das Prefix des Gastgeberlandes an das Heimatrufzeichen des Amateurs an. Beispiele: DL6WL/W8, CT1/DK6MC, OE3LFA/DL, PAØTLE/DL.

XIV.4 Abwicklung einer Funkverbindung

Unser Privileg als Funkamateur liegt in der Möglichkeit, sooft und solange wir wollen, mit Gleichgesinnten Funkverbindung aufzunehmen, „QSO zu fahren", wie wir sagen. Unabhängig davon, ob unsere Vorliebe beim QSO-Fahren in bestimmten Betriebsarten, seltenen DX-Ländern, Wettbewerben oder Diplomen besteht, bei der Durchführung eines Funkkontakts sollten immer gewisse Regeln und Höflichkeitsformeln eingehalten werden. Sie sichern allen Funkamateuren durch einen reibungslosen Funkverkehr die Freude am Hobby und machen zusammen mit Fairneß und Höflichkeit den vielzitierten Amateurgeist oder „ham spirit" aus. Ein QSO können wir immer in zwei Hauptabschnitte aufteilen: die Herstellung des Kontakts und die Abwicklung des QSO's.

Herstellung des Kontakts

Die Suche nach einem Partner für ein QSO beginnt immer mit dem Abhören des Bandes. Wir müssen die uns interessierende Station erst hören oder uns vergewissern, daß eine Frequenz nicht von anderen Stationen belegt ist, bevor wir unseren Sender das erste Mal einschalten. Beim Absuchen des Bandes werden die Stationen unsere Aufmerksamkeit besonders wecken, die durch einen allgemeinen Anruf (cq-Ruf) ihr Interesse an einem QSO ausdrücken. Diese Stationen können wir sofort nach Beendigung ihres Rufs unsererseits anrufen. Andere Stationen wünschen ein QSO nur mit Partnern in einem bestimmten Gebiet und geben dies durch einen gerichteten cq-Ruf bekannt: CQ-DX, CQ-Africa, CQ-Deutschland, CQ-Berlin. Bei den letztgenannten Anrufen ist klar, welche Partner gemeint sind und wir werden nur antworten, wenn wir zu dem interessierenden Bereich gehören. Bei einem CQ-DX-Ruf auf Kurzwelle wird ein Kontakt nur mit Stationen eines anderen Kontinents gewünscht und wir werden als Deutsche auf den CQ-DX-Ruf einer schwedischen Station nicht antworten, wohl aber auf einen aus Chile oder Japan. CQ-DX auf den UKW-Bändern drückt den Wunsch nach Verbindungen über mindestens 300–500 km aus und sollte nur bei Zutreffen beantwortet werden. DX-Stationen in Ländern mit wenig Funkamateuren sind sehr begehrte QSO-Partner und bekommen auf ihren CQ-Ruf eine so große Zahl von Antworten, daß es für sie schwierig ist, aus der Vielzahl rufender Stationen ein einzelnes Rufzeichen aufzunehmen. Diese Funkamateure wählen daher gern die Betriebsart mit getrennter Sende- und Empfangsfrequenz und geben dies durch den Zusatz 5 up oder tuning 14,250 up an. Der Zusatz bedeutet, daß die Gegenstationen 5 kHz oberhalb der eigenen Sendefrequenz oder oberhalb 14,250 MHz rufen sollen. Die DX-Station hält dadurch ihre Sendefrequenz frei von antwortenden Stationen und kann jederzeit in das „pile-up" auf ihrer Empfangsfrequenz eingreifen.

Der Zusatz BK zu einem CQ-Ruf in CW sagt, daß der Empfänger der rufenden Station in den Tastpausen voll empfindlich ist und der Operateur zwischen seinen eigenen Zeichen die einer antwortenden Station hören kann. Dies erlaubt eine wesentliche Beschleunigung des Funkbetriebs, da zum Beispiel Rückfragen oder Bitten um Wiederholung ohne Verzug erfolgen können. Hat eine rufende Station das Rufzeichen eines antwortenden Funkamateurs nicht völlig aufnehmen können, so fragt sie zurück: QRZ die anrufende Station oder QRZ die DJ2... Station. Für allgemeine Anrufe ist QRZ nicht gedacht, hier ist CQ zuständig.

Finden wir beim Absuchen des Bandes keine uns interessierende Station, so können wir es selber mit einem allgemeinen Anruf versuchen, für den alle oben gemachten Bemerkungen in umgekehrtem Sinne gelten. Bei einem CQ-Ruf sollten wir jedoch die Grundregel beherzigen, nur kurz zu rufen und häufig Pausen zum Empfang einzulegen. Als Anhaltspunkt sei empfohlen: 3 x CQ, 3 x das Rufzeichen, 3 x CQ und das Ende-Zeichen. Nach einer Empfangsperiode von 5–10 Sekunden kann erneut gerufen werden.

Eine dritte Möglichkeit, ins QSO zu kommen, besteht in der Bitte um Aufnahme in ein laufendes QSO. Dies ist bei QSO's zwischen deutschsprachigen Stationen auf dem 80- und 40-Meter-Band oder beim Kanalbetrieb auf dem 2-m-Band üblich und der Bitte wird auch meist Folge geleistet. Ein Zwischenruf bei einem QSO von zwei alten Bekannten, die sich durch Zufall getroffen haben oder bei einer Ortsrunde, die über ein lokales Thema diskutiert, hat jedoch sicher nicht soviel Erfolgsaussichten wie die Bitte um Aufnahme in eine Verbindung zwischen Stationen, die ihr erstes QSO miteinander fahren.

Bittet eine Station um Aufnahme in unser laufendes QSO, so werden wir sie normalerweise aufnehmen oder um QRX (Abwarten) bitten, bis die Verbindung beendet ist.

Abwicklung

Wie beim Anruf, so haben sich auch bei der Durchführung eines QSO's gewisse Formen eingebürgert. Der Ablauf ist in etwa folgender:

Begrüßung, Dank für den Anruf oder die Antwort.

Rapport.

Angabe von Vornamen und Standort.

Zusätzlich mögliche Angaben sind:

Stationsbeschreibung, Wetterbericht, Ausbreitungsbedingungen usw.

Am Ende folgt immer:

Information über den Austausch von QSL-Karten, Verabschiedung.

Der Rapport erfolgt bei CW nach dem RST-System, bei Telefonie gibt man R und S in Zahlen an und beurteilt die Modulation in Worten, z.B.: Sehr gute Modulation, helle (dunkle) Modulation, leichte Verzerrungen usw. Beim Namen wird **nur** der Vorname genannt und man redet sich auch mit dem Vornamen an. Die zusätzlichen Angaben über Station, Wetter können rasch zu einer Unterhaltung über vielerlei Themen überleiten, wobei aber die Bestimmungen des Amateurfunkgesetzes über den Inhalt der Sendungen zu beachten sind. Man sollte sich überhaupt bemühen, in jedem QSO mindestens einige Worte über das Mindestmaß hinaus zu sagen und nicht nur „Guten Tag – Auf Wiederhören" – QSO's zu fahren.

QSL-Karte

Die QSL-Karte dient dem Empfänger als schriftliche Bestätigung eines Funkkontakts und informiert ihn über Ausbreitungsbedingungen und Reichweite seiner Station. Daneben dient sie auch als Beleg bei der Beantragung von Amateurfunk-Diplomen. Die QSL-Karte enthält Rufzeichen, Name und Anschrift des Absenders, das Rufzeichen des Empfängers, Datum und Uhrzeit, Betriebsart, Frequenz und Rapport nach dem RST-System. Bei Stationen in einer anderen Zeitzone sollte die Uhrzeit immer in Standardzeit (UT = Universal Time) angegeben werden. Die UT ist im Normalfall gleich der Mittleren Greenwich-Zeit (GMT). Um Unklarheiten bei einer evtl. Einführung von Sommerzeit zu vermeiden, wurde die UT als Ortszeit auf dem 0. Längengrad eingeführt. Darüber hinaus kann eine QSL-Karte noch weitere Angaben enthalten, wie Stationsbeschreibung, Adresse des QSL-Büros und irgendeine persönliche Bemerkung wie „Danke für das nette QSO" oder „ufb-Signal". Zur Erleichterung der Arbeit der QSL-Büros soll auf der Rückseite der Karte in der rechten oberen Ecke nochmals das Rufzeichen des Empfängers in Blockschrift angegeben werden.

Bei der ersten Verbindung zwischen 2 Stationen wird meist der Austausch von QSL-Karten vereinbart. Die Weiterleitung der QSL-Karten vom Absender zum Empfänger erfolgt überwiegend über die QSL-Vermittlungsbüros des nationalen Amateurfunkverbandes. Dieser sammelt die Karten für die einzelnen Länder und schickt sie in regelmäßigen Abständen an die dortigen QSL-Büros, welche die Verteilung in ihrem Lande übernehmen.

Manche seltene DX-Stationen bedienen sich eines QSL-Managers, der ihre QSL-

Karten weiterleitet und anhand des Logbuchs die Karten ausstellt. Sagt zum Beispiel VS6AA im QSO: „QSL via DA2YW", so schickt man die für ihn bestimmte Karte an seinen QSL-Manager DA2YW. Wenn man von einer seltenen DX-Station möglichst schnell die QSL-Karte haben möchte, so schickt man sie ihm (oder seinem QSL-Manager) direkt mit Luftpost zu unter Beifügung eines Antwortumschlags und ausreichend internationalen Antwortscheinen. Die Adressen der Funkamateure in aller Welt sind im „Callbook" eines amerikanischen Verlags aufgeführt. Für Deutschland gibt es von der Deutschen Bundespost die „Rufzeichenliste der deutschen Amateurfunkstellen".

Von jeder Verbindung sind mindestens einzutragen:

Datum, Uhrzeit, Rufzeichen der Gegenstation, Frequenz und Rapporte. Sonstige Angaben wie Name und Standort der Gegenstation, Daten über QSL-Austausch, fortlaufende Numerierung der QSO's usw. können beliebig hinzugefügt werden und erhöhen den Wert des Logbuchs beim späteren Durchsehen oder Suchen.

Auf der nächsten Seite ist ein Auszug aus einem Logbuch abgebildet.

Logbuch

Jeder Funkamateur muß seine Sende- und Empfangstätigkeit lückenlos in seinem Logbuch aufführen und jederzeit für eine Überprüfung durch Beauftragte der Deutschen Bundespost bereithalten. Das Logbuch soll fortlaufend numeriert werden und muß für mindestens ein Jahr nach der letzten Eintragung aufbewahrt werden. Für den Funkamateur ist das Logbuch darüber hinaus nutzvoll zum Nachschlagen von Zeit und Begleitumständen früherer Verbindungen, als Verzeichnis der gearbeiteten Stationen und nicht zuletzt zur Buchführung über die abgesandten und erhaltenen QSL-Karten. Der Kopf eines Stationstagebuchs soll alle wichtigen Angaben über den benutzenden Funkamateur enthalten:

Rufzeichen und Namen des Lizenzinhabers.

Genauer Standort der Amateurfunkstelle.

Beschreibung der Antennen und der Sende- und Empfangsgeräte mit Angabe von Typ und Ein- und Ausgangsleistung.

LOG der Station DF4GQ

QSO Nr. von 124 bis 147   Seite: 6

CALL	DATUM	UT (Universal Time) VON	UT (Universal Time) BIS	MHz-Band	Betriebsart	RAPPORT AH	RAPPORT AB	NAME	QTH	Bemerkung	QSL AB	QSL AN
DJ0KT	15.6.81	20:30	20:51	145,7	FM	59	59	Helmut	Regensburg	145,700 MHz – via DB0SL	+	+
DC5RM	15.6.81	20:30	20:51	"	"	59	59	Fred	Landshut	145,700 MHz – via DB0SL	+	+
VK3LV	17.6.81	06:53	07:12	14,032	CW	579	579	Len	Cheltenham			+
VK3YW	18.6.81	05:31	05:45	14,043	CW	589	589	Cecil	Warrnambool	s. 1. Verbindung am 22.5.81	d	+
N6RA	18.6.81	05:51	05:58	14	CW	579	579	Tom	San Francisco			+
DL9RAZ	18.6.81	12:14	12:30	145,825	FM	59	59	Klaus	Regensburg	1. QSO seit Prüfung	d	+
ZL4AX	19.6.81	04:27	04:40	14,035	CW	599	599	Doug	Dunedin		d	+
WA7IOW	19.6.81	04:41	04:54	14,034	CW	589	589	Bob	Spokane/Wash.			+
DK8RN	19.6.81	16:15	16:32	28	CW	599	599	Franz	Barbing	1. CW-QSO mit Franz auf 10m	+	+
KA0AND	19.6.81	16:57	17:09	14,034	CW	599	599	Keith	Sidney/Nebraska			+
KA4SWO	21.6.81	14:27	14:47	21,102	CW	569	599	Brewer	Columbus, GA.		d	+
KA8MVC	21.6.81	14:47	–	21,102	CW	549	599	Bill	Flint/Mich.	QSO durch starkes QRM zerstört		+
W4CPK	23.6.81	04:30	04:40	14	CW	599	599	Mike	Oregon			+
VK1GS	23.6.81	04:46	05:03	14	CW	579	549	Gordon	Casberra		d	+
KL7NX	24.6.81	05:18	05:28	14	CW	579	569	Ralph	Fairbanks		d	+
LU5DON	24.6.81	20:13	20:24	22	CW	579	599	Maurice	La Plata		d	+
DL3KAO	24.6.81	27:16	21:29	3,675	SSB	53	59	Ottmar	Kerpen	DOK: G36		+
VE6AUV	25.6.81	04:49	04:54	14	CW	579	579	Norm	Calgary		d	+
KL7LB	25.6.81	05:11	05:44	14	CW	599	599	Bob	Kenai/Alaska			+
VK3BX	26.6.81	04:29	04:45	14	CW	599	599	Eric	Thoona	nr. Melbourne		+
N8BZG	26.6.81	16:45	17:20	21	CW	569	589	Dorsy	Detroit			+
K7ID	27.6.81	04:50	04:59	14	CW	579	559	Jack	Idaho			+
ZL4BF	29.6.81	04:54	05:09	21	CW	569	569	Lou	Invercargill	s. 1. QSO am 2.6.81		+
W5HNS	30.6.81	04:40	04:49	14	CW	589	579	Henry	Texas			+

Muster CW-QSO

Als Beispiel für die Abwicklung eines CW-QSO's wird ein (kurzes) QSO mit Übersetzung aufgeführt.

cq cq cq de dj4gq
dj4gq de df3ra pse k
df3ra de dj4gq ge dr om es tnx fer call = ur rst 599 = my qth is neutraubling es my name is michael = nw hw? = df3ra de dj4gq kn

dj4gq de df3ra ge dr om michael = tnx fer fb rprt = ur rst 599 = my qth regensburg = my name anton = nw hw? = dj4gq de df3ra kn

df3ra de dj4gq r all ok dr anton = my rig hr kenwood trio line 599 = ant 2 mal 20 m dipole = wx hr sonnig und warm temp abt 25 c = df3ra de dj4gq kn

dj4gq de df3ra r fb dr om michael = my rig hr kenwood ts 520 s abt 180 watt = ant trapdipole (w3dzz) = hr qru = tnx fer fb qso es hpe cu agn = pse qsl via darc = best dx es 73 = dj4gq de df3ra sk

df3ra de dj4gq r dr om anton = tnx fer fb qso = qsl via darc ok = cu agn es 73 best dx = df3ra de dj4gq sk

Allgemeiner Anruf von DJ4GQ

DJ4GQ von DF3RA bitte kommen

DF3RA von DJ4GQ guten abend lieber Funkfreund und danke für den Anruf. Dein Rapport ist 599. Mein Wohnort ist Neutraubling und mein Name ist Michael. Nun, wie ist es? DF3RA von DJ4GQ bitte kommen (kn bedeutet, das **nur** DF3RA zurückkommen soll)

DJ4GQ von DF3RA guten Abend lieber Funkfreund Michael. Danke für den guten Rapport. Dein Rapport ist 599. Mein Wohn-ort ist Regensburg. Mein Name ist Anton. Nun, wie ist es? DJ4GQ von DF3RA bitte kommen.

DF3RA von DJ4GQ richtig alles in Ordnung lieber Anton. Mein Gerät ist die Kenwood Trio Serie 599. Die Antenne ist ein 2 mal 20 Meter Dipol. Das Wetter hier ist sonnig und warm bei einer Temperatur von etwa 25°C. DF3RA von DJ4GQ bitte kommen.

DJ4GQ von DF3RA alles richtig und gut aufgenommen lieber Funkfreund Michael. Mein Gerät hier ist ein Kenwood TS520S mit etwa 180 Watt. Die Antenne ist ein Dipol mit Sperrkreisen (W3DZZ). Ich habe hier nichts mehr vorliegen. Danke für das nette QSO und ich hoffe, wir sehen uns wieder. Bitte schicke mir eine QSL-Karte über den DARC. Gute Weitverbindungen und viele Grüße. DJ4GQ von DF3RA Ende.

DF3RA von DJ4GQ alles richtig aufgenommen, lieber Anton. Danke für das nette QSO. Die QSL-Karte über den DARC geht in Ordnung. Auf Wiedersehen und viele Grüße und gute Weitverbindungen. DF3RA von DJ4GQ Ende.

Dies CW-QSO ist bewußt wörtlich übersetzt worden. Man sieht gut, wie durch den Gebrauch der Abkürzungen die Information rasch zu übertragen ist und daß kaum Klartext benötigt wird. Ein CW-QSO kann in viel kürzerer Zeit abgewickelt werden als ein entsprechendes Telefonie-QSO.

Muster Telefonie-QSO

cq cq cq von DL3HN. DL3HN ruft cq cq cq und geht auf Empfang. Bitte kommen.

DL3HN, hier ruft Sie DL8KG.

DL8KG von DL3HN. Guten Abend lieber OM. Vielen Dank für Ihr Zurückkommen auf meinen Anruf. Der Name hier ist Dietmar und das qth ist Regensburg mit DOK U13. Ich arbeite mit 15 W Sendeleistung an einer 11-Element-Yagi-Antenne. DL8KG von DL3HN.

DL3HN von DL8KG. Ebenfalls guten Abend, lieber Dietmar und schönen Dank für die Stationsbeschreibung. Mein Name ist Hans und ich wohne in Roding. Der DOK ist UØ3, ich gehöre zum Ortsverband Cham. Dein Rapport ist 5 und 8 und ich kann dich ganz ausgezeichnet aufnehmen. Mein Gerät ist ein TS700 mit einer 4 mal 11-Element-Yagi-Antenne auf einem 18-m-Mast. Die Bedingungen sind heute nicht besonders gut, da ich noch keine weiter entfernten Stationen gehört habe. Das Mikrofon zurück nach Regensburg. DL3HN von DL8KG.

DL8KG von DL3HN. Alles bestens angekommen, lieber Hans. Dein Rapport hier ist 5 und 9 und ich habe natürlich auch keinerlei Probleme. Mein qth-Kenner ist GJ71f, im Süden von Regensburg. Ich habe heute abend auch noch nicht viel gehört, habe aber auch keine so gute Antenne, da ich zur Miete wohne. Für dieses qso werde ich eine qsl-Karte abschicken und mich ebenfalls über eine Karte freuen. Das Mikrofon zum Final nach Roding. DL8KG von DL3HN.

DL3HN, hier kommt noch mal DL8KG. Danke für die zugesagte Karte, ich werden ebenfalls eine qsl-Karte ausfüllen. Schönen Abend noch, 73 und 55 Dietmar und auf baldiges Wiederhören. DL8KG ist damit qru und qrt mit DL3HN.

73 und auf Wiederhören auch, Hans. DL3HN ist damit ebenfalls qrt mit DL8KG.

Gebrauch von Abkürzungen bei Telefonie

Bei Sprechfunkverbindungen sind Abkürzungen an sich nicht notwendig. Sie werden jedoch zum kurzen und klaren Ausdrücken verwendet und erweisen sich insbesondere bei schlechten oder gestörten Verbindungen als wertvoll. Allgemein gebraucht werden die Q-Gruppen, wobei manche Gruppen Zusatzbedeutungen haben. Zum Beispiel ist „das qrl" der Ort oder die Tätigkeit, mit der man seinen Broterwerb verdient. Die Q-Gruppen werden nicht allein benutzt, sondern man „macht" qsy, qrp, „hat" qrm, qsb oder „ist" qrv, qrt. Von den anderen Amateur-Abkürzungen werden nur wenige verwendet. Den auch örtlich verschiedenen Umfang wird man bei den qso's rasch feststellen und kann sich entsprechend einrichten.

XV. Nach der Lizenzprüfung

Wohl jeder Amateurfunker hat nach bestandener Lizenzprüfung ein wenig aufgeregt die ersten QSO's gefahren und in der darauffolgenden Zeit seine Erfahrungen mit für ihn neuen Tatsachen unseres Hobbies gemacht. Dieser Abschnitt soll dem frischgebackenen Amateur einige Kenntnisse auf diesen Gebieten vermitteln.

DARC

Der DARC (Deutscher Amateur Radio Club) ist der Interessenverband der Funkamateure in der Bundesrepublik und in West-Berlin. Seine Mitglieder sind in Distrikten und innerhalb der Distrikte in insgesamt über 500 Ortsverbänden zusammengefaßt. Der DARC informiert seine Mitglieder nicht nur über alle Neuigkeiten auf dem Gebiet des Amateurfunks in seiner Clubzeitschrift cq-DL und übernimmt die kostenlose Vermittlung der QSL-Karten in alle Welt, sondern ist auch auf vielen Gebieten bestrebt, den Amateurfunk zu fördern. Aus dem großen Arbeitsgebiet der Referate des DARC solle nur einige Beispiele herausgegriffen werden:
Die Jugendarbeit und Vorbereitung von Interessenten auf die Lizenzprüfung. (Das vorliegende Buch basiert auf Vorbereitungskursen im Ortsverband Regensburg des DARC.)
Die Pflege der guten Beziehungen zur Deutschen Bundespost als Lizenzbehörde.
Die Veranstaltung von Amateurfunktreffen und Wettbewerben (contests).
Die Durchführung von Fuchsjagden und Mobilwettbewerben.
Die Förderung von Arbeitsgemeinschaften und Interessengruppen.
Die Herausgabe von Amateurfunk-Diplomen.
Die Ausstrahlung von Rundsprüchen („Amateurfunk-Nachrichten").
Die Überwachung der Amateurbänder auf Eindringlinge (Bandwacht).

Für den DARC spricht, daß praktisch alle aktiven Funkamateure Mitglieder sind und man kann sicher sagen, daß die Mitgliedschaft im DARC die aktive Tätigkeit als Amateurfunker sehr erleichtert. Interessenten können weitere Informationen und Kontaktadressen zu Ortsverbänden beim DARC, 3507 Baunatal, Postfach 1155, erhalten.

QTH-Kenner

Für das Arbeiten auf den VHF- und UHF-Bändern ist der Begriff des QTH-Kenners wichtig. Er setzt sich aus 2 Großbuchstaben, zwei Zahlen und einem kleinen Buchstaben zusammen, z. B. GJ71f, und erlaubt die auf ca. 3 km genaue Angabe des geographischen Orts in Mitteleuropa. Der erste und zweite Buchstabe geben die Lage des Großfeldes in Ost-West- und Nord-

Süd-Richtung an. Jedes Großfeld ist wiederum in 80 Kleinfelder unterteilt, wobei die erste Zahl (0–7) die Lage in NS-Richtung und die zweite Zahl (1–10) die Lage in OW-Richtung angibt. Der letzte Buchstabe (a–j) gibt schließlich die Lage im Kleinfeld an. (Siehe cq-DL 1/75, S. 26.)

Bei einer UKW-Weitverbindung kann man an Hand von Spezialkarten mit aufgedrucktem QTH-Kenner-Netz rasch Lage und Entfernung der Gegenstation feststellen.

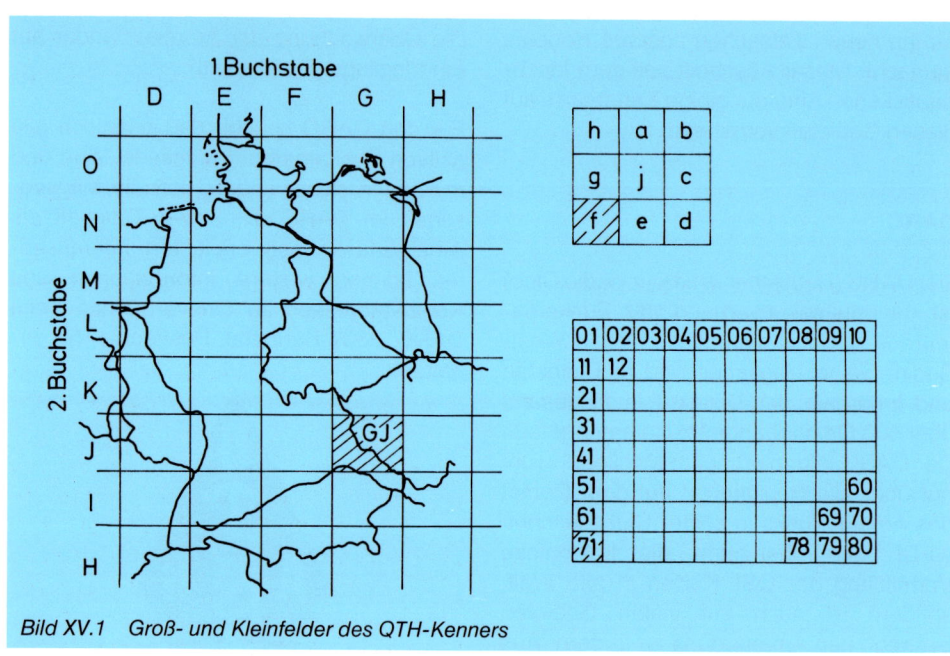

Bild XV.1 Groß- und Kleinfelder des QTH-Kenners

DOK

Bei Erstverbindungen zwischen zwei deutschen Stationen wird neben sonstigen Daten auch meist der DOK (Distrikts- und Ortskenner) übermittelt. Der Buchstabe des DOK kennzeichnet den Distrikt und die zweistellige Zahl den DARC-Ortsverband. Bei U13 bedeutet U den Distrikt Bayern-Ost und 13 den OV Regensburg. Der DOK wird für viele Diplome benötigt, deren bekannteste wohl das DLD (DL-Diplom) und UKW-DLD sind. Eine Angabe des DOK ist natürlich nur bei DARC-Mitgliedern möglich.

Amateurfunkwettbewerbe

Bei **Contesten** sollen in einer vorgeschriebenen Zeit unter Einhaltung bestimmter Regeln möglichst viele QSO's gefahren werden. Im Gegensatz zum normalen QSO ist bei Contesten eine möglichst schnelle Betriebsabwicklung erwünscht. Es werden daher den Mindestanforderungen an ein QSO entsprechend nur Rufzeichen und Rapport ausgetauscht. Je nach Contest kann der Austausch weiterer Informationen gefordert werden. Zum Beispiel wird beim UKW-Contest „Bayerischer Berg-Tag" zusätzlich die laufende Nummer und der QTH-

Kenner ausgetauscht, beim Weihnachtswettbewerb des DARC werden laufende Nummer und DOK zusätzlich übermittelt.

Mobilwettbewerbe sind Conteste zwischen mobilen Funkstationen. Neben Punkten für QSO's kann noch die Lösung von Aufgaben oder das Anfahren von Kontrollpunkten gewertet werden. Für Plazierung und Teilnahme an Mobilwettbewerben werden Punkte vergeben, über die das Mobilreferat des DARC Buch führt und beim Erreichen bestimmter Punktzahlen Plaketten verleiht.

Bei **Fuchsjagden** sind im Gelände versteckte Kleinsender von dem mit Peilempfängern ausgerüsteten Jägern aufzuspüren. Zur Erschwerung senden die Füchse meist zeitgesteuert, etwa alle 5 Minuten 1 Minute lang. Fuchsjagden sind genau der richtige „Ausgleichssport" für den Amateur, der sonst seinem Hobby nur in der Funkbude, dem „Shack" nachgeht. Auch für Fuchsjagden gibt es Punkte, über die das Fuchsjagd-Referat Buch führt und Abzeichen verleiht.

Amateurfunk-Diplome

Als Anreiz zum QSO-Fahren und damit zur Hebung der Aktivität auf den Amateurfunkbändern werden von vielen Instutionen Diplome verschiedener Schwierigkeitsgrade gestiftet. Zur Erlangung eines Diploms müssen eine Anzahl von Stationen gemäß den Ausschreibungsbedingungen erarbeitet werden. Um ein Diplom beantragen zu können, müssen gewöhnlich QSL-Karten der gearbeiteten Stationen beim Antragsteller vorliegen, müssen aber nur bei wenigen Diplomen eingereicht werden. Meistens genügt die GCR-Liste (General Certificate Rule) der vorliegenden QSL-Karten, die von 2 lizenzierten Amateuren bestätigt wird. Als bekannteste Diplome seien genannt:

DLD	DL-Diplom des DARC. Es wird für die QSL-Karten aus mindestens 100 verschiedenen DOK's ausgegeben und ist mit ein Grund für die Angabe des DOK's bei Erstverbindungen.
UKW-DLD	
DXCC	DX Century Club. Ein Diplom der ARRL (American Radio Relay League), für das QSL-Karten aus 100 verschiedenen Ländern der DXCC-Länderliste vorgelegt werden müssen.

Amateure, die besonders an Diplomen interessiert sind, können über die **DIG** (Diplom Interessen Gruppe) genaue Auskünfte über alle Diplome erhalten. Die DIG veröffentlicht regelmäßig die Ausschreibung von Amateurfunkdiplomen aus aller Welt und hat selber viele Diplome gestiftet. Darüber hinaus pflegt die DIG die Freundschaft zwischen allen Funkamateuren im In- und Ausland und die ungeschriebenen Gesetze des „ham-spirits". Auskünfte über die DIG können gegen Freiumschlag angefordert werden bei: Eberhard Warnecke, DJ8OT, 5620 Velbert, Postfach 101244.

Gastlizenzen

Mit vielen Ländern bestehen Abkommen über gegenseitige Erteilung von Gastlizenzen. An das Rufzeichen das deutschen Funkamateurs wird im Gastland der Prefix dieses Landes angehängt, z. B. DK6RC/OE2. Wer im Ausland seinem Hobby nachgehen will, sollte rechtzeitig vorher beim DARC das Merkblatt für das interessierende Land anfordern.

Geräte und Antennen

Wohl die wichtigste Frage im Zusammenhang mit der Erteilung der Lizenz lautet: „Welches Gerät soll ich mir zulegen?" Wir sind in Deutschland in der glücklichen Lage, unter einer großen Auswahl hervorragender Geräte verschiedenster Herkunft wählen zu können und es ist eigentlich mehr eine Frage des Geldbeutels und des verfügbaren Platzes für Geräte und Antennen. Die Antennen können, besonders für Bewohner von Mietwohnungen, ein schwieriges Problem werden und sollen deswegen zuerst erörtert werden. Für Antennen gilt die alte Amateurfunkweisheit: „Die beste Verstärkung ist eine gute Antenne." Leider sind aber gerade die guten Antennen mit hohem Antennengewinn recht umfangreiche und auffällige Gebilde, für die man vor der Aufstellung unbedingt die Genehmigung vom Hauswirt einholen sollte, um nicht nachher eine große Enttäuschung zu erleben.

Auf den UKW-Bändern sind Vertikalstrahler (für FM) und Yagi- sowie Gruppenantennen gebräuchlich. Während Vertikalstrahler wie die Groundplane völlig problemlos unterzubringen sind (notfalls am Balkon), kann man eine Yagi oft noch als „Fernsehantenne" auf dem Dach montieren. Für Gruppenantennen dürfte bereits das Einholen einer Genehmigung zu empfehlen sein. Auf den Kurzwellenbändern sind für das 80- und 40-Meter-Band horizontal gespannte Dipole üblich. Die weit verbreitete W3DZZ-Antenne ist mit Sperrkreisen für das 40-m-Band versehen und kann neben 80 und 40 Meter mit Einschränkungen auch auf den höheren KW-Bändern verwendet werden. Ein guter Kompromiß für die höheren KW-Bänder ist die Ground-Plane-Antenne. Sie ragt unauffällig, wie ein Blitzableiter über das Dach hinaus und hat gute Abstrahleigenschaften. Für beengte Raumverhältnisse gibt es sogar Ausführungen, die für 80 m – 10 m brauchbar sind. Spitzenergebnisse auf dem 20–15–10-m-Band erzielt man mit einem Yagi-Beam oder einer Quad-Antenne. Für sie gilt aber leider ganz besonders das eingangs Gesagte über Auffälligkeit und Genehmigung.

Funkgeräte für die Kurzwellenbänder werden heute vorwiegend fertig gekauft oder aus weitestgehend vorfabrizierten Bausätzen (Fa. Heathkit) zusammengebaut. Der völlige Selbstbau ist wegen der Schwierigkeiten und der geringen Geldersparnis zur Ausnahme geworden. Beim Kauf eines Gerätes kann man sich entweder für einen Transceiver oder für getrennten Sender und Empfänger entscheiden. Für Standard-QSO's kommt man mit einem Transceiver aus, lediglich beim Arbeiten von DX-Stationen mit versetzter Sende- und Empfangsfrequenz sind getrennte Sender und Empfänger oder ein Zusatz VFO erforderlich. Auf jeden Fall sollen Sender und Empfänger aber für Transceiver-Betrieb zusammengeschaltet werden können. Achten Sie beim Empfänger nicht nur auf hohe Empfindlichkeit, sondern auch auf ausreichende Kreuzmodulationsfestigkeit. Röhren und Feldeffekttransistoren sind normalen Transistoren überlegen. Der Sender hat bei den heutigen Geräten allgemein eine Ausgangsleistung von 100 W und darüber.

Für die UKW-Bänder ist die Anzahl der Möglichkeiten und die Auswahl an Geräten für die verschiedenen Betriebsarten sehr groß. Für Feststationen gibt es Transceiver für alle Betriebsarten, mit denen man allen Anforderungen gewachsen ist. Eine zweite Möglichkeit für SSB- und CW-Betrieb ist die Verwendung eines Transverters, der das 10-m-Band eines Kurzwellentransceivers sende- und empfangsseitig in das 2-m-Band umsetzt. Eine weitere Möglichkeit besteht im Selbstbau eines Geräts aus käuflichen, fertig abgeglichenen Baugruppen, die nur noch miteinander verdrahtet und in ein Gehäuse eingebaut werden müssen.

Für den beliebten Mobil- und Portabelbetrieb auf den UKW-Bändern gibt es speziell für diesen Zweck entwickelte Geräte. Sie arbeiten in der Betriebsart FM und haben in einfacherer Ausführung schaltbare Kanäle mit quarzgesteuerten Frequenzen. Bessere Geräte weisen in 5 oder 25-kHz-Stufen schaltbare Frequenzen auf, die mit einem PLL-Oszillator erzeugt werden (siehe VI.4). Die hochwertigsten Geräte verfügen zusätzlich über die Betriebsarten CW und SSB bei einer Frequenzabstufung von 100 Hz.

Eine gewichtige Rolle hat bei der Anschaffung von Geräten für eine Amateurfunkstation auch der Preis mitzureden. Wem Neugeräte zu teuer sind, dem sei der reichhaltige Markt für Gebrauchtgeräte empfohlen, auf dem Geräte jeden Alters und entsprechenden Preises erhältlich sind. Angebote findet man stets in der „HAM-Börse" in der DARC-Clubzeitschrift cq-DL, aber auch Fachhändler für Amateurgeräte haben Gebrauchtgeräte auf Lager, welche bei Kauf eines neuen Gerätes in Zahlung genommen wurden. Eine weitere Ersparnismöglichkeit liegt im Selbstbau. Besonders für UKW-Geräte werden preiswerte Bausteine angeboten, aus denen man ohne Schwierigkeit selber Geräte zusammenbauen kann.

Geräte für Frequenzen oberhalb 440 MHz und die Elektronik für den Betrieb in Sonderbetriebsarten sind heute noch eine Domäne des Selbstbaus. Zwar sind es meist erprobte Schaltungen, welche auf vorgefertigten Platinen aufgebaut werden, doch stellt auch der Aufbau und Abgleich sowie der Einbau in ein Gehäuse Anforderungen an die Fähigkeiten des Funkamateurs. Ein selbstgebautes Gerät vertieft die Kenntnisse der Theorie und braucht sich in der Leistungsfähigkeit meist nicht zu verstecken.

Formelsammlung

Ohmsches Gesetz

$$\text{Strom:} \quad I = \frac{U}{R} \quad (1)$$

$$\text{Spannung:} \quad U = R \cdot I \quad (1a)$$

$$\text{Widerstand:} \quad R = \frac{U}{I} \quad (1b)$$

Widerstand eines Leiters

$$R = \varrho \cdot \frac{l}{A} \quad (2)$$

Leistung am Widerstand

$$\text{Leistung:} \quad P = U \cdot I \quad (3)$$

$$U = \frac{P}{I} \quad (3a)$$

$$I = \frac{P}{U} \quad (3b)$$

$$P = \frac{U^2}{R} \quad (3c)$$

$$P = R \cdot I^2 \quad (3d)$$

$$U = \sqrt{P \cdot R} \quad (3e)$$

$$I = \sqrt{\frac{P}{R}} \quad (3f)$$

Reihenschaltung von Widerständen

$$R_{ges} = R_1 + R_2 + R_3 + \ldots \quad (4)$$

Parallelschaltung von Widerständen

$$R_{ges} = \frac{1}{\frac{1}{R_1} + \frac{1}{R_2} + \frac{1}{R_3} + \ldots} \quad (5)$$

$$R_{ges} = \frac{R_1 \cdot R_2}{R_1 + R_2} \quad (5a)$$

Frequenz und Schwingungsdauer

$$\text{Periode} \quad t = \frac{1}{f} \quad (6)$$

$$\text{Frequenz} \quad f = \frac{1}{t} \quad (6a)$$

$$\text{Wellenlänge:} \quad \lambda = \frac{c}{f} \quad (7)$$

Effektiv- und Spitzenspannung

$$U_{eff} = \frac{1}{\sqrt{2}} \cdot U_s \quad (8)$$

Induktiver Widerstand

$$X_L = \omega \cdot L \quad (9)$$

Formelsammlung

Kreisfrequenz

$$\omega = 2 \cdot \pi \cdot f \quad (\pi \approx 3{,}14) \quad (10)$$

Transformation von Spannung

$$\frac{U_2}{U_1} = \frac{w_2}{w_1} \quad (11)$$

Transformation von Strom

$$\frac{I_1}{I_2} = \frac{w_2}{w_1} \quad (12)$$

Kapazitiver Widerstand

$$X_C = \frac{1}{\omega \cdot C} \quad (13)$$

Spulen in Reihe

$$L_{ges} = L_1 + L_2 + \ldots \quad (14a)$$

Spulen parallel

$$L_{ges} = \frac{1}{\frac{1}{L_1} + \frac{1}{L_2} + \ldots} \quad (14b)$$

Kondensatoren in Reihe

$$C_{ges} = \frac{1}{\frac{1}{C_1} + \frac{1}{C_2} + \ldots} \quad (14c)$$

Kondensatoren parallel

$$C_{ges} = C_1 + C_2 + \ldots \quad (14d)$$

Rechnen mit dB

$$dB_{ges} = dB_1 + dB_2 + \ldots \quad (15)$$

Schwingkreis

Resonanzfrequenz:
$$\omega_{Res} = \frac{1}{\sqrt{L \cdot C}} \quad (16)$$

$$L = \frac{1}{\omega^2_{Res} \cdot C} \quad (16a)$$

$$C = \frac{1}{\omega^2_{Res} \cdot L} \quad (16b)$$

Güte und Bandbreite

$$B = \frac{f_{Res}}{Q} \quad (17)$$

$$Q = \frac{f_{Res}}{B} \quad (17a)$$

Hoch- und Tiefpässe

Grenzfrequenz für LC-Pässe:
$$\omega_{gr} = \frac{1}{\sqrt{L \cdot C}} \quad (18a)$$

Grenzfrequenz für RC-Pässe:
$$\omega_{gr} = \frac{1}{R \cdot C} \quad (18b)$$

Formelsammlung

Bandbreite von FM

$$\text{Bandbreite} = 2 \cdot f_{Mod} + 2 \cdot \text{Hub} \quad (19)$$

Antennengewinn

$$G = 20 \cdot \log \frac{U_V}{U_D} \quad (25)$$

Mischen von Frequenzen

$$f = f_1 \pm f_2 \quad (20)$$

Vor/Rückverhältnis in dB

$$V = 20 \cdot \log \frac{U_V}{U_R} \quad (26)$$

Frequenzen im Super

$$f_{ZF} = f_{HF} \pm f_{Osz} = f_{Osz} \pm f_{HF} \quad (21a)$$

$$f_{HF} = f_{ZF} \pm f_{Osz} = f_{Osz} \pm f_{ZF} \quad (21b)$$

$$f_{Osz} = f_{HF} \pm f_{ZF} = f_{ZF} \pm f_{HF} \quad (21c)$$

Shunt

$$R_p = \frac{U}{I_p} = \frac{U}{I - I_m} \quad (22)$$

Vorwiderstand

$$R_v = \frac{U_v}{I} = \frac{U - U_m}{I} \quad (23)$$

Stehwellenverhältnis

$$SWR = \frac{U_v + U_r}{U_v - U_r} \quad (24)$$

Tabelle 1: Amateurfunk-Abkürzungen

AA	alles nach (CW Wiederholung)	all after
AB	alles vor (CW Wiederholung)	all before
ABT	ungefähr	about
AC	Wechselstrom	alternating current
ADR, ADS	Anschrift	address
AER, ANT	Antenne	aerial, antenna
AF	Niederfrequenz	audio frequency
AGC	automatische Verstärkungsregelung	automatic gain control
AGN	nochmals	again
AM	vormittags	(„ante meridiem")
AR	Ende der Übertragung	all right
AS	bitte warten	
AWDH	auf Wiederhören	nur deutsch
AWDS	auf Wiedersehen	nur deutsch
BC	Rundfunk	broadcast
BCI	Rundfunk-Störungen	broadcast interference
BCL	Rundfunkhörer	broadcast listener
BD	schlecht	bad
BK	unterbrechen, bei CW auch Angabe, daß Unterbrechung möglich ist	break
BN	alles zwischen… (CW Wiederholung)	between
B4	vor (zeitlich)	before
CALL, CS	Rufzeichen	call sign
CC	quarzgesteuert	crystal controlled
CD, CRD	Karte	card
CFM	bestätigen	confirm
CKT	Schaltung	circuit
CL	Funkbetrieb einstellen	close
CO	Quarzoszillator	crystal oscillator
CONDS	Ausbreitungsbedingungen	conditions
CONDX	DX-Ausbreitungsbedingungen	dx conditions
CONGRATS	Glückwünsche	congratulations
CQ	allgemeiner Anruf an alle Stationen	
CUAGN	auf Wiedersehen	see you again
CUL	bis später	see you later
CW	ungedämpfte Welle, Morsetelegrafie	continuous wave

Tabelle 1: Amateurfunk-Abkürzungen

DC	Gleichstrom	direct current
DE	von	
DK, DS	danke schön	nur deutsch
DOK	Ortsverbandskenner (DARC)	
DR	lieber	dear
DX	große Entfernung, Weitverbindung	
ER, ERE	hier	here
ES	und	
EU	Europa	
EXCUS	Entschuldigung	excuse
FB	fabelhaft	fine business
FER, FR	für	for
FM, FRM	von	from
FND, FRD	Freund	friend
Fone	Sprechfunk	telephony
FQ, FREQ	Frequenz	frequency
FSK	Frequenzumtastung	frequency shift keying
GA	fangen Sie an	go ahead
GB	auf Wiedersehen	good bye
GD, GT	guten Tag	good day
GE, GA	guten Abend	good evening
GL	viel Glück	good luck
GLD	erfreut	glad
GM	guten Morgen	good morning
GMT	mittlere Greenwich Zeit	Greenwich Mean Time
GN	gute Nacht	good night
GND	Erde	ground
HF, RF	Hochfrequenz	high (radio) frequency
HI	Lachen; hoch (z. B. Leistung)	high
HPE	ich hoffe	hope
HR	hier	here
HRD	gehört	heard

Tabelle 1: Amateurfunk-Abkürzungen

HT	Hochspannung	high tension
HVI	stark	heavy
HW	wie (ist es bei Ihnen)	how
HWSAT	wie ist das	how is that
I	ich	I
IF	Zwischenfrequenz	intermediate frequency
INFO	Auskunft	information
INPT	Eingangsleistung	input
K	kommen	
KA	Anfangszeichen (auch CT)	
KN	kommen (ausdrücklich nur die gerufene Station soll kommen)	
LB	lieber	nur deutsch
LF	niedrige Frequenz	low frequency
LIS	lizenziert	licensed
LOG	Logbuch	logbook
LSB	unteres Seitenband	lower sideband
LUF	niedrigste brauchbare Frequenz	lowest usable frequency
MC	Megahertz	megacycles
MIN	Minute; Minimum	minute; minimum
MNI	viele	many
MO	Steuersender	master oscillator
MS	Meteor-Reflexion	meteor scatter
MSG	Nachricht	message
MTR	Meßinstrument	meter
MUF	höchste brauchbare Frequenz	maximum usable frequency
N, NO	nein	no
ND	nichts zu machen	nothing to do
NIL	habe nichts mehr vorliegen	
NITE	Nacht	night

Tabelle 1: Amateurfunk-Abkürzungen

NR	in der Nähe von; Nummer	near; number
NW	jetzt	now
OB	alter Junge	old boy
OK	in Ordnung	okay
OM	alter Freund (Standardanrede)	old man
OP	Funker	operator
OSC	Oszillator	oscillator
OT	langjähriger Funkamateur	oldtimer
PA	Endstufe	power amplifier
PEP	maximale Hüllkurvenleistung	peak envelope power
PM	nachmittags	(„post meridiem")
PSE	bitte	please
PWR	Leistung	power
Q	siehe Tabelle 2: Q-Gruppen	
R	alles richtig aufgenommen	right
RCD, RCVD	empfangen	received
RCVR, RX	Empfänger	receiver
RDY	fertig, bereit	ready
RF	Hochfrequenz	radio frequency
RIG	Stations-Ausrüstung	
RPRT	Bericht	report
RPT	wiederholen	repeat
RQ	Anfrage, Rückfrage	request
RST	Signal-Rapport	readability-strength-tone
RTTY	Funkfernschreiben	radio teletype
SIG, SIGS	Zeichen	signal(s)
SK	Endezeichen	
SKED	Verabredung	schedule
SN	bald	soon
SRI	ich bedaure	sorry

Tabelle 1: Amateurfunk-Abkürzungen

SSB	Einseitenbandmodulation	single sideband
SSTV	langsam abgetastetes Fernsehen	slow scan television
STN	Station	station
SW	Kurzwelle	short wave
SWL	Kurzwellenhörer	short wave listener
SWR	Stehwellenverhältnis	standig wave ratio
TEST	Versuchssendung	test
TFC	Funkbetrieb	traffic
TKS, TNX	danke	thanks
TU	ich danke Ihnen	thank you
TV	Fernsehen	television
TVI	Fernsehstörungen	television interference
TX	Sender	transmitter
TXT	Text (bei Rückfrage in CW)	text
U	Sie	you
UFB	ganz ausgezeichnet	ultra fine business
UNLIS	nicht lizenziert	unlicensed
UR	Ihr	your
USB	oberes Seitenband	upper sideband
UT	Weltzeit (= Mittlere Greenwich Zeit)	universal time
VE	verstanden	nur deutsch
VFO	abstimmbarer Oszillator	variable frequency oscillator
VL, VLN	viel, vielen	nur deutsch
VRI, VY	sehr	very
WA	Wort nach (bei Wiederholungen in CW)	word after
WB	Wort vor (bei Wiederholungen in CW)	word before
WD, WDS	Wort, Wörter	word(s)
WID	mit	with
WKD	gearbeitet	worked
WL	ich werde	I will
WPM	Worte pro Minute	words per minute
WX	Wetter	weather

Tabelle 1: Amateurfunk-Abkürzungen

XCUS	Entschuldigung	excuse
XMAS	Weihnachten	christmas
XMTR	Sender	transmitter
XTAL	Quarz	crystal
XYL	Ehefrau	ex young lady
YL	Fräulein	young lady
Z	Weltzeit (= GMT)	
2	zu	to
2nite	heute Nacht	tonight
4	für	for
55	viel Erfolg	nur deutsch
73	viele Grüße	
88	Liebe und Küsse (bei yl und xyl)	
99	verschwinde	

Tabelle 2: Q-Gruppen

Abkürz.	Frage	Antwort
QRA	Wie ist der Name Ihrer Station?	Der Name meiner Station ist...
QRB	Wie groß ist etwa die Entfernung unserer Station?	Die Entfernung zwischen unseren Stationen ist etwa ... km.
QRG	Welches ist meine genaue Frequenz?	Ihre genaue Frequenz ist... kHz (MHz).
QRH	Schwankt meine Frequenz?	Ihre Frequenz schwankt.
QRI	Wie ist der Ton meines Signals?	Der Ton Ihres Signals ist... 1 = gut, 2 = veränderlich, 3 = schlecht
QRK	Wie ist die Lesbarkeit meiner Zeichen?	Die Lesbarkeit Ihrer Zeichen ist... 1 = schlecht, 2 = mangelhaft, 3 = ausreichend, 4 = gut, 5 = sehr gut
QRL	Sind Sie beschäftigt?	Ich bin beschäftigt. Bitte nicht stören.
QRM	Werden Sie gestört?	Ich werde gestört... 1 = nicht, 2 = wenig, 3 = mäßig, 4 = stark, 5 = sehr stark
QRN	Haben Sie atmosphärische Störungen?	Ich habe atmosphärische Störungen... 1 = keine, 2 = schwache, 3 = mäßige, 4 = starke, 5 = sehr starke
QRO	Soll ich meine Sendeleistung erhöhen?	Erhöhen Sie Ihre Sendeleistung.
QRP	Soll ich meine Sendeleistung vermindern?	Vermindern Sie Ihre Sendeleistung.
QRQ	Soll ich schneller geben?	Geben Sie schneller (...Wpm).
QRS	Soll ich langsamer geben?	Geben Sie langsamer (...Wpm).
QRT	Soll ich die Übermittlung einstellen?	Stellen Sie die Übermittlung ein.

Tabelle 2: Q-Gruppen

QRU	Haben Sie etwas für mich?	Ich habe nichts für Sie.
QRV	Sind Sie bereit?	Ich bin bereit.
QRW	Soll ich ... benachrichtigen, daß Sie ihn auf ... kHz/MHz rufen?	Bitte benachrichtigen Sie..., daß ich ihn auf ... kHz/MHz rufe.
QRX	Wann rufen Sie mich wieder an?	Ich werde Sie um ... Uhr (auf ... kHz/MHz) wieder anrufen.
QRZ	Wer ruft mich?	Es ruft Sie ... (auf ... kHz/MHz).
QSA	Wie ist die Signalstärke meiner Zeichen?	Ihre Zeichen sind ... 1 = kaum, 2 = schwach, 3 = mäßig, 4 = gut, 5 = sehr gut hörbar.
QSB	Weisen meine Zeichen Fading auf?	Ihre Zeichen weisen Fading auf.
QSD	Ist meine Gebeweise fehlerhaft?	Ihre Gebeweise ist fehlerhaft.
QSK	Können Sie mich zwischen Ihren Zeichen hören? Darf ich Ihre Sendung unterbrechen?	Ich kann Sie zwischen meinen Zeichen hören. Sie dürfen mich unterbrechen.
QSL	Können Sie mir eine Empfangsbestätigung geben?	Ich werden Ihnen Empfangsbestätigung geben.
QSO	Können Sie mit ... direkt oder durch Vermittlung von ... verkehren?	Ich kann mit ... direkt (durch Vermittlung von ...) verkehren.
QSP	Können Sie an ... gebührenfrei weitergeben?	Ich werde an ... gebührenfrei weitergeben.
QSV	Können Sie auf dieser Frequenz (auf ... kHz/MHz) eine Reihe von V senden?	Ich werde auf dieser Frequenz (auf ... kHz/MHz) eine Reihe von V senden.
QSX	Hören Sie die Station ... auf ... kHz/MHz?	Ich höre ... auf ... kHz/MHz.

Tabelle 2: Q-Gruppen

QSY	Soll ich Frequenzwechsel machen auf ... kHz/MHz?	Machen Sie Frequenzwechsel auf ... kHz/MHz.
QSZ	Soll ich jedes Wort/Gruppe mehrfach geben?	Geben Sie jedes Wort/Gruppe zweimal (... mal).
QTC	Wieviele Nachrichten haben Sie für mich?	Ich habe ... Nachrichten für Sie.
QTH	Welches ist Ihr Standort?	Mein Standort ist ... .
QTR	Wie spät ist es?	Es ist ... Uhr (GMT).
QTU	Wann ist Ihre Station geöffnet?	Meine Station ist von ... bis ... Uhr geöffnet.
QUA	Haben Sie Nachrichten von der Station ... ?	Ich habe Nachrichten von der Station ... .

Einige nicht in der VO-Funk enthaltenen Q-Gruppen:

QRRR		Offizieller Land-Notruf der ARRL (American Radio Relay League)
QST		Ankündigung eines Rundspruchs an alle Funkamateure
QAM	Können Sie mir den letzten Wetterbericht von ... durchgeben?	Ich sende jetzt den letzten Wetterbericht von ... .

Tabelle 3: Beurteilung eines Signals nach dem RST-System

Es werden beurteilt:
R = Lesbarkeit   (Readability)   in Stufen von 1–5
S = Lautstärke   (Strength)   in Stufen von 1–9
T = Tonqualität (Tone)   in Stufen von 1–9

R

Beurteilung der Lesbarkeit:
R1 = nicht lesbar
R2 = zeitweise lesbar
R3 = schwer lesbar
R4 = ohne Schwierigkeiten lesbar
R5 = gut lesbar

S

Beurteilung der Lautstärke:
S1 = kaum hörbar
S2 = sehr schwach
S3 = schwach
S4 = mittelmäßig
S5 = ziemlich gut
S6 = gut hörbar
S7 = mäßig stark
S8 = stark
S9 = äußerst stark

T

Beurteilung der Tonqualität:
T1 = völlig roher Wechselstromton
T2 = sehr roher, unmusikalischer Wechselstromton
T3 = etwas musikalischer, roher Wechselstromton
T4 = mäßig musikalischer, leicht roher Wechselstromton
T5 = musikalischer, gut modulierter Wechselstromton
T6 = Gleichstromton mit leichter Wechselstromüberlagerung
T7 = Gleichstromton mit etwas Brumm
T8 = guter Gleichstromton mit sehr schwachem Brumm
T9 = reiner Gleichstromton
9x = kristallreiner, stabiler Ton
–c = Chirp

Tabelle 4: Amateurfunk-Landeskenner (DXCC-Länderliste) (DX-Referat des DARC 11/83)

A22, A2	Betschuana	DU, DX	Philippinen
A3	Tonga Inseln	EA	Spanien
A4	Oman	EA6	Balearen
A5	Bhutan	EA8	Kanarische Inseln
A6	Vereinigte arabische Emirate	EA9	Ceuta, Melilla
		EI	Republik Irland
A71	Qatar	EL	Liberia
A9	Bahrein	EP	Iran
AP	Pakistan	ET3	Äthiopien
BV	Taiwan	F, HW, TK	Frankreich
BY	China	FB8W	Crozet Insel
C2	Republik Nauru	FB8X	Kerguelen Inseln
C31	Andorra	FB8Z	Amsterdam & St. Paul
C5A	Gambia	FC	Korsika
C6A	Bahamas	FG	Guadeloupe
C9	Mozambique	FG, FS	St. Martin
CE	Chile	FH	Mayotte
CE9AA, FB8Y, KC4, LA, LU, OR4, UA1, UK1, VKØ, VP8, ZL5, ZS1, 3Y, 4K, 8J	Antarktis	FK	Neu Kaledonien
		FM	Martinique
		FO	Clipperton Insel
		FO	Frz. Polynesien
		FP	St. Pierre & Miquelon
		FR7G	Glorioso Insel
CEØA	Osterinsel	FR7J, E	Juan da Nova, Europa
CEØX	San Felix	FR7	Reunion
CEØZ	Juan Fernandez	FR7T	Tromelin Insel
CM, CO	Kuba	FW	Wallis & Futuna Inseln
		FY	Frz. Guyana
CN	Marokko	G	England
CP	Bolivien	GD	Isle of Man
CR9	Macao	GI	Nordirland
CT	Portugal	GJ, GC	Jersey
CT2	Azoren	GM	Schottland
CT3	Madeira	GU, GC	Guernsey
CX, CV, CW	Uruguay	GW	Wales
D2A, D3	Angola	H4, VR4	Salomonen Inseln
D4A, CR4	Kapverd. Inseln	HA, HG	Ungarn
D6	Republik Comoren	HB	Schweiz
DL, DJ, DK, DF	Deutschland	HBØ	Liechtenstein
		HC, HD	Ekuador

Tabelle 4: Amateurfunk-Landeskenner (DXCC-Länderliste)
(DX-Referat des DARC 11/1983)

HC8	Galapagos Inseln	KH5K, KP6	Kingman Reef
HH	Haiti	KH6	Hawaii Inseln
HI	Dominikanische Republik	KH7	Kure Insel
HK	Kolumbien	KH8, KS6	Amer. Samoa
HKØ	Malpelo Insel	KH9, KW6	Wake Insel
HKØ	San Andreas Insel	KL7, AL7	Alaska
HL, HM	Korea	KP1, KC4	Navassa Insel
HP	Panama	KP2, KV4	Jungferninseln
HR	Honduras	KP4	Desceo
HS	Siam (Thailand)	KP4, AJ4	Puerto Rico
HV	Vatikan	KP5	Desecheo Inseln
HZ, 7Z	Saudi Arabien	KX6	Marshall Inseln
I, IT	Italien	LA, LC-LJ	Norwegen
IS	Sardinien	LU	Argentinien
J2, FL8	Republik Djibouti	LX	Luxemburg
J3, VP2G	Grenada	LZ	Bulgarien
J5, CR3	Guinea-Bissau	M1, 9A1	San Marino
J6, VP2L	St. Lucia	OA, OB, OC	Peru
J7, VP2D	Dominica	OD5	Libanon
J8A, VP2S	St. Vincent	OE	Österreich
JA-JJ, KA6	Japan	OH	Finnland
JD	Minami Torishima	OHØ	Åland Inseln
JD, 7J1	Ogasawara	OJØ	Market Reef
JT1	Mongolei	OK, OM	Tschechoslowakei
JW	Spitzbergen, Bären Insel	ON	Belgien
JX	Jan Mayen Insel	OX, XP, KG1	Grönland
JY	Jordanien	OY	Faroer Inseln
		OZ	Dänemark
K, W, N	USA	P2	Papua/Neu Guinea
KC4, VP8	Antarktis	PA	Holland
KC6	*Micronesien	PJ	Niederl. Antillen
KC6	Belau	PJ7, 8	St. Maarten
KG4	Guantanamo Bay	PP-PY, PT,	
KG6S, R, T	Marianen Inseln	ZV-ZZ	Brasilien
KH1, KB6	Canton, Baker, Howland Insel	PYØ	Fern. de Noronha
		PYØ	St. Peter & Paul Rocks
KH2, KG6	Guam	PYØ	Trinidad & Inseln
KH3, KJ6	Johnston Insel	PZ	Surinam
KH4, KM6	Midway Insel	S2, AP	Bangla Desh
KH5, KP6	Palmyra Insel	S7, VQ9	Seychellen

Tabelle 4: Amateurfunk-Landeskenner (DXCC-Länderliste) (DX-Referat des DARC 11/1983)

S9, CR5	Sao Tome	UJ8	Tadschikistan
SM, SJ-SL	Schweden	UL7, UK7	Kasachstan
SP, 3Z, SQ	Polen	UM8	Kirgisistan
ST2	Sudan	UO5, UK5O	Moldauische SSR
STØ	Süd-Sudan	UP2	Litauische SSR
SU	Ägypten	UQ2	Lettische SSR
SV-SZ, J4A	Griechenland	UR2	Estnische SSR
SV	Kreta	VE, VO, VA, CF, XG-XN	Kanada
SVØ	Dodekanes (Rhodos)		
SY	Mount Athos	VE1, VX9	Sable Insel
T2, VR8	Tuvalu	VE1, VYØ	St. Paul Insel
T30, VR1	West Kiribati	VK, AX	Australien
T31, VR1	Zentral Kiribati	VK2	Lord Howe Insel
T32, VR3	Ost Kiribati	VK9	Mellish Reef
TA, TC	Türkei	VK9	Willis Insel
TF	Island	VK9N	Norfolk Insel
TG	Guatemala	VK9X	Weihnachtsinsel
TI	Costa Rica	VK9Y	Cocos Insel
TI9	Cocos Insel	VKØ	Heard Insel
TJ	Kamerun	VKØ	Macquarie Insel
TL8, TH	Zentralafrikanische Republik	V3, VP1	Brit. Honduras (Belize)
		V2, VP1	Antigua, Barbuda
TN8	Republik Kongo	VP2E	Anguilla
TR8	Gabun	VP2K	St. Kitts, Nevis
TT8	Republik Tschad	VP2M	Montserrat
TU	Elfenbeinküste	VP2V	Brit. Jungferninseln
TY	Volksrepublik Benin	VP5	Turks & Caicos
TZ	Republik Mali	VP8	Falkland Insel
UA, 4J-L	Europ. Russ. SSR	VP8, LU-Z	Süd-Orkney Inseln
UA1	Franz-Josef Land	VP8, LU-Z	Süd-Georgia Inseln
UA2, UK2F	Kaliningrad	VP8, LU-Z	Süd-Sandwich Inseln
UA9, Ø	Asiat. Russ. SSR	VP8, CE9A	Süd-Shetland Inseln
UB5, UK5,		VP9	Bermuda Inseln
UT, UY	Ukraine	VQ9/C	Chagos Insel
UC2	Weißruss. SSR	VR6	Pitcairn Insel
UD6	Aserbeidjan	VS5	Brunei
UF6	Georgien	VS6	Hongkong
UG6	Armenien	VS9K	Kamaran Insel
UH8, UK8H	Turkmenistan	VU	Indien
UI8	Usbekistan	VU7	Andamanen/Nicobaren

Tabelle 4: Amateurfunk-Landeskenner (DXCC-Länderliste)
(DX-Referat des DARC 11/83)

Kenner	Land	Kenner	Land
VU7	Laccadiven	1AØ	S.M.O. Malta
XE, 4A-4H, 6A-6J	Mexico	1S	Spratley
		3A	Monaco
XF4, 6D4	Revilla Gigedo	3B6, 7	Agalega, St. Brandon
XT2	Republik Volta	3B8	Mauritius
XU	Khmer	3B9	Rodriguez Insel
XV5, 3W8	Vietnam	3C, EAØ	Äquat. Guinea
XW8	Laos	3CØ	Annobon Insel
XZ2	Burma	3D2, VR2	Fidschi Inseln
YA	Afghanistan	3D6, ZD5	Swasiland
YB, YC	Indonesien	3V8	Tunesien
YI	Irak	3X, 7G1	Rep. Guinea
YJ8	Neue Hebriden	3Y	Bouvet Insel
YK	Syrien	4S7	Sri Lanka (Ceylon)
YN, HT	Nicaragua	4U	ITU (Genf)
YO	Rumänien	4U	UN (New York)
YS, HU	El Salvador	4W	Jemen
YU, 4N, YT, YZ	Yugoslawien	4X, 4Z4	Israel
		5A	Libyen
YV, 4M	Venezuela	5B4, ZC4	Zypern
YVØ	Aves Insel	5H3	Tansania
Y2	DDR	5N2	Nigeria
ZA	Albanien	5R8	Republik Madagaskar
ZB2	Gibraltar	5T5	Mauretanien
ZD7	St. Helena	5U7	Niger
ZD8	Ascension Insel	5V	Togo
ZD9	Tr. da Cunha, Gogh	5W1	West-Samoa
ZE, Z2	Zimbabwe	5X5	Uganda
ZF1, VP5	Cayman Insel	5Z4	Kenia
ZK1	Cook Insel	6O1	Somalia
ZK1M	Manihiki Insel	6W8	Senegal
ZK2	Niue	6Y5	Jamaica
ZL, ZM	Neuseeland		
ZL/A	Auckland & Campbell Insel	7O, VS9	Republik Südjemen
ZL/C	Chatham Insel	7P8, ZS8	Lesotho
ZL/K	Kermadec	7Q7, ZD6	Malawi
ZM7	Tokelaus	7X	Algerien
ZP	Paraguay	8P6, VP6	Barbados
ZS	Republik Südafrika	8Q, VS9M	Malediven
ZS2M	Marion Insel	8R1	Guyana

Tabelle 4: Amateurfunk-Landeskenner

9G1	Ghana
9H	Malta
9J, 9I	Zambia
9K2	Kuwait
9L1	Sierra Leone
9M2, 4	West Malaysia
9M6, 8	Ost Malaysia
9N1	Nepal
9Q5	Zaire
9U5	Burundi
9V1	Singapur
9X5	Ruanda
9Y4	Trinidad & Tobago

Tabelle 5: Das international übliche Buchstabieralphabet

A	Alfa
B	Bravo
C	Charlie
D	Delta
E	Echo
F	Foxtrott
G	Golf
H	Hotel
I	India
J	Juliett
K	Kilo
L	Lima
M	Mike
N	November
O	Oscar
P	Papa
Q	Quebec
R	Romeo
S	Sierra
T	Tango
U	Uniform
V	Victor
W	Whisky
X	X-ray
Y	Yankee
Z	Zulu

Relaisstationen

im deutschsprachigen Raum Europas, nach dem Bandplan der IARU, Region 1, Zuweisungen in der Schweiz, Österreich und der Bundesrepublik Deutschland.

Um den OM, die im Auto unterwegs sind, die Auffindung der Frequenzen zu erleichtern, haben wir bewußt die Kanal-Nummer vor das Call und das QTH gestellt.

Alle Frequenzen in Megahertz

FM-Relaisfunkstellen:

R0 = 145,00 – 145,600
R1 = 145,025 – 145,625
R2 = 145,050 – 145,650
R3 = 145,075 – 145,675
R4 = 145,100 – 145,700

R5 = 145,125 – 145,725
R6 = 145,150 – 145,750
R7 = 145,175 – 145,775
R8 = 145,200 – 145,800
R9 = 145,225 – 145,825

RT0 = 144,640 – 145,840 (RTTY)
RT = 144,640 – 145,995 (RTTY)
RT1 = 145,250 – 145,850 (RTTY)

R-1 = 144,875 – 145,475 (OE)   R-2 = 144,850 – 145,450 (OE)

R70 = 431,050 – 438,650
R72 = 431,100 – 438,700
R74 = 431,150 – 438,750
R76 = 431,200 – 438,800
R78 = 431,250 – 438,850
R80 = 431,300 – 438,900
R82 = 431,350 – 438,950
R84 = 431,400 – 439,000
R86 = 431,450 – 439,050
R88 = 431,500 – 439,100

R71 = 431,075 – 438,675
R73 = 431,125 – 438,725
R75 = 431,175 – 438,775
R77 = 431,225 – 439,825
R79 = 431,275 – 438,875
R81 = 431,375 – 438,975
R83 = 431,325 – 438,925
R85 = 431,475 – 438,025
R87 = 431,475 – 439,075
R100 = 432,800 – 439,400

R68 = 431,000 – 438,600 (RTTY)   R69 = 431,025 – 438,625 (RTTY)

R20 = 1293,150 – 1260,150
R22 = 1293,300 – 1260,300
R24 = 1293,450 – 1260,450
R26 = 1293,600 – 1260,600
R28 = 1293,750 – 1260,750

R30 = 1293,900 – 1260,900
R32 = 1294,050 – 1261,050
R34 = 1294,200 – 1261,200
R36 = 1294,350 – 1261,350

R12 = 2303,925 – 2348,925   RG3 = 10353 – 10383

Linear-Transponder (Crossband)

```
LT1 =  432,600 –  145,400  MHz  ± 16 kHz  ⎫
LT2 =  144,425 –  435,225  MHz  ± 25 kHz  ⎪
LT3 = 1296,120 –  432,520  MHz  ± 20 kHz  ⎪
LT4 =  432,295 –  145,895  MHz  ± 25 kHz  ⎬ CW/SSB
LT5 =  432,450 – 1296,450  MHz  ± 25 kHz  ⎪
LT6 = 1296,650 –  432,650  MHz  ± 17 kHz  ⎪
LT7 = 1296,550 –  432,550  MHz  ± 17 kHz  ⎭
T1  =  432,000 –  144,750  MHz  ± 12 kHz    (OE)
T2  =  144,375 –  145,575  MHz  ± 15 kHz    (OE)

SA1 = 1252,500 –  433,500  MHz  ± 500 kHz ⎫
SA2 = 1252,500 –  433,600  MHz  ± 500 kHz ⎪
SA3 = 1252,500 –  433,700  MHz  ± 500 kHz ⎪
SA4 = 1252,500 –  433,800  MHz  ± 500 kHz ⎬ SATV
SA5 = 1252,500 –  433,900  MHz  ± 500 kHz ⎪
SA6 = 1252,500 –  434,000  MHz  ± 500 kHz ⎪
SA7 =  434,250 – 1252,500  MHz  ± 500 kHz ⎭

AT1 = 1252,500 –  434,275  MHz  BILD  ⎫
      1258,000 –  439,775  MHz  TON   ⎪
AT2 = 1252,500 –  434,300  MHz  BILD  ⎪
      1258,000 –  439,800  MHz  TON   ⎪
AT3 = 1252,500 –  434,325  MHz  BILD  ⎪
      1258,000 –  439,825  MHz  TON   ⎪
AT4 = 1252,500 –  434,350  MHz  BILD  ⎪
      1258,000 –  439,850  MHz  TON   ⎬ ATV
AT5 = 1252,500 –  434,375  MHz  BILD  ⎪
      1258,000 –  439,875  MHz  TON   ⎪
AT6 = 1252,500 –  434,400  MHz  BILD  ⎪
      1258,000 –  439,900  MHz  TON   ⎪
AT7 =  434,250 – 1285,500  MHz  BILD  ⎪
       439,750 – 1291,000  MHz  TON   ⎪
AT8 = 1252,500 – 1285,500  MHz  BILD  ⎪
      1258,000 – 1291,000  MHz  TON   ⎭
```

Kanal	Call	Standort	QTH-Kenner
R00	DB0XA	Altenwalde/Nordsee	EN14F
R00	DB0ZB	Bayreuth (Ochsenkopf)	FK80F
R00	DB0SP	Berlin-Kreuzberg	GM37D
R00	DB0UF	Frankfurt/Feldberg	EK63H
R00	DB0XF	Freising/Holledau	FI39G
R00	DB0UH	Hagen	DL58H
R00	DB0QB	Konstanz	EH26D
R00	DB0YY	Ludwigsburg	EI06D
R00	DB0YN	Northeim	FL21G
R00	DB0ZB	Ochsenkopf	FK80F
R01	DB0UB	Bamberg	FJ16H
R01	DB0WU	Bremen/Siemens-Haus	EN75G
R01	DB0WT	Detmold/Teuto-Relais	EL05F
R01	DB0WW	Duisburg-Kaiserberg	DL44C
R01	DB0WV	Friedrichshafen	EH17C
R01	DB0ZH	Heidelberg/Königstuhl	EJ44E
R01	DB0XS	Merzig-Silwingen/Saar	DJ33E
R01	DB0ZA	Rendsburg	EO49G
R01	DB0WB	Waldkraiburg	GI62J
R02	DB0DX	Frankfurt/Feldberg 2	EK63H
R02	DB0SN	Göttingen	EL40D
R02	DB0RH	Ülzen (Testbetrieb)	FM13J
R03	DB0YC	Cham	GJ74C
R03	DB0SH	Flensburg	EO18G
R03	DB0WS	Goslar	FL03F
R03	DB0YH	Hochschwarzwald	EH21B
R03	DB0SD	Idar-Oberstein	DJ27J
R03	DB0UK	Karlsruhe	EJ72D
R03	DB0VR	Nordhelle (Sauerland)	DL69D
R03	DB0UO	Oldenburg	EN62F
R03	DB0TF	Ulm	EI50D
R03	DB0WZ	Würzburg	EJ20E
R04	DB0SB	Bonn (Stadt)	DK26A
R04	DB0UC	Coburg	FK55C
R04	DB0SL	Deggendorf	GI16H
R04	DB0XK	Kalmit (Weinstraße)	EJ51J
R04	DB0XU	Rimberg	EK18J
R04	DB0ZL	Lüchow	FN65J
R04	DB0WM	Münster/Westfalen	DL09H
R04	DB0XW	Hohenkirchen (Ostfriesland)	DN39C
R04	DB0XU	Rimberg	FK18J

Kanal	Call	Standort	QTH-Kenner
R05	DB0XY	Bocksberg/Harz	FL12B
R05	DB0ZK	Koblenz	DK58B
R05	DB0SM	Meppen (Ems)	DM17D
R05	DB0ZU	Zugspitze/Wetterwarte	FH45C
R06	DB0WF	Berlin (Funkturm)	GM37A
R06	DB0VF	Frankfurt/Mitte	EK64E
R06	DB0ZF	Freiburg (Kaiserstuhl)	DI79J
R06	DB0UE	Fulda	EK39J
R06	DB0SN	Göttingen/Stadt	EL40D
R06	DB0XH	Hamburg (Unileverhaus)	EN40C
R06	DB0WH	Hannover-Lüdersen	EM69A
R06	DB0XO	Köln/Bergheim	DK04A
R06	DB0WK	Konstanz	EH26C
R06	DB0ZM	München/Stadt	FI78A
R06	DB0ZN	Nürnberg	FJ47A
R06	DB0ZO	Osnabrück	EM61J
R06	DB0SR	Saarbrücken	DJ65B
R06	DB0WR	Stuttgart	EI17D
R07	DB0YA	Arzberg	GK72G
R07	DB0VB	Bad König/Odenwald	EJ15D
R07	DB0VO	Bentheim	DM56C
R07	DB0XN	Bredstedt/Nordfriesland	EO25D
R07	DB0XC	Elm (Braunschweig)	FM64B
R07	DB0WG	Göppingen	EI30G
R07	DB0XG	Greding/Altmühltal	FJ77C
R07	DB0XE	Kassel	EL57E
R07	DB0VK	Köln/Stadt	DK05J
R07	DB0WL	Lahr	DI60A
R07	DB0UT	Trier	DJ26A
R08	DB0WA	Aachen	DK21H
R08	DB0UA	Augsburg	FI55B
R08	DB0YB	Bad Hersfeld	EK19A
R08	DB0XB	Bäderstraße/Ostsee	FO74B
R08	DB0YL	Berlin-Neukölln	GM37B
R08	DB0WD	Deister-Höhen/Hann.	EM58E
R08	DB0ZR	Dortmund	DL48G
R08	DB0XR	Dreiländereck D-F-HB	DH30A
R08	DB0ZZ	Grab/Schwäbisch Hall	EJ78C
R08	DB0YK	Kaiserslautern	DJ47E
R08	DB0WO	Leer/Ostfriesland	DN63A
R08	DB0WX	Triberg	EI72A
R08	DB0ZW	Weiden	GJ22C

Kanal	Call	Standort	QTH-Kenner
R09	DB0WC	Bremerhaven	EN33C
R09	DB0WE	Essen	DL45D
R09	DB0XM	Hoher Meißner	EL70H
R09	DB0WY	Lübecke (Wiehengeb.)	EM53H
R09	DB0UN	Nürnberg-Schmausenb.	FJ46C
R09	DB0WN	Ochsenwang/Schwäbische Alb	EI38J
R09	DB0UP	Pforzheim	EI04D
R09	DB0VP	Pirmasens	DJ69G
R09	DB0TK	Regensburg	GJ71J
R09	DB0YS	Siegen	EK01H
RT		Berlin-Tiergarten	GM37E
RT	DB0SI	Duisburg-Kaiserberg	DL45G
RT	DB0ZY	Hochries/Rosenheim	GH22H
RT		Feldberg/Schwarzwald	EH11H
RT	DB0YF	Frankfurt/Feldberg	EK63H
RT	DB0AT	Günzburg/Donau	FI42
RT	DB0YR	Hamburg/Heidenau	EN59J
RT	DB0LY	Langenburg	FJ60E
RT	DB0YX	Landshut	GI31C
RT	DB0RT	Nürnberg-Moritzberg	FJ47A
R68	DB0CS	Dortmund	DL48H
R68		Lüneburg	FN62
R68	DB0RY	Nürnberg-Moritzberg	FJ47A
R69	DB0SA	Bielefeld	EM73J
R69	DB0SQ	Frankfurt/Feldberg	EK63H
R69	DB0SY	Hamburg	FN31G
R69	DB0QF	Kempen/Wartsberg	DL43F
R69	DB0ZX	Rosenheim (Hochries)	GH11E
R70	DB0YV	Bad Tölz	FH19E
R70	DB0DS	Dortmund-Schnee	DL48G
R70	DB0SS	Heilbronn	EJ67F
R70	DB0UZ	Lüchow/Dannenberg	FN65J
R70	DB0VN	Nürnberg-Schmausenb.	FJ46C
R70	DB0YO	Oldenburg	EN62G
R70	DB0TL	Saarbrücken	DJ55J
R70	DB0UJ	Wetzlar/Gießen	EK23E
R70	DB0VA	Wiesbaden	EK62F
R71	DB0AO	Augsburg	EI55A
R71	DB0OI	Braunschweig	FM53E
R71	DB0RB	Bruchsal	EJ74H

Kanal	Call	Standort	QTH-Kenner
R71	DB0EG	Gronau	DM66A
R71	DB0BW	Passau	GI38G
R72	DB0UD	Duisburg	DL44C
R72	DB0SZ	Freiburg/Schauinsland	DH10E
R72	DB0YG	Göttingen	EL40B
R72	DB0XI	Hamburg	EN40C
R72	DB0WJ	Konstanz	EH26C
R72	DB0XT	Merzig-Silwingen-Saar	DJ33E
R72	DB0TR	Rosenheim (Hochries)	GH12H
R72	DB0WP	Stuttgart	EI17D
R73	DB0CY	Bocksberg/Harz	FL12B
R73	DB0RZ	Donau-Bussen	EI68J
R73	DB0AK	Siegen	EK01H
R74	DB0YP	Weserbergland	EL07A
R74	DB0TP	Erlangen	FJ26E
R74	DB0VE	Frankfurt/Feldberg	EK63H
R74	DB0ZV	Hagen	DL58H
R74	DB0	Leer/Ostfriesland	DN68A
R74	DB0Zi	Waldkraiburg	GI62J
R75	DB0CO	Dörenberg/Osnabrück	EM61H
R75	DB0BO	Esslingen	EI27A
R75	DB0TQ	Renchtal/Oberkirch	EI31G
R75	DB0QL	Rotenburg	EK10B
R75	DB0QA	Würselen	DK11J
R76	DB0XJ	Altenwalde	EN14F
R76	DB0VO	Bayreuth/Ochsenkopf	FK80F
R76	DB0TB	Bielefeld	EM73J
R76	DB0TD	Crailsheim	FJ61E
R76	DB0UU	Darmstadt	EJ24H
R76	DB0SJ	Düsseldorf	DL55D
R76	DB0XX	Elm (Braunschweig)	FM64B
R76	DB0TC	Freising	FI59G
R77	DB0QN	Biedenkopf	FK03A
R77	DB0BS	Bochum	DL47G
R77	DB0XZ	Flensburg	FO18G
R77		Frastanz-Vorderälple	EH69A

Relaisstationen innerhalb der Bundesrepublik Deutschland auf dem 430-MHz-Band

Kanal	Call	Standort	QTH-Kenner
R78	DB0VV	Erbeskopf/Hunsrück	DJ16E
R78	DB0SF	Freiburg/Kaiserstuhl	DI79J
R78	DB0VG	Goch - Kleve	DL11C
R78	DB0WI	Hamburg-Flughafen	FN21F
R78	DB0TM	Kassel	EL57J
R78	DB0WQ	Lübecke (Wiehengeb.)	EM54G
R78	DB0VY	Würzburg	EJ20E
R78	DB0ZS	Zugspitze/Wetterwarte	FH45C
R79	DB0CJ	Amberg	FJ50J
R79	DB0	Bremen	EN74B
R79	DB0QH	Arnsberger Wald	EL42E
R79	DB0XQ	Pfinzgau	EI13A
R80	DB0VT	Bamberg-Altenburg	FJ05A
R80	DB0VS	Feldberg/Schwarzwald	EH11H
R80	DB0UW	Goslar/Steinberg	FL03F
R80	DB0UR	Haltern (Hohe Mark)	DL16E
R80	DB0SO	Koblenz	DK58B
R80	DB0XL	Lübeck	FN04H
R80	DB0TE	Ulm-West	EI49C
R81	DB0QE	Cham/Kühnried	GJ54J
R81		Hamburg	FN40B
R81	DB0CH	Hoher Meißner	EL70H
R81	DB0BP	Ludwigsburg	EI06D
R81	DB0VX	Mönchengladbach	DL63H
R81	DB0BL	Nördlingen-Hesselberg	FJ73C
R82	DB0US	Damme/Vechta	EM32G
R82	DB0SE	Eifel (Gemünd)	DK33J
R82	DB0TI	Ermstal	EI48G
R82	DB0SW	Süderlegum	EO05E
R82	DB0UX	Karlsruhe	EI03A
R82	DB0UI	Marburg	EK15G
R82	DB0VM	München-Stadt	FI78A
R82	DB0TJ	Schweinfurt	FK72F
R83	DB0IO	Groß Umstadt	EJ15B
R83	DB0YE	Lörrach	DH39A
R83		Teufelsmoor	EN64H
R83	DB0CA	Wuppertal	DL56
R84	DB0TA	Berlin-Funkturm	GM37A
R84	DB0VH	Hannover-Lüdersen	EM80B

Kanal	Call	Standort	QTH-Kenner
R84	DB0TN	Haslach (Brandeskopf)	EI51B
R84	DB0UL	Kiel	FO51G
R84	DB0UQ	Knüll	EK08F
R84	DB0SK	Köln	DK05J
R84	DB0YW	Münster	DL09H
R84	DB0ZD	Oberallgäu	FH32G
R84	DB0QH	Oberpfälzer Wald	GJ43C
R84	DB0SC	Taubertal/Königshofen	EJ39C
R85	DB0QC	Bremerhaven	EN34G
R85	DB0UY	Lichtenfels	FK76
R85	DB0MA	Mannheim	EJ43A
R85	DB0UG	Paderborn/Eggegebirge	FL15C
R85		Pfaffenhofen	EI38F
R86	DB0SX	Berlin (Stegl. Kreisel)	GM47J
R86	DB0SG	Bonn-Bad Godesberg	DK27G
R86	DB0SV	Eschwege	FL61G
R86	DB0ST	Göppingen	EI30G
R86	DB0QM	Heide	EO66J
R86	DB0AF	Landau	GI16H
R86	DB0VL	Lingen/Ems	DM38E
R86	DB0VW	Wolfsburg	FM44C
R86	DB0ZT	Zweibrücken	DJ67H
R87	DA4FB	Hermeskeil/Sandkopf	DJ26J
R87	DB0XB	Deister	EM58
R87	DB0CI	Balingen	EI65H
R87	DB0CM	Seligenstadt	EK75D
R87		Stiftland	GJ12D
R88		Distrikt M	EO05
R88	DB0ZP	Nienburg	EM26J
R88	DB0TW	Winterstein	EK54J
R100	DB0CT	Hanau	EK65E
R20	DB0YD	Duisburg	DL44C
R20		Itzehoe	EN08C
R22	DB0VZ	Feldberg/Ts.	EK63H
R22		Wiehengebirge	EM54G
R24	DB0BZ	Mönchengladbach	DL63A
R24	DB0YM	Münster	DL09H
R26		Bad Godesberg	DK27G
R26	DB0BK	München	FI78A

Kanal	Call	Standort	QTH-Kenner
R28	DB0TO	Hagen	DL58A
R30	DB0BV	Röllstein	EJ15D
R30		Friedrichshafen	EH28G
R32	DB0TZ	Haltern	DL16E
R32	DB0XV	Hamburg	EN40C
R32	DB0HR	Rotenburg	EK10B
R32	DB0CZ	Saarbrücken	DJ55J
R34		Durlach	EI03A
R34	DB0CE	Nürnberg-Moritzberg	FJ47A
R36	DB0YU	Melibokus/Darmstadt	EJ24H
R12		Elm	FM64B
R12	DB0ZC	Feldberg/Ts.	EK63H
RG3	DB0EH	München	FI68D
LT1	DB0VU	Nordhelle (Crossband)	DL69D
LT2	DB0SU	Feldberg/Ts. (Crossband)	EK63H
LT3	DB0QO	Bad Iburg (Crossband)	EM61G
LT4	DB0TU	Feldberg/Ts. (Crossband)	EK63H
LT5	DB0CF	Biedenkopf (Crossband)	EK03A
LT6	DB0AE	Oberndorf/Spessart	EJ07C
LT6	DB0XD	Wesel	DL24F
LT7	DB0TH	Hof/Saale	FK69B
LT7		Kühnried/Cham	GJ54J
SA1	DB0TT	Dortmund (Crossband)	DL48A
SA6	DB0YT	Gosheim/Rottweil (Crossband)	EI65H
SA7	DB0CK	Rossberg/Genkingen (Crossband)	EI46C
AT1	DB0TW	Teutoburger Wald (Crossband)	EM73E
AT3	DB0CD	Gelsenkirchen-Buer	DL36H
AT3	DB0QI	Hamm (Crossband)	DL30F
AT3	DB0QJ	Siegen (Crossband)	EK01H
AT6	DB0AA	Neuss (Crossband)	DL64A
AT7	DB0DP	Bremen (Crossband)	EN75H
AT7	DB0FS	Hamburg (Crossband)	EN40B
AT7	DB0QP	Pfarrkirchen (Crossband)	GI54H
AT7	DB0DN	Tegelberg/Schwaben (Crossband)	FH24B
AT7		Ulm-Ermingen (Crossband)	EI50D
AT8	DB0KO	Köln	DK05H
AT8	DB0TV	Feldberg/Ts.	EK63H
AT8	DB0BM	Jülich	DK02C
AT8	DB0YQ	Weiden	GJ21C

Schweiz:

Kanal	Call	Standort	QTH-Kenner
R00	HB9BS	Basel	DH38D
R00	HB9EI	M. Rotondo (Tessin)	EG75A
R01	HB9Y	Wallis (Sex Carro)	DG66E
R02	HB9F	Bern (Menziwilegg)	DG09H
R04	HB9F/2	Bern (Schilthorn)	DG40G
R05	HB9G	Genève (Poele-Chaud)	DG41J
R06	HB9H	Arosio/Ticino	EG75J
R07	HB9AN	Aarau	EH42B
R08	HB9MM	Montreux	DG45A
R09	HB9RW	Chur/Parpaner Rothorn	EG28B
R22	HB9AA	Zürich	EH53B
R70	HB9BS	Basel - Muttenz	DH39F
R70	HB9RW	Chur - Says - Valtana	EG08D
R70	HB9FG	Fribourg	DG36H
R70	HB9Y	Wallis (Sex Carro)	DG66E
R70	HB9Z	Zürich-Ütliberg	EH53A
R72	HB9BA	Solothurn (Weissenst.)	DH68A
R74	HB9CC	St. Gallen (Saentis)	EH57E
R76	HB9AA	Luzern (Pilatus)	EG02H
R82	HB9AN	Aaarau (Strihen)	EH41G
R86	HB9F/2	Bern (Schilthorn)	DG40G

Republik Österreich:

Die Frequenzen sind ab Kanal R9 aufwärts Zuweisungen, die nur für Österreich gelten.

R10 = 145,250 – 145,850 MHz
R17 = 144,825 – 145,425 MHz
R18 = 144,850 – 145,450 MHz
R19 = 144,875 – 145,475 MHz

Kanal	Call	Standort	QTH-Kenner
R0	OE5XLL	Linz-Lichtenberg	HI42F
R0	OE6XTG	Gleisdorf-Kulm	HH69B
R0	OE8XCK	Klagenfurt-Stadt	HG22E
R1	OE1XZW	CVF Wien (gekoppelt mit OE3XZA-R19/OE1XFW-R70)	II62D
R1	OE8XLK	Hohenwart-Klippitzthörl	HG04J
R2	OE2XHL	Kitzsteinhorn	GH64F
R2	OE3XPA	St. Pölten-Kaiserkogel	HI78C
R2	OE9XVI	V. Älpele, G. Frastanz	EH69H
R3	OE6XPG	Schladming-Planai	GH59A
R4	OE3XSA	Sandl	HI48H
R4	OE6XKG	Judenburg-Klosterneuburgerhütte	HH52D
R5	OE3XHW	Wr. Neustadt-Hohe Wand	IH11G
R5	OE8XOK	Spittal-Goldeck	GG18F
R6	OE1XZS	CVF Wien-Stadt	II52E
R6	OE5XGL	Gmunden-Feuerkogel	GH19G
R6	OE7XLI	Lienz-Rauchkofel	GG14G
R6	OE7XTI	Innsbruck-Patscherkofel	FH68H
R7	OE4XUB	Brentenriegel	IH22D
R7	OE5XUL	Ried-Geiersberg	GI68C
R7	OE8XKK	Villach	GG40B
R8	OE2XLS	Salzburg-Gaisberg	GH16C
R8	OE8XMK	Klagenfurt-Magdalensberg	HG23H
R8	OE1XZU	CVF Wien-Stadt	II63G

Kanal	Call	Standort	QTH-Kenner
R9	OE6XEG	Bruck/Mur-Rennfeld	HH47J
R9	OE7XKI	Kufstein-Hohe Salve	GH42H
R10	OE1XFS	CVF-RTTY Wien	II52E
R17	OE3XZA	CVF-Wienerwald (gekoppelt mit OE1XZW-R1/OE1XFW-R70)	HI80A
R18	OE5XKL	Dachstein-Krippenstein 144,850/145,450 MHz	GH39E
R19	OE3XZA	CVF Wienerwald (gekoppelt mit OE1XZW-R1/OE1XFW-R70) 144,875/145,475 MHz	HI80A
R19	OE2XJL	St. Johanni. P.-Gernkogel	GH57G
R19	OE9XVH	Arlberg-Valluga	FH62F
R19	OE4XSB	Hirschenstein	IH52B
RT	OE7XKH	Kufstein-Kaiserlift RTTY 144,640/145,840	GH31C

Relaisstationen innerhalb der Republik Österreich auf dem 430-MHz-Band.

Österreich ist zusätzlich noch der Kanal R68 zugewiesen.

R68 = 431,000 – 438,600 MHz

Kanal	Call	Standort	QTH-Kenner
T1	OE2XSL	Salzburg-Gaisberg	GH16C
T2	OE7XZI	Zugspitze	FH45C
RT	OE5XUM	Frauschereck 28, St. Joh/W.	GI71I
R68	OE1XFS	CVF-RTTY-Wien (gekoppelt mit OE1XFS-R10)	II52E
R70	OE1XFW	CVF-Wien (gekoppelt mit OE1XZW-R1/OE3XZA-R17)	II62D
R72	OE3XPA	St. Pölten-Kaiserkogel	HI78C
R73	OE5XDM	Dachstein-Hunerkogel	GH49H
R76	OE1XWU	CVF Wien-Stadt (gekoppelt mit OE1XZS-R6)	II52E
R76	OE5XGL	Gmunden-Feuerkogel	GH19G
R78	OE1XZB	CVF Wien-Stadt	II62F
R78	OE5XLL	Linz-Lichtenberg	HI42F
R78	OE8XMQ	Klagenfurt-Magdalensberg	HG23H

Kanal	Call	Standort	QTH-Kenner
R80	OE3XSU	CVD-AFC Donau Schwechat	II63F
R80[+]	OE7XA	Zillertal-Reitherkogel	FH50C
R82[*]	OE4	Hirschenstein	
R83[*]	OE2	Hochkönig	
R84	OE1XFU	CVF Wien-Stadt	II63G
R84	OE2XSL	Salzburg-Gaisberg	GH16C

[+] dzt. auf R84
[*] dzt. nicht in Betrieb, d. h. in Planung

Transponder T1 Eingabe 432,000 MHz   Ausgabe 144,750 ±12 kHz
                  T2 Eingabe 144,375 MHz   Ausgabe 145,575 ±15 kHz
                  RT Eingabe 432,595 MHz   Ausgabe 144,595

Lösungen und Antworten

Antworten zu den Fragen und Lösungen der Übungsaufgaben

Der folgende Abschnitt des Buches enthält in kurzer Form die Antworten auf die Fragen zur Selbstkontrolle und die Lösungen der Übungsaufgaben und Rechenbeispiele. Bei der Beantwortung der Fragen ist jeweils die Nummer des Absatzes erwähnt, in dem die Frage behandelt wird. Nur bei einigen Fragen, die nicht in kurzer Form behandelt werden können, wird nur auf den Absatz verwiesen. Die Lösungen der Übungsaufgaben enthalten die Zwischenergebnisse und in Klammern die Nummer der verwendeten Formel oder des Absatzes, in dem die Rechnung behandelt wird.

Lösungen der Übungsaufgaben von Kapitel I.

1. $R = 272\ \Omega$ (F2), $U = 10,9$ V (F1a), $I = 221$ mA (F1).

2. $R = 20$ kΩ (F1b), $P = 7,2$ mW (F3).

3. $I = 2,5$ A (F3b).

4. $P = 1$ kW (F3c), $P = 1,742$ kW (F3d).

5. $U = 64$ V (F3e), $I = 78,1$ mA (F3f).

6. Reihe: $R = 13,912$ kΩ (F4), Parallel: $R = 104,5\ \Omega$ (F5).

7. $t = 0,142$ µs (F6), $\lambda = 42,61$ m (F7).

8. $U_{eff} = 12,6$ V (F8).

9. $\omega = 1,79 \cdot 10^8$ Hz (F10), $X_L = 100,2\ \Omega$ (F9).

10. $U_{Sek} = 12$ V (F11), $I_{Pr} = 381$ mA (F12).

11. $\omega = 6,28 \cdot 10^5$ Hz (F10), $X_C = 2,342$ kΩ (F13).

12. Reihe: $L_{ges} = 1,53$ H (F14a), Parallel: $L_{ges} = 229$ mH (F14b).

13. Reihe: $C_{ges} = 57,7$ µF (F14c), Parallel: $C_{ges} = 650$ µF (F14d).

Beantwortung der Fragen von Kapitel I.

1. Leiter: Silber, Kupfer, Aluminium. Halbleiter: Germanium, Silizium, Selen. Isolatoren: Glas, Keramik, Polyäthylen (I.1).

2. Zwischen zwei durch einen Leiter verbundenen Punkten muß eine Spannung bestehen (I.1).

3. Siehe Tabelle in I.2.

4. Der Strom wächst proportional zur Spannung.

5. Bei Reihenschaltung ist der Gesamtwiderstand größer als der größte Einzelwiderstand, bei Parallelschaltung kleiner als der kleinste Einzelwiderstand.

6. Zur wohldefinierten Verringerung von Gleich- und Wechselspannung (I.5).

7. Beide werden mit wachsender Frequenz kleiner (I.6).

8. Für Sinusform (I.6).

9. Durch die Phasenverschiebung zwischen Strom und Spannung (I.7), (I.9).

10. Die aufgenommene Leistung wird vollständig wieder abgegeben. In jeder Periode ist die Leistungsbilanz exakt gleich 0 (I.7), (I.9).

11. Ferrit- und Eisenkerne erhöhen, Aluminium- und Kupferkerne senken die Induktivität (I.7).

12. Primärwicklung: Viele Windungen aus dünnem Draht. Sekundärwicklung: Wenige Windungen aus dickem Draht (I.8).

13. X_L nimmt zu, X_C nimmt ab mit steigender Frequenz (I.7), (I.9).

14. L: Beim Einschalten $I = 0$, im Endzustand $I = \frac{U}{R}$ (I.7)
    C: Beim Einschalten $I = \frac{U}{R}$, im Endzustand $I = 0$ (I.9).

Lösungen der Übungsaufgaben von Kapitel II.

1. $U = 1{,}5$ V (F1a), $P = 7{,}5 \cdot 10^{-10}$ W (F3d).

2. $U_{ein} = 40$ nV (F3e).

3. $f = c/\lambda$ (F7), $f = 4{,}62 \cdot 10^{14}$ Hz.

4. $C = \dfrac{1}{\omega \cdot X_C}$ (F13), $C = 50$ pF.

5. $\dfrac{1}{C_X} = \dfrac{1}{C_{ges}} - \dfrac{1}{C}$ (F14c), $C_X = 60$ nF.

6. $I = R \cdot \dfrac{A}{\varrho}$ (F2), $I = 40$ m.

7. $X_C = 2{,}65\ \Omega$ (F13).

8. Dämpfung $= +1{,}2 - 12 + 4$ dB $= -6{,}8$ dB. Es verbleibt eine Verstärkung von 6,8 dB.

Beantwortung der Fragen von Kapitel II.

1. Siehe Tabelle in I.2.

2. 10^0 entspricht dem Faktor 1. ($10^0 = 1$).

3. Der Exponent des Resultats ist gleich dem Exponenten des Zählers minus dem Exponenten des Nenners.

4. Geradzahlige Exponenten werden halbiert. Ungeradzahlige werden in den Faktor 10 und einen geradzahligen Exponenten zerlegt. Im Ergebnis erscheint der Faktor $\sqrt{10}$.

5. Die Zahlen müssen erst in Vielfache derselben Zehnerpotenz umgewandelt werden.

6. Durch Kehrwertbildung auf beiden Seiten des Gleichheitszeichens.

7. Durch Quadratbilden auf beiden Seiten des Gleichheitszeichens.

Lösungen der Übungsaufgaben von Kapitel III.

1. $\omega_r = 1{,}332 \cdot 10^8$ Hz (F15), $f_r = 21{,}21$ MHz.

2. $\omega_r = 11{,}3 \cdot 10^6$ Hz, $L = 43{,}48\ \mu$H (F15a), $C = 166{,}5$ pF (F15b).

3. $B = 5{,}8$ MHz (F17).

4. $Q_{min} = 22500$ (F17a).

5. $\omega_{gr} = 2{,}514 \cdot 10^8$ Hz (F18a), $f_{gr} = 40$ MHz.

6. $\omega_{gr} = 24{,}69$ kHz (F18b), $f_{gr} = 3{,}93$ kHz.

7. $C = \dfrac{1}{\omega_{gr} \cdot R}$ (F18b), $C = 53{,}1$ nF.

8. $L = \dfrac{1}{\omega^2 \cdot C}$ (F16a), $L = 178$ nH.

9. $C = 0{,}0563$ pF (F16b).

10. $C_{ges} = 0{,}05626$ pF (F14c), $f_r = 100077$ Hz (F16).

Beantwortung der Fragen von Kapitel III.

1. In der Schwingkreisformel steht C unter der Wurzel. Daher muß C quadratisch mit der Frequenz verändert werden: 9:1 (III.1).

2. Bei Serienresonanz ist nur das Quarzplättchen selbst beteiligt, bei Parallelresonanz wirkt die Reihenschaltung von innerer und äußerer (Gehäuse + Bürde) Kapazität als Kreiskapazität (III.5).

3. Durch Parallelschaltung eines Trimmkondensators (III.5).

4. Durch Verschieben des Kerns oder durch Stauchen bzw. Recken der ganzen Spule (III.1).

5. Etwa in die Mitte zwischen den Frequenzen (ca. 120 MHz) (III.2).

6. Durch einen Parallelresonanzkreis im Signalweg oder einen Serienresonanzkreis zwischen Signalweg und Masse. Umgekehrt beim Bandpaß (III.3).

7. Überall, wo ein Frequenzbereich ausgefiltert werden soll. ZF-Teil von Empfängern, Stufenkopplung in Sendern, Bandpaßfilter für VHF–UHF-Bänder (III.4).

8. Induktive, kapazitive und galvanische Kopplung. Festigkeit der Kopplung unterkritisch, kritisch und überkritisch.

Lösungen der Übungsaufgaben von Kapitel IV.

1. Bandbreite $\Delta f = 12$ kHz (F19).

2. 145 MHz und 127 MHz (F20).

3. 3,7 MHz (Träger), 3,7015, 3,6985 MHz (F20).

4. 28,5076 MHz bis 28,5997 MHz (F20).

5. 3,651445 MHz (Mark), 3,651275 MHz (Space) (F20).

6. 9 MHz, 48 MHz (F20).

Beantwortung der Fragen von Kapitel IV.

1. Die Bandbreite ist im optimalen Fall gleich groß oder größer (IV.1).

2. Der Träger enthält keine Information. Er bleibt zeitlich unverändert.

3. Zu harte Tastung bewirkt steile Umschaltflanken und verursacht dadurch ein breites Spektrum. Auf benachbarten Frequenzen treten Klickgeräusche auf (IV.2).

4. Ca. 30 Hz (IV.2).

5. Guter Wirkungsgrad, da nur das informationstragende Seitenband ausgestrahlt wird. Die HF-Bandbreite ist gleich groß wie die Bandbreite des Modulationssignals und entspricht damit dem theoretischen Minimalwert (IV.2).

6. Ein Amateur-Fernsehsignal entspricht völlig der europäischen CCIR-Norm und kann nach passender Frequenzumsetzung mit jedem handelsüblichen Fernsehempfänger aufgenommen werden (IV.2).

7. Der Hub muß mindestens so groß sein, wie die maximale Modulationsfrequenz (IV.3).

8. Sender muß nicht linear verstärken und kann Frequenzvervielfachung benutzen. Kaum Störungen anderer Empfänger wegen konstanter Amplitude. Unterdrückung von A3-Störungen durch Begrenzung (IV.3).

9. Das Modulationssignal wird im NF-Bereich erzeugt und auf den Mikrofoneingang eines SSB-Senders gegeben. Dieser setzt das Signal in den HF-Bereich um unter Erhaltung der gegenseitigen Frequenzunterschiede (IV.4).

10. FAX ist Faksimile-Übertragung von Bildern mit hoher Auflösung (IV.4).

11. Die beiden Eingabefrequenzen und die beiden Mischprodukte (IV.5).

12. Negative Frequenzen sind völlig gleichwertig mit positiven Frequenzen (IV.5).

13. Seitenbandumkehr tritt auf, wenn die Injektionsfrequenz höher ist, als die Frequenz des SSB-Signals. Im Mischprodukt mit der niedrigeren Frequenz ist das Seitenband umgekehrt wie im Originalsignal (IV.5).

Beantwortung der Fragen von Kapitel V.

1. Durch „Dotierung" des reinen Halbleiters (V.1).

2. Das n-Gebiet (V.2).

3. Die Schwellspannung ist diejenige Spannung, bei deren Überschreiten der Stromfluß einsetzt (V.2).

4. Der kleine Basisstrom steuert den viel größeren Kollektorstrom (V.3).

5. pnp und npn. Alle Ströme und Spannungen haben umgekehrte Vorzeichen (V.3).

6. Die Gate-Source-Spannung steuert den Drainstrom (V.4).

7. In analoge und digitale IC's. Analoge IC's geben am Ausgang kontinuierlich variable Signale ab, während die Ausgänge digitaler IC's nur zwei mögliche Zustände annehmen können (V.5).

8. Siehe V.5.

9. Siehe V.5.

10. Für hohe Leistungen, sehr hohe Frequenzen und als Bild- bzw. Oszillografenröhre.

Beantwortung der Fragen von Kapitel VI.

1. Die Ausgangsspannung ist gleich der Spitzenspannung der Wechselspannung, verringert um die Schwellspannung der Gleichrichterdiode (VI.1).

2. Die Ladestromstöße erfolgen mit der doppelten Frequenz. Die Welligkeit ist viel geringer und läßt sich wirkungsvoller ausfiltern.

3. Nur, wenn der im SSB-Sender unterdrückte Träger mit dem BFO frequenzrichtig wieder zugesetzt wird (VI.1).

4. Das verstärkende Bauteil steuert in Abhängigkeit von seinem Eingang den Strom durch den Arbeitswiderstand. Der Spannungsabfall am Arbeitswiderstand ist die verstärkte Spannung (VI.2).

5. Alle Kleinsignal-Verstärkerstufen arbeiten im A-Betrieb. Dabei kommt es auf die lineare, verzerrungsarme Verstärkung an (VI.3).

6. Als Kompromiß zwischen Wirkungsgrad und Linearität wird der AB-Arbeitspunkt benutzt (VI.3).

7. Die Stromaufnahme ändert sich nicht bei Modulation (VI.3).

8. LC-Schwingkreise hoher Güte oder Quarze (VI.4).

9. Durch Einbau von Bauelementen mit entgegengesetztem Temperaturgang (Kompensation) oder durch Einbau in einen Thermostaten (VI.4).

10. Stabilisierung der Betriebsspannung, Nachschalten einer Pufferstufe, lose Ankopplung des frequenzbestimmenden Elements, Temperaturkompensation oder Thermostat (VI.4).

11. Für besonders rauscharme und frequenzkonstante Ausgangssignale, wie Eichmarkengeber und Injektionsoszillatoren (VI.4).

12. Mechanisch mit einem Untersetzungsgetriebe oder elektrisch mit einem Parallelkondensator zum Drehkondensator (VI.4).

13. Die Ausgangsfrequenz wird digital umschaltbar heruntergeteilt und mit einer Referenzfrequenz verglichen. Ein Regelkreis sorgt für Frequenzgleichheit der geteilten mit der Referenzfrequenz (VI.4).

14. Rauscharmut und lineare, verzerrungsarme Verarbeitung schwacher Signale in Gegenwart starker Störsignale (VI.5).

15. Verzerrungsarmut und Unterdrückung der Eingangssignale am Ausgang. Es werden nur die Mischprodukte erzeugt (VI.5).

16. Dual-Gate-MOSFET's oder Schottky-Dioden in einem Ringmischer (VI.5).

17. Das Eingangssignal wird stark verzerrt und die gewünschte Oberwelle ausgefiltert.

Beantwortung der Fragen von Kapitel VII.

1. Die Empfangsfrequenz wird auf eine feste Zwischenfrequenz gemischt und auf dieser Frequenz gefiltert, verstärkt und demoduliert (VII.2).

2. Wegen des Auftretens zweier Mischprodukte gibt es stets eine zweite Frequenz, die beim Mischen mit der Oszillatorfrequenz die Zwischenfrequenz ergibt. Sie äußert sich als zweite Empfangsstelle (VII.2).

3. Mit einem Einzelkreis, Bandfilter oder einem Tiefpaß am Empfängereingang (VII.2).

4. Die AVC soll bei schwankender HF-Eingangsspannung die NF-Ausgangsspannung konstanthalten. Das Ausgangssignal des ZF-Verstärkers wird gleichgerichtet und zur Verstärkungsregelung der HF- und ZF-Stufen verwendet (VII.2).

5. Ein Konverter setzt ein ganzes Frequenzband breitbandig in ein anderes Band um (VII.3).

6. Ein Empfänger, bei dem das HF-Signal ohne Frequenzumsetzung verstärkt, gefiltert und demoduliert wird (VII.4).

7. Das HF-Signal wird in einem Modulator direkt in den NF-Bereich heruntergemischt (demoduliert). Die Abstimmung erfolgt mit der variablen Injektionsfrequenz (VII.4).

8. Der Empfänger wird fortlaufend elektronisch über den interessierenden Frequenzbereich hin abgestimmt und die HF-Spannung in Abhängigkeit von der Frequenz auf einer Oszillografenröhre dargestellt (VII.4).

Beantwortung der Fragen von Kapitel VIII.

1. Oszillator, Modulator, evtl. Frequenzumsetzungen in Mischstufen oder Vervielfachern, Leistungsverstärker (VIII.1).

2. Durch leistungsarme Tastung sowie RC-Glieder und evtl. eine NF-Drossel in der Tastleitung (VIII.2).

3. Siehe Bild VIII.5.

4. Durch Umschalten des Quarzes im Injektionsoszillator für den Balancemodulator (VIII.3).

5. Die Frequenzumsetzung darf nur durch Mischen, keinesfalls durch Vervielfachung erfolgen (VIII.3).

6. Jede Verzerrung des Signals führt zu Neben- und Oberwellen, die nicht nur zu Störungen führen, sondern auch auf Kosten der Stärke des Nutzsignals gehen. Am kritischsten ist stets die Endstufe, da hier die Spannungen und Ströme am höchsten sind (VIII.3).

7. Durch Modulation des Oszillators selbst oder mit einem Phasenmodulator hinter einem Quarzoszillator (VIII.4).

8. Bei der Aufbereitung kann Frequenzvervielfachung eingesetzt werden. Alle Stufen brauchen nicht linear zu arbeiten, die Endstufe kann für C-Betrieb ausgelegt werden (VIII.4).

9. Alle Oszillatoren für die Aufbereitung des Sendesignals steuern bei Empfang die entsprechenden Stufen im Empfangswerg (VIII.5).

10. Siehe Bild VIII.13.

11. Siehe Aufzählung in VIII.6.

12. Die Neutralisation kompensiert die unerwünschte Gitter-Anoden-Kapazität in Röhrenendstufen. Sie verhindert Schwingneigung (VIII.6).

13. Siehe VIII.6.

14. Die ALC verringert bei beginnender Übersteuerung die Verstärkung der Treiberstufen.

Beantwortung der Fragen von Kapitel IX.

1. Harmonische Aussendungen (Oberwellen), parasitäre Aussendungen (Oszillationen) und Intermodulationsprodukte (Splatter).

2. Mit einem Tiefpaßfilter oder besser noch einem Bandpaßfilter direkt am Senderausgang.

3. Durch Netzfilter, Verwendung von koaxgespeisten Antennen und Baluns sowie passende Wahl des Antennenstandorts.

4. Diese Störungen werden durch die große HF-Spannung in Sendernähe verursacht.

5. Ein Hochpaßfilter (bei KW) oder eine Bandsperre (bei VHF–UHF) schwächt das Signal des Amateursenders. Ein HF-Trenntransformator ist sehr wirksam bei Gleichtaktsignalen auf der Empfängerzuleitung.

6. Fernhalten und Kurzschließen der Hochfrequenz mit Drosseln und Kondensatoren.

7. Direkte Einstrahlung der Hochfrequenz direkt in die Schaltung des gestörten Gerätes.

Lösungen der Übungsaufgaben von Kapitel X.

1. $R_i = 20\ \Omega$ (F2), $R_p = 40{,}1\ m\Omega$ (F21), $P = 10\ mW$.

2. $I_{max} = 50\ \mu A$, $R_V = 54\ M\Omega$ (F22), $P = 0{,}135\ W$.

3. $R_V = 750\ k\Omega$ (F22), $P = 30\ mW$.

4. $U_{max} = 25\ mV$, $R_p = 5\ m\Omega$ (F21), $P = 125\ mW$.

5. $U_{eff} = 71{,}4\ V$, $P = 102\ W$.

6. $\pm\ 2{,}88\ kHz$.

7. 7,75 mHz, d. h. 1 Schwingung Unterschied in 129 Sekunden.

Beantwortung der Fragen von Kapitel X.

1. Ein Strommeßinstrument wird in den Stromkreis eingeschleift. Wichtig ist ein niedriger Spannungsabfall bzw. ein kleiner Innenwiderstand.

2. Ein Spannungsmesser wird parallel zum Verbraucher angeschlossen. Er soll einen hohen Innenwiderstand bzw. einen kleinen Stromverbrauch aufweisen.

3. Der Meßbereich von Strommessern wird mit einem Parallelwiderstand (Shunt), der von Spannungsmessern mit einem Vorwiderstand erweitert.

4. Auf der Messung des Stroms bei Anschluß an eine im Instrument eingebaute Batterie.

5. Durch oszillographische Messung der maximalen HF-Spannung am Senderausgang.

6. Weil die relative Genauigkeit bei der Grundwelle und allen Oberwellen gleich ist.

7. Durch Abstimmen auf die Oberwellen des Markengebers und Vergleich mit der Skala. Zwischen den Frequenzmarken muß geschätzt werden.

8. Durch Annähern der Spule des Grid-Dip-Meters an die Spule des Kreises und Aufsuchen des Spannungsrückgangs am Anzeigeinstrument.

9. Auf saubere Kreuzungspunkte der Hüllkurve und runde, nicht abgeflachte Maxima.

10. Die ALC soll Übersteuerung der Endstufe und damit die Erzeugung von Ober- und Nebenwellen verhindern. Auch einer Beschädigung der Endröhren durch zu hohen Gitterstrom wird vorgebeugt.

11. An abgeflachten Maxima der Hüllkurve.

Lösungen der Übungsaufgaben von Kapitel XI.

1. Verkürzungsfaktor $V = \dfrac{1}{\sqrt{\varepsilon}} = \dfrac{1}{\sqrt{1,78}} = \dfrac{1}{1,33} = 0,75$.

   Elektrische Länge $= \dfrac{l}{V} = \dfrac{1 \text{ m}}{0,75} = 1,33 \text{ m}$ (XI.1).

2. SWR = 1,5 (F24).

3. $l = \dfrac{\lambda}{4} = 50$ cm. Mechanische Länge $= l \cdot V = 33,3$ cm.

4. 15,5 dB = 9,5 + 6 dB $\hat{=}$ 3 · 2 = 6 (II.4).

5. $\lambda = 83,33$ m, $l = 83,33 \cdot 0,5 \cdot 0,95 = 39,58$ m.

Beantwortung der Fragen von Kapitel XI.

1. Es tritt Reflexion auf. Bei Hineinschicken von HF in die Leitung läuft ein gewisser Bruchteil zum Eingang zurück (XI.1).

2. Unsymmetrische (z. B. Koaxkabel) und symmetrische (z. B. Bandleitung) (XI.1).

3. Der Verkürzungsfaktor gibt an, um welchen Faktor die Ausbreitungsgeschwindigkeit auf der Leitung kleiner ist, als die Lichtgeschwindigkeit. Er hängt ab vom ε des Isolationsmaterials der Leitung.

4. Man mißt die Amplituden der vor- und rücklaufenden Wellen und errechnet daraus das Stehwellenverhältnis SWR (XI.2, F24).

5. Bei konstantem Sendesignal wird die Anzeige der vorlaufenden Spannung auf Vollausschlag eingestellt. Nach der Umschaltung auf rücklaufende Spannung kann das SWR direkt abgelesen werden.

6. Bei der unabgestimmten Speiseleitung muß der Wellenwiderstand und das SWR beachtet werden, dagegen sind Länge und Frequenz frei. Die abgestimmte Speiseleitung muß in der Länge an die Frequenz angepaßt sein, SWR und Wellenwiderstand sind belanglos.

7. Erstens muß der Eingangswiderstand der Antenne mit dem Wellenwiderstand des Kabels übereinstimmen. Daneben muß auch die Antenne für unsymmetrische Speisung ausgelegt sein. Wenn nötig, sind Transformations- und Anpaßglieder zwischenzuschalten.

8. Eine offene Lecherleitung schließt am Eingang die Resonanzfrequenz kurz, wirkt also wie ein Serienresonanzkreis. Die kurzgeschlossene Lecherleitung ist bei der Resonanzfrequenz hochohmig und wirkt wie ein Parallelresonanzkreis.

9. Mantelwellen entstehen z. B. bei der Speisung symmetrischer Antennen mit Koaxkabel ohne Symmetrieglied. Der Mantel der Speiseleitung führt HF-Spannung.

10. Der Gewinn ist der Faktor, um den die Antennen-Ausgangsspannung höher ist, als die eines am gleichen Ort befindlichen $\lambda/2$-Dipols.

11. Die Halbwertsbreite gibt die Richtwirkung der Antenne an. Da sie mit wachsendem Gewinn kleiner wird, kann man auch auf den Antennengewinn schließen.

Beantwortung der Fragen von Kapitel XII.

1. Der Skineffekt drängt den Stromfluß bei hohen Frequenzen in die oberste Schicht eines Leiters. Zum Ausgleich macht man die Oberflächen groß, glatt und gut leitend (XII.1).

2. Topf- und Leitungskreise, die noch ausreichende Güten ermöglichen (XII.1).

3. Siehe XII.1.

4. Es werden horizontale, vertikale sowie rechts- und linksdrehend zirkulare Polarisation verwendet (XII.2).

5. Yagi-, Quad- und Gruppenantennen mit hoher Elementzahl (XII.2).

6. Neben dem Antennengewinn etc. allein durch das Rauschen der Eingangsstufe des Empfängers.

7. Quarzoszillatoren und auch VFO's mit nachfolgender Frequenzumsetzung.

8. Mit einem Konverter für das betreffende UKW-Band (VII.3).

9. Empfangsmäßig als Konverter, sendeseitig wird das Signal mit der Injektionsfrequenz hochgemischt und im Leistungsverstärker verstärkt (VIII.5).

10. Mit dem demodulierten Empfängersignal wird der auf einer anderen Frequenz arbeitende Sender moduliert.

Beantwortung der Fragen von Kapitel XIII.

1. Boden- und Raumwellenausbreitung (XIII.1).

2. Sie wird von der Bodenwelle nicht mehr erreicht und liegt zu dicht am Sender, um reflektierte Raumwellen zu empfangen (XIII.1).

3. Bei hoher Sonnenaktivität (viele Sonnenflecken) wird die Ionosphäre stark ionisiert und reflektiert auch hohe Frequenzen gut. Umgekehrt bei geringer Sonnenaktivität (XIII.1).

4. Durch Reflexion an der E- und F-Schicht der Ionosphäre. Auch mehrfach Hin- und Herreflexion zwischen Ionosphäre und Erdoberfläche ist möglich (XIII.1).

5. 10-m-Verbindungen über kurze Entfernung durch Reflexion an sporadischen E-Schichten (XIII.1).

6. Die niedrigste und höchste überhaupt benutzbare Frequenz für eine Verbindung. Die günstigste Betriebsfrequenz liegt dicht unter der MUF und weist die niedrigste Dämpfung auf (XIII.1).

7. Diese Wellen werden normalerweise in der Ionosphäre nicht reflektiert und breiten sich geradlinig aus (quasioptische Ausbreitung) (XIII.2).

8. Durch Brechung und Streuung in der Troposhäre (tropo), durch Aurora-Reflexion, durch Streuung und Reflexion an Meteorspuren (meteorscatter). Auch Satellitenverkehr und Mondreflexion (EME) ermöglichen große UKW-Reichweiten (XIII.2).

9. Jede Schwankung der Empfangsfeldstärke durch Einflüsse auf dem Ausbreitungsweg (XIII.3).

Lösungen Rechenbeispiele

zu Formel:

1 $\quad I = \dfrac{U}{R} = \dfrac{12}{50} A = 0{,}24\ A$

1a $\quad U = R \cdot I = 220 \cdot 0{,}1\ V = 22\ V$

1b $\quad R = \dfrac{U}{I} = \dfrac{12}{2}\ \Omega = 6\ \Omega$

2 $\quad R = \varrho \cdot \dfrac{l}{A} = 0{,}017 \dfrac{2}{16} = 0{,}00213\ \Omega = 2{,}13\ m\Omega$

3 $\quad P = U \cdot I = 6 \cdot 0{,}1\ W = 0{,}6\ W$

3a $\quad U = \dfrac{P}{I} = \dfrac{10}{2}\ V = 5\ V$

3b $\quad I = \dfrac{P}{U} = \dfrac{100}{220}\ A = 0{,}455\ A$

3c $\quad P = \dfrac{U^2}{R} = \dfrac{220 \cdot 220}{48{,}4}\ W = \dfrac{48400}{48{,}4}\ W = 1000\ W$

3d $\quad P = R \cdot I^2 = 250 \cdot 0{,}2 \cdot 0{,}2\ W = 250 \cdot 0{,}04\ W = 10\ W$

3e $\quad U = \sqrt{P \cdot R} = \sqrt{8 \cdot 50}\ V = \sqrt{400}\ V = 20\ V$

3f　　　$I = \sqrt{\dfrac{P}{R}} = \sqrt{\dfrac{60}{2,4}}\,A = \sqrt{25}\,A = 5\,A$

4　　　$R_{ges} = R_1 + R_2 + R_3 = 200 + 500 + 1300\,\Omega = 2000\,\Omega$

5　　　$R_{ges} = \dfrac{1}{\dfrac{1}{R_1}+\dfrac{1}{R_2}+\dfrac{1}{R_3}} = \dfrac{1}{\dfrac{1}{2}+\dfrac{1}{2,5}+\dfrac{1}{10}}\,\Omega = \dfrac{1}{0,5+0,4+0,1}\,\Omega = \dfrac{1}{1}\,\Omega = 1\,\Omega$

5a　　$R_{ges} = \dfrac{R_1 \cdot R_2}{R_1 + R_2} = \dfrac{10 \cdot 40}{10 + 40}\,\Omega = \dfrac{400}{50}\,\Omega = 8\,\Omega$

6　　　$t = \dfrac{1}{f} = \dfrac{1}{50}\,s = 20\,ms$

6a　　$f = \dfrac{1}{t} = \dfrac{1}{2,5 \cdot 10^{-3}}\,Hz = \dfrac{1}{2,5} \cdot 10^3\,Hz = 0,4 \cdot 10^3\,Hz = 400\,Hz$

7　　　$\lambda = \dfrac{c}{f} = \dfrac{3 \cdot 10^8}{8 \cdot 10^3}\,m = \dfrac{3}{8} \cdot 10^5\,m = 0,375 \cdot 10^5\,m = 37,5\,km$

8　　　$U_{eff} = \dfrac{1}{\sqrt{2}} \cdot U_s = 0,707 \cdot 17\,V = 12,02\,V$

9 und 10　$X_L = \omega \cdot L = 2 \cdot \pi \cdot 50 \cdot 6\,\Omega = 6,28 \cdot 50 \cdot 6\,\Omega = 1884\,\Omega$

11　　$\dfrac{U_2}{U_1} = \dfrac{w_2}{w_1}$ umgeformt: $U_2 = \dfrac{w_2}{w_1} \cdot U_1 = \dfrac{24}{440} \cdot 220\,V = 12\,V$

12　　$\dfrac{I_1}{I_2} = \dfrac{w_2}{w_1}$ umgeformt: $I_1 = \dfrac{w_2}{w_1} \cdot I_2 = \dfrac{24}{440} \cdot 11\,A = 0,6\,A$

13　　$X_C = \dfrac{1}{\omega \cdot C} = \dfrac{1}{6,28 \cdot 10^3 \cdot 10^{-9}} = \dfrac{1}{6,28} \cdot 10^6\,\Omega = 0,159 \cdot 10^6\,\Omega = 159\,k\Omega$

14a　　$L_{ges} = L_1 + L_2 = 1,5 + 3,5\,H = 5\,H$

14b　　$L_{ges} = \dfrac{1}{\dfrac{1}{L_1}+\dfrac{1}{L_2}} = \dfrac{1}{\dfrac{1}{0,02}+\dfrac{1}{0,02}}\,H = \dfrac{1}{50+50}\,H = \dfrac{1}{100}\,H = 0,01\,H = 10\,mH$

14c $$C_{ges} = \frac{1}{\frac{1}{C_1}+\frac{1}{C_2}} = \frac{1}{\frac{1}{1}+\frac{1}{4}}\,\mu F = \frac{1}{1{,}25}\,\mu F = 0{,}8\,\mu F$$

Wenn alle Werte in m..., μ... eingesetzt werden, ergeben sich m..., μ... als Ergebnis. Ebenso in den anderen Formeln 14.

14d $C_{ges} = C_1 + C_2 = 500 + 1000\,\mu F = 1500\,\mu F$

15 $dB_{ges} = dB_1 + dB_2 + \ldots = -15 + 3 + 7\,dB = -5\,dB$

Die Gesamtdämpfung ist negativ, es bleibt also eine Verstärkung von 5 dB übrig.

16 $$\omega_{Res} = \frac{1}{\sqrt{L \cdot C}} = \frac{1}{\sqrt{243 \cdot 10^{-9} \cdot 5 \cdot 10^{-12}}}\,Hz = \frac{1}{\sqrt{1215 \cdot 10^{-21}}}\,Hz =$$

$$\frac{1}{\sqrt{1{,}215 \cdot 10^{-18}}}\,Hz = 9{,}073 \cdot 10^{8}\,Hz = 907{,}3\,MHz.$$

$$f = \frac{\omega}{2\pi} = \frac{907{,}3}{6{,}28}\,MHz = 144{,}47\,MHz$$

16a $L = \dfrac{1}{\omega_{Res}^{2} \cdot C}$ $\quad \omega = 2\pi f = 6{,}28 \cdot 7 \cdot 10^{6}\,Hz = 4{,}396 \cdot 10^{7}\,Hz$

$$L = \frac{1}{(4{,}396 \cdot 10^{7})^{2} \cdot 50 \cdot 10^{-12}}\,H = \frac{1}{1{,}932 \cdot 10^{15} \cdot 50 \cdot 10^{-12}}\,H =$$
$$\frac{1}{96{,}62 \cdot 10^{3}}\,H = 1{,}035 \cdot 10^{-5}\,H = 10{,}35\,\mu H$$

16b $C = \dfrac{1}{\omega_{Res}^{2} \cdot L}$ $\quad \omega = 2\pi f = 6{,}28 \cdot 21{,}2 \cdot 10^{6}\,Hz = 1{,}33 \cdot 10^{8}\,Hz$

$$C = \frac{1}{(1{,}33 \cdot 10^{8})^{2} \cdot 2 \cdot 10^{6}}\,F = \frac{1}{1{,}769 \cdot 10^{16} \cdot 2 \cdot 10^{-6}}\,F =$$
$$\frac{1}{3{,}538 \cdot 10^{10}}\,F = 0{,}283 \cdot 10^{-10}\,F = 28{,}3\,pF$$

17 $B = \dfrac{f_{res}}{Q} = \dfrac{28{,}5 \cdot 10^{6}}{100}\,Hz = 28{,}5 \cdot 10^{4}\,Hz = 285\,kHz$

17a $Q = \dfrac{f_{res}}{B} = \dfrac{9 \cdot 10^6}{400} = 2{,}25 \cdot 10^4 = 22500$

18a $\omega_{gr} = \dfrac{1}{\sqrt{L \cdot C}} = \dfrac{1}{\sqrt{18 \cdot 50 \cdot 10^{-6}}}\text{ Hz} = \dfrac{1}{\sqrt{900 \cdot 10^{-6}}}\text{ Hz} =$

$\dfrac{1}{30 \cdot 10^{-3}}\text{ Hz} = 33{,}33\text{ Hz}$

$f_{gr} = \dfrac{\omega_{gr}}{6{,}28} = 5{,}31\text{ Hz}$

18b $\omega_{gr} = \dfrac{1}{R \cdot C} = \dfrac{1}{10^4 \cdot 0{,}1 \cdot 10^{-6}}\text{ Hz} = \dfrac{1}{10^{-3}}\text{ Hz} = 1000\text{ Hz}$

$f_{gr} = \dfrac{\omega_{gr}}{6{,}28} = 159{,}2\text{ Hz}$

19 Bandbreite $= 2 \cdot f_{mod} + 2 \cdot \text{Hub} = 2 \cdot 1750 + 2 \cdot 3000\text{ Hz} = 3500 + 6000\text{ Hz} = 9500\text{ Hz}$

20 $f = f_1 \pm f_2 = 14{,}2 \pm 23{,}2\text{ MHz}$

$f_+ = 37{,}4\text{ MHz},\ f_- = 9\text{ MHz}$

21a $f_{ZF} = f_{HF} \pm f_{Osz} = 21{,}4 \pm 32{,}1\text{ MHz}$

$f_+ = 53{,}5\text{ MHz},\ f_- = 10{,}7\text{ MHz}$

21b $f_{HF} = f_{ZF} \pm f_{Osz} = 0{,}455 \pm 3{,}17\text{ MHz}$

$f_+ = 3{,}625\text{ MHz},\ f_- = 2{,}715\text{ MHz}$

21c $f_{Osz} = f_{HF} \pm f_{ZF} = 7{,}06 \pm 9\text{ MHz}$

$f_+ = 16{,}06\text{ MHz},\ f_- = 1{,}94\text{ MHz}$

22 $R_p = \dfrac{U}{I - I_m}\quad U = I_M \cdot R_i = 0{,}001 \cdot 5\text{ V} = 5\text{ mV}$

$$R_p = \frac{5 \cdot 10^{-3}}{0{,}250 - 0{,}001} \Omega = \frac{5}{249} \Omega = 0{,}02\ \Omega = 20\ m\Omega$$

Der Fehler durch Vernachlässigung von I_M ist kleiner als 0,5%.

$P = U \cdot I = 0{,}005 \cdot 0{,}25 = 0{,}00125\ W = 1{,}25\ mW$

23

$R_v = \dfrac{U - U_m}{I} \qquad I = \dfrac{1}{"\Omega/V"} = \dfrac{1}{10000}\ A = 0{,}1\ mA$

$R_v = \dfrac{3000 - 1000}{0{,}1 \cdot 10^{-3}} \Omega = \dfrac{2000 \cdot 10^3}{0{,}1} \Omega = 20 \cdot 10^6\ \Omega = 20\ M\Omega$

$P = U \cdot I = 2000 \cdot 0{,}1 \cdot 10^{-3}\ W = 0{,}2\ W$

24

$SWR = \dfrac{U_V + U_R}{U_V - U_R} = \dfrac{80 + 16}{80 - 16} = \dfrac{96}{64} = 1{,}5$